云计算·大数据·人工智能

Big Data Practice

实战大数据

分布式大数据分析处理系统
开发与应用

井 超　杨 俊　乔钢柱 / 编著

机械工业出版社
CHINA MACHINE PRESS

本书从大数据技术基础概念出发，介绍了大数据分析的流程和大数据分析处理系统的组成，以及大数据集群的搭建，并在此基础上讲解了多种不同技术构成的离线/实时数据分析系统实战项目。全书共 10 章，包括大数据概述、大数据分析的基本流程与工具、分布式大数据分析处理系统概述、构建大数据集群环境、构建基于 LayUI 的集群管理系统、基于 HBase 的大数据离线分析系统、基于 Hive+Hadoop+Spark 的大数据离线分析系统、基于 MySQL+Spark 的大数据离线分析系统、基于 Redis+Kafka+Spark 的大数据实时分析系统、基于 Flume+Kafka+Flink 的大数据实时分析系统。

本书适合从事大数据系统搭建与运维、大数据分析等岗位的技术人员阅读，也适合高等院校大数据相关专业的学生使用。

本书配有学习用 PPT、程序源代码及数据集，扫描关注机械工业出版社计算机分社官方微信订阅号——IT 有得聊，回复 72065 即可获取本书配套资源下载链接。

图书在版编目（CIP）数据

实战大数据：分布式大数据分析处理系统开发与应用 / 井超，杨俊，乔钢柱编著. —北京：机械工业出版社，2022.12（2025.1 重印）
ISBN 978-7-111-72065-2

Ⅰ. ①实… Ⅱ. ①井… ②杨… ③乔… Ⅲ. ①数据处理系统 Ⅳ.①TP274

中国版本图书馆 CIP 数据核字（2022）第 222213 号

机械工业出版社（北京市百万庄大街 22 号 邮政编码 100037）
策划编辑：王 斌　　　　　责任编辑：王 斌 胡 静
责任校对：梁 园 李 婷　　责任印制：李 昂
北京捷迅佳彩印刷有限公司印刷

2025 年 1 月第 1 版·第 4 次印刷
184mm×240mm · 14.75 印张 · 374 千字
标准书号：ISBN 978-7-111-72065-2
定价：79.90 元

电话服务　　　　　　　　　　网络服务
客服电话：010-88361066　　　机 工 官 网：www.cmpbook.com
　　　　　010-88379833　　　机 工 官 博：weibo.com/cmp1952
　　　　　010-68326294　　　金 书 网：www.golden-book.com
封底无防伪标均为盗版　　　机工教育服务网：www.cmpedu.com

前言

当今时代，物联网、大数据、云计算、人工智能等热词铺天盖地地向人们袭来。其中，大数据技术已经广泛应用于金融、医疗、教育、电信以及电商等领域。

2020 年，国家推出了"新基建"战略，将 5G、大数据中心、人工智能和工业互联网列为新型基础设施建设的重点。在国家政策的引领下，各行各业都将大数据产业列为优先发展目标，大数据时代已经到来。

大数据是信息产业持续高速增长的新引擎，已成为提高企业核心竞争力的关键因素。大数据时代科学研究的方法手段发生了重大变革，对大数据的处理分析已经成为新一代信息技术融合应用的关键。各行各业对于大数据人才的需求呈现井喷式增长，高校大数据相关专业的建设也呈现这一态势。众多企事业单位都迫切需要具备理论基础和实践技能的大数据人才。相应地，对适合此类人才培养的大数据技术应用型图书的需求也非常迫切。

本书从大数据技术相关概念出发，系统介绍了大数据分析的流程和大数据分析处理系统的组成，详细讲解了大数据集群的搭建过程，并以大数据集群为基础深入剖析了多个离线数据分析和实时数据分析的实战项目案例，涵盖了生产生活中的多个大数据应用场景。本书理论结合实际，特别突出了实践特色，能够很好地满足高校大数据人才培养需求和大数据相关岗位工程师的技能提升需求。

全书共 10 章，第 1 章对大数据相关内容进行概述，第 2 章介绍了大数据分析的基本流程与工具，第 3 章介绍了分布式大数据分析处理系统，第 4 章介绍了构建大数据集群环境的方法和步骤，第 5 章介绍了如何构建基于 LayUI 的集群管理系统，第 6 章介绍了基于 HBase 的大数据离线分析系统，第 7 章介绍了基于 Hive+Hadoop+Spark 的大数据离线分析系统，第 8 章介绍了基于 MySQL+Spark 的大数据离线分析系统，第 9 章介绍了基于 Redis+Kafka+Spark 的大数据实时分析系统，第 10 章介绍了基于 Flume+Kafka+Flink 的大数据实时分析系统。

本书前 4 章作为理论体系，介绍了大数据分析系统的基本概念、基本原理、基本组成和构建方法。第 5 章用 Java 语言编写了一个集群管理系统。第 6~8 章介绍了三个不同应用场景下的大数据离线分析系统。第 9、10 章介绍了两个不同应用场景下的大数据实时分析系统。本书可以帮助读者建立对大数据技术概念的整体认知，通过丰富的实践案例帮助读者掌握主流大数据技术的实际应用，具有较强的实用性和指导性。

本书也可作为有一定大数据基础的读者的参考书，方便查阅相应技术、配置方式等。本书配有电子课件、源代码、视频和附带的集群，供读者学习使用。

在本书编写过程中，杨俊负责撰写第 10 章，乔钢柱负责撰写第 3 章，其余章节均为井超撰写。在本书写作过程中，特别感谢郭媛、刘甜甜、李沛洋、王晗、朱忠诺、张龙浩、王秀峰等人提供的协助。在此，也向机械工业出版社的谢辉、王斌等编辑表示衷心的感谢。

编　者

目录

前言
第1章 大数据概述 ··········· 1
1.1 大数据的基本概念 ········· 1
1.1.1 何谓大数据 ········· 1
1.1.2 大数据的产生阶段 ····· 2
1.1.3 大数据的核心技术和计算模式 ·· 2
1.2 大数据的应用 ··········· 2
1.2.1 大数据的应用场景 ····· 2
1.2.2 大数据系统的作用 ····· 2
1.3 大数据技术生态圈 ········ 3
1.3.1 Linux 操作系统 ······· 3
1.3.2 Hadoop 生态系统 ····· 6
1.3.3 Spark 对 Hadoop 的完善 ·· 8
1.4 大数据技术的新发展 ······ 9
1.4.1 Hadoop 3.0 的新特性 ··· 9
1.4.2 大数据引擎 Flink ····· 10
1.4.3 智能化大数据分析处理 ·· 11
本章小结 ··············· 12
第2章 大数据分析的基本流程与工具 ·· 13
2.1 数据采集 ············· 13
2.1.1 网络爬虫采集数据 ····· 13
2.1.2 使用 Excel 爬取数据 ··· 14
2.2 数据存储 ············· 16
2.2.1 关系型数据的存储——基于 MySQL 16
2.2.2 非关系型数据的存储——基于
Redis、HBase ······· 17
2.3 数据分析与数据处理 ······ 18
2.3.1 数据分析常用工具——pandas ·· 19
2.3.2 分布式计算框架 ······ 19
2.3.3 分布式数据挖掘和深度学习 ·· 20
2.4 数据可视化 ··········· 22
2.4.1 Python 数据可视化库 Matplotlib ·· 22

2.4.2 Python 数据可视化库 pyecharts ·· 22
2.4.3 数据可视化图表库 ECharts ···· 23
2.4.4 数据可视化工具 Apache Superset ·· 24
本章小结 ··············· 24
第3章 分布式大数据分析处理系统
概述 ··············· 25
3.1 什么是分布式大数据分析处理
系统 ··············· 25
3.2 分布式大数据分析处理系统的
作用 ··············· 26
3.3 分布式大数据分析处理系统的
应用场景 ············· 26
3.4 分布式大数据分析处理系统的
构成 ··············· 30
3.4.1 数据采集子系统 ······ 30
3.4.2 数据存储系统 ········ 30
3.4.3 数据分析处理系统 ····· 31
3.4.4 数据可视化系统 ······ 32
3.5 分布式大数据分析处理系统的
实现 ··············· 32
3.5.1 系统前端——HTML、CSS、jQuery ·· 32
3.5.2 系统后端——SpringBoot、SSM ·· 33
3.5.3 Web 服务器端——Tomcat ···· 35
本章小结 ··············· 35
第4章 构建大数据集群环境 ······ 36
4.1 部署大数据处理环境 ······ 36
4.1.1 搭建 Hadoop 集群 ····· 36
4.1.2 ZooKeeper 的安装部署 ·· 42
4.1.3 Kafka 的安装部署 ····· 45
4.1.4 Spark 集群搭建 ······ 47
4.2 部署大数据存储环境 ······ 49
4.2.1 MySQL 的安装部署 ···· 49

4.2.2　Hive 的安装部署 ············ 50

4.2.3　HBase 的安装部署 ·········· 51

4.2.4　Redis 的安装部署 ··········· 55

本章小结 ··································· 57

第 5 章　构建基于 LayUI 的集群管理
系统 ································ 58

5.1　集群管理系统概述 ············· 58

5.1.1　需求分析 ···················· 58

5.1.2　系统架构——系统+集群+UI ··· 59

5.2　系统开发的前期准备操作 ····· 60

5.2.1　本机环境配置 ············· 60

5.2.2　集群环境配置 ············· 62

5.2.3　构建项目工程结构 ······· 74

5.3　系统的代码实现 ··············· 75

5.3.1　Controller 层实现 ········ 75

5.3.2　构造系统所需工具包 ···· 90

5.3.3　核心类实现 ··············· 97

5.4　构造系统 UI 界面——基于
LayUI ······························· 100

本章小结 ·································· 105

第 6 章　基于 HBase 的大数据离线分析
系统 ······························ 106

6.1　系统架构概述 ·················· 106

6.1.1　需求分析 ·················· 106

6.1.2　系统架构——HBase+SpringBoot+
ECharts ····························· 107

6.2　采集股份转让数据 ············ 108

6.2.1　使用爬虫抓取数据 ······· 108

6.2.2　数据采集模块测试 ······· 111

6.3　数据存储和处理模块实现 ···· 113

6.3.1　数据库设计 ··············· 113

6.3.2　使用 HBase 存储并处理数据 ··· 114

6.3.3　数据存储和处理模块测试 ··· 119

6.4　数据可视化模块实现 ········· 120

6.4.1　数据可视化模块后端设计——
基于 SpringBoot ··············· 120

6.4.2　数据可视化模块前端设计——
基于 ECharts ····················· 122

6.4.3　数据可视化页面展示 ···· 125

本章小结 ·································· 126

第 7 章　基于 Hive+Hadoop+Spark 的
大数据离线分析系统 ······ 127

7.1　系统架构概述 ·················· 127

7.1.1　需求分析 ·················· 127

7.1.2　数据存储——Hive+Hadoop ··· 129

7.1.3　数据处理与可视化——
Spark+SSM+ECharts ········· 129

7.2　采集旅游相关数据 ············ 130

7.2.1　使用爬虫采集城市、景点数据 ··· 130

7.2.2　数据采集模块测试 ······· 133

7.3　数据存储模块实现 ············ 135

7.3.1　数据库设计 ··············· 135

7.3.2　使用 HDFS 和 Hive 存储数据 ··· 137

7.3.3　数据存储模块测试 ······· 138

7.4　数据分析处理模块实现 ······ 139

7.4.1　Spark 处理数据 ·········· 139

7.4.2　分词处理和情感分析——
基于 jieba+SnowNLP 库 ····· 139

7.4.3　数据分析处理模块测试 ··· 142

7.5　数据可视化模块实现 ········· 143

7.5.1　数据可视化模块后端设计——
基于 SSM ························· 143

7.5.2　数据可视化模块前端设计——
基于 ECharts ····················· 154

7.5.3　数据可视化页面展示 ···· 161

本章小结 ·································· 167

第 8 章　基于 MySQL+Spark 的大数据
离线分析系统 ················ 168

8.1　系统架构概述 ·················· 168

8.1.1　需求分析 ·················· 168

8.1.2　数据存储——MySQL ··· 170

8.1.3　数据处理与可视化——
Spark Streaming +Apache Superset ··· 170

8.2　采集电商数据 ·················· 170

8.2.1　使用爬虫爬取商品信息 ··· 170

8.2.2　数据采集模块测试 ······· 182

8.3　数据分析处理模块实现 ······ 183

8.3.1　数据库设计 ··············· 183

8.3.2　Spark 处理商品数据·············185
8.3.3　数据分析处理模块测试·······192
8.4　数据可视化模块实现·················193
8.4.1　使用 Apache Superset 绘制数据
可视化图表·······················193
8.4.2　数据可视化页面展示···········193
本章小结·······································196
第 9 章　基于 Redis+Kafka+Spark 的
大数据实时分析系统···········197
9.1　系统架构概述·························197
9.1.1　需求分析·························197
9.1.2　数据存储——Redis···········198
9.1.3　数据处理与可视化——Kafka+
Spark Streaming+SSM+ECharts······199
9.2　采集汽车网站数据···················199
9.2.1　使用爬虫获取汽车和用户
数据·································199
9.2.2　数据采集模块测试···········201
9.3　数据存储模块实现···················201
9.3.1　数据库设计·····················201
9.3.2　使用 MySQL 存储汽车
数据·································202
9.3.3　数据存储模块测试···········202
9.4　数据分析处理模块实现···········202
9.4.1　实时发送数据至 Kafka·······203
9.4.2　Spark 处理汽车数据·········203
9.4.3　Redis 数据库存储处理结果·······204
9.4.4　数据分析处理模块测试·······204
9.5　数据可视化模块·····················205

9.5.1　数据可视化模块后端设计——
基于 SSM·························206
9.5.2　数据可视化模块前端设计——
基于 ECharts·····················208
9.5.3　数据可视化页面展示···········209
本章小结·······································212
第 10 章　基于 Flume+Kafka+Flink 的
大数据实时分析系统·········213
10.1　系统架构概述·······················213
10.1.1　需求分析·······················213
10.1.2　数据存储——MySQL·······214
10.1.3　数据处理与可视化——Kafka+
Flink +SpringBoot+ECharts·····215
10.2　采集直播审计数据·················215
10.2.1　模拟直播审计数据···········215
10.2.2　使用 Flume 采集直播审计数据·····217
10.2.3　数据采集模块测试···········219
10.3　数据分析处理模块实现···········219
10.3.1　实时发送数据至 Kafka·······220
10.3.2　Flink 处理直播审计数据·······220
10.3.3　MySQL 数据库存储处理结果·····222
10.3.4　数据分析处理模块测试·······223
10.4　数据可视化模块·····················224
10.4.1　数据可视化模块后端设计——
基于 SpringBoot·················224
10.4.2　数据可视化模块前端设计——
基于 ECharts·····················226
10.4.3　数据可视化页面展示···········230
本章小结·······································230

第1章
大数据概述

本章内容

本章首先从大数据的概念、产生、核心技术方面介绍大数据，然后讲解大数据的应用场景和大数据系统的作用，重点讲解 Hadoop 生态系统的组成以及 Spark 对 Hadoop 的完善，最后阐述了大数据技术的新发展。

本章要点

● 了解大数据的基本概念，重点围绕大数据核心技术，了解大数据系统的应用及其作用。

● 熟悉大数据技术生态圈的组成，重点掌握 Hadoop 生态系统的组成及各组件的作用。

● 掌握 Hadoop 和 Spark 的不同之处。

● 了解大数据技术的新发展，如大数据引擎 Flink。

1.1　大数据的基本概念

本节从大数据的特点、大数据的产生阶段以及大数据的核心技术和计算模式三方面进行介绍。

1.1.1　何谓大数据

根据国际数据公司（IDC）做出的预测，数据一直在以每年 50%的速度增长，也就是说每两年就增长 1.25 倍（大数据新摩尔定律）。人类在最近两年产生的数据量相当于之前产生的全部数据量。

而大数据不仅仅是指数据量大，而是包含快速、多样、价值低等多重属性。通常，人们将大数据时代的特点用 5V 来概括。

Volume：数据量大。从之前的 TB 级别，已经跃升到 PB 级别。

Velocity：处理速度快。从数据的生成到消耗，时间窗口非常小，可用于生成决策的时间非常少，因此对速度的要求很高。

Variety：数据类型繁多。大数据是由结构化数据和非结构化数据组成的，其中非结构化数据占比约 90%，与人类社会信息密切相关。

Value：价值密度低，这也是大数据的核心特征。现实世界所产生的大量数据中，有价值的数据所占比例很小。例如，在不间断的监控过程中，有用的信息可能只有一两秒，但却具有很高的价值。

Veracity：准确性和可靠性高。例如，通过对用户进行身份验证，可以解决某些数据的真实性问题。

1.1.2 大数据的产生阶段

大数据的产生大致经历了以下三个阶段。

运营式系统阶段：数据往往伴随着一定的运营活动而产生，并被记录在数据库中，数据的产生方式是被动的。

用户原创内容阶段：智能手机等移动设备加速内容产生，数据的产生方式是主动的。

感知式系统阶段：感知式系统的广泛使用推动着数据的产生，人类社会数据量第三次大的飞跃最终导致了大数据的产生，数据的产生方式是自动的。

1.1.3 大数据的核心技术和计算模式

大数据有两大核心技术，一是分布式存储，二是分布式处理。分布式存储的代表产品有 HDFS、HBase、NoSQL、NewSQL 等；分布式处理的代表产品有 MapReduce。

大数据的计算模式主要分为批处理计算、流计算、图计算和查询分析计算四种。其中，批处理计算主要针对大规模数据的批量处理，代表产品有 MapReduce、Spark 等；流计算主要应用于流数据的实时计算，代表产品有 Storm、Spark Streaming、Flink DataStream 等；图计算主要针对大规模图结构数据，代表产品有 Graphx、Pregel、Giraph 等；查询分析计算针对的是大规模数据的存储管理和查询分析，代表产品有 Hive、Dremel、Cassandra 等。

1.2 大数据的应用

本节将介绍大数据在各行各业中的应用场景，阐述大数据系统的意义和作用。

1.2.1 大数据的应用场景

大数据决策已经逐渐成为人类社会一种新的决策方式，大数据的应用也渗透进各行各业，大力推动了新科技的发展；此外，大数据的兴起也催生了一个新的热门职业——数据科学家。

大数据的主要价值在于对海量数据的分析，因而大数据广泛应用于人类社会的各行各业，如金融、零售、餐饮、医疗、体育、娱乐等领域。

金融行业，大数据在高频交易、社交情绪分析和信贷风险分析三大金融创新领域发挥重大作用；餐饮行业，利用大数据实现餐饮 O2O 模式，彻底改变传统餐饮经营方式；医疗行业，大数据有助于实现流行病预测、智慧医疗、健康管理，同时还可以帮助专家解读 DNA，了解更多的生命奥秘；体育、娱乐行业，大数据可以帮助人们训练球队，决定投拍哪种题材的影视作品，以及预测比赛结果；除此之外，大数据还可以应用于个人生活，分析个人生活行为习惯，为其提供更加周到的个性化服务。

1.2.2 大数据系统的作用

大数据系统以处理海量数据存储、计算及不间断流数据实时计算等场景为主，能够为大数据技术研发和应用项目的实施提供高效完备的开发与运行环境，为业务提供数据洞察力，以解决各行各业面对的大数据分析和处理的问题。大数据系统主要包括 Hadoop 系列、Spark、Storm 以及 Flume/Kafka 等，可以部署在私有云或公有云上。大数据系统具有以下功能：

（1）海量数据存储

大数据系统可以容纳 PB 级数据，支持结构化和非结构化数据，支持高效的数据查询、提取等操作。随着技术的发展，大数据系统不仅在性能上有所扩展，而且处理大量数据流的能力也得到相应提高。

（2）处理速度快

结合列式数据库和大规模并行处理技术，能够大幅提高数据处理性能，通常能够提高 100～1000 倍。

（3）离线分析和在线分析

Hadoop 和 Spark 已成为大数据领域中的主流框架，其中，Hadoop 为离线分析框架，Spark 为在线分析框架，可以满足不同应用场景下对数据分析响应效率的需求。

（4）为数据科学家提供支持

数据科学家在企业数字化转型中拥有着更大的影响力，快速、高效、易于使用和广泛部署的大数据系统可以拉近商业人士和数据科学家之间的距离。

（5）提供数据分析和可视化功能

确保大数据系统不仅支持在数秒钟内准备并加载数据，还支持利用数据挖掘等算法建立模型，同时数据科学家能够使用现有统计软件包和首选语言。用户还可以通过可视化分析工具、可视化引擎等开展交互式可视化数据分析。

1.3　大数据技术生态圈

本节首先介绍 Linux 操作系统的概念及不同版本的信息，为读者提供了选择版本的建议；然后介绍 Hadoop 生态系统的特点及组成，对各组件进行了具体的介绍，最后介绍 Spark 对 Hadoop 的完善。

1.3.1　Linux 操作系统

1. Linux 概述

Linux 内核最初是由芬兰人林纳斯·托瓦兹（Linus Torvalds）在赫尔辛基大学上学时出于个人爱好而编写的。

Linux 是一套免费使用和自由传播的类 UNIX 操作系统，是一个基于 POSIX 和 UNIX 的多用户、多任务、支持多线程和多 CPU 的操作系统。Linux 上能运行主要的 UNIX 工具软件、应用程序和网络协议，还支持 32 位和 64 位硬件。Linux 继承了 UNIX 以网络为核心的设计思想，是一个性能稳定的多用户网络操作系统。

目前较知名的发行版有 Ubuntu、CentOS、Debain、Fedora、SuSE、OpenSUSE。

2. Linux 和 Windows 操作系统的区别

Linux 和 Windows 操作系统的区别如表 1-1 所示。

表 1-1　Linux 和 Windows 的区别

区别	Windows	Linux
免费与收费	收费且很贵	免费或收取少许费用
软件与支持	数量和质量的优势，不过大部分为收费软件；由微软官方提供支持和服务	开源自由软件，用户可以修改、定制和再发布，由于基本免费，没有资金支持，部分软件质量和体验欠佳；由全球所有的 Linux 开发者和自由软件社区提供支持
安全性	经常打补丁、安装系统安全更新，会中病毒木马	Linux 比 Windows 平台相对安全一些

（续）

区别	Windows	Linux
使用习惯	普通用户基本都是在纯图形界面下操作使用，依靠鼠标和键盘完成一切操作，用户上手容易，入门简单	兼具图形界面操作和完全的命令行操作，可以只用键盘完成一切操作，新手入门较困难，需要一些学习和指导，一旦熟练之后，效率极高
可定制性	封闭的，系统可定制性很差	开源，可定制化非常强
应用场景	桌面操作系统主要使用的是 Windows	支撑百度、谷歌、淘宝等应用软件和服务，是后台成千上万的 Linux 服务器主机。大部分软件和服务都是运行在 Linux 之上的

3. Linux 版本介绍

（1）Fedora

Fedora 是一个开放、创新、前瞻性的 Linux 操作系统和平台。它允许任何人自由地使用、修改和重发布。Fedora 由一个强大的社群开发，这个社群的成员以自己的不懈努力，提供并维护自由、开放源码的软件和开放的标准。Fedora 项目由 Fedora 基金会管理和控制，得到了红帽公司（Red Hat）的支持。Fedora 是一个独立的操作系统，是 Linux 的一个发行版，可运行的体系结构包括 x86、x86_64 和 PowerPC。

Fedora 和 Redhat 这两个 Linux 发行版联系很密切，可以说 Fedora Core 的前身就是 Red Hat Linux。2003 年 9 月，红帽公司突然宣布不再推出个人使用的发行套件而专心发展商业版本（Red Hat Enterprise Linux）的桌面套件，但是红帽公司同时也宣布将原有的 Red Hat Linux 开发计划和 Fedora 计划整合成一个新的 Fedora Project。Fedora Project 将会由红帽公司赞助，以 Red Hat Linux 9 为范本加以改进，原本的开发团队将会继续参与 Fedora 的开发计划，同时也鼓励开放源码社群参与开发工作。Fedora 可以说是 Redhat 桌面版本的延续，只不过是与开源社区合作。

（2）Debian

Debian 系列包括 Debian 和 Ubuntu 等。Debian 是社区类 Linux 的典范，是迄今为止最遵循 GNU 规范的 Linux 系统。Debian 最早由 Ian Murdock 于 1993 年创建，分为三个版本分支（branch）：stable、testing 和 unstable。其中，unstable 为最新的测试版本，其中包括最新的软件包，但是 bug 也相对较多，适合桌面用户。testing 版本是通过对 unstable 的测试而得来的，相对稳定，也支持了不少新技术（如 SMP 等）。而 stable 一般只用于服务器，上面的软件包大部分都比较过时，但是稳定性和安全性都非常高。Debian 最具特色的是 apt-get/dpkg 包管理方式。其实 Redhat 的 YUM 也是在模仿 Debian 的 APT 方式，但在二进制文件发行方式中，APT 应该是最好的。Debian 的资料也很丰富，有很多支持的社区，方便问题求解。

（3）Ubuntu

Ubuntu 是目前使用最多的 Linux 发行版，有 KDE 和 GNOME 等视窗界面可供选择，拥有强大的 apt-get 软件管理程序，安装管理软件很方便，推荐新手使用。

Ubuntu 严格来说不能算一个独立的发行版本，它是基于 Debian 的 unstable 版本加强而来的。可以说，Ubuntu 就是一个拥有 Debian 所有的优点，以及自己所加强的优点的近乎完美的 Linux 桌面系统。根据选择的桌面系统不同，有三个版本可供选择：基于 GNOME 的 Ubuntu，基于 KDE 的 Kubuntu 以及基于 Xfc 的 Xubuntu。Ubuntu 的界面非常友好，容易上手，对硬件的支持非常全面，是最适合做桌面系统的 Linux 发行版本。

（4）Gentoo

Gentoo 是 Linux 最年轻的发行版本，正因为年轻，所以能吸取在它之前的所有发行版本的优点，这也是 Gentoo 被称为完美的 Linux 发行版本的原因之一。Gentoo 最初由 Daniel Robbins（FreeBSD 的开发者之一）创建，首个稳定版本发布于 2002 年。由于开发者对 FreeBSD 的熟识，Gentoo 拥有着媲美 FreeBSD 的广受美誉的 Ports 系统——Portage 包管理系统。不同于 APT 和 YUM 等二进制文件分发的包管理系统，Portage 是基于源代码分发的，必须编译后才能运行，对于大型软件而言比较慢，不过正因为所有软件都是在本地机器编译的，在经过各种定制的编译参数优化后，能将机器的硬件性能发挥到极致。Gentoo 是所有 Linux 发行版本中安装最复杂的，但又是安装完成后最便于管理的版本，也是在相同硬件环境下运行最快的版本。

（5）FreeBSD

FreeBSD 并不是一个 Linux 系统。但由于 FreeBSD 与 Linux 的用户群有相当一部分是重合的，两者支持的硬件环境比较一致，所采用的软件也比较类似，故可以将 FreeBSD 视为一个 Linux 版本。FreeBSD 拥有两个分支：stable 和 current，即 stable 是稳定版，而 current 则是添加了新技术的测试版。FreeBSD 采用 Ports 包管理系统，与 Gentoo 类似，基于源代码分发，必须在本地机器编译后才能运行，但是 Ports 系统没有 Portage 系统简便，使用起来稍微复杂一些。FreeBSD 的最大特点就是稳定和高效，是作为服务器操作系统的最佳选择，但对硬件的支持没有 Linux 完备，所以并不适合作为桌面系统。

（6）OpenSUSE

OpenSUSE 是在欧洲非常流行的一个 Linux 发行版本，由 Novell 公司发放，号称是世界上最华丽的 Linux 操作系统，其独家开发的软件管理程序 zypper 和 yast 得到了许多用户的赞美。与 Ubuntu 一样，支持 KDE 和 GNOME、xFace 等桌面，桌面特效比较丰富，新手容易上手；缺点是 KDE 虽然华丽多彩，但比较不稳定。

（7）CentOS

CentOS（Community Enterprise Operating System）是 Linux 发行版之一，也被称为社区企业操作系统，是企业 Linux 发行版的领导者 Red Hat Enterprise Linux（以下简称 RHEL）的重新编译版本。RHEL 是许多企业使用的 Linux 发行版，需要向 Red Hat 付费才能使用，同时可获得技术支持和版本升级。

由于 CentOS 与 RHEL 源代码相同，两者的区别在于 CentOS 不包含闭源软件。CentOS 可以像 REHL 一样搭建 Linux 系统环境，但不需要向 Red Hat 支付任何费用，也不接受任何有偿的技术支持和升级服务。

CentOS 适合那些需要企业级操作系统稳定性，但又不想承担认证和支持成本的组织和个人。

下面给出选择 Linux 发行版本的一些建议（仅供参考，是在综合考虑 Linux 发行版本的用途和优点基础上得出的结论）。

如果只需要一个桌面系统，而且既不想使用盗版，又不想花大量的钱购买商业软件，那么选择适合桌面使用的 Linux 发行版本；如果不想定制任何东西，也不想在系统上浪费太多时间，那么可根据自己的喜好在 Ubuntu、Kubuntu 以及 Xubuntu 中选择一款，三者的区别仅仅是桌面程序的不同。

如果需要一个桌面系统，而且还想非常灵活地定制自己的 Linux 系统，想让自己的机器跑得更欢，不介意在 Linux 系统安装方面浪费时间，那么唯一的选择就是 Gentoo。

如果需要的是一个坚如磐石的、非常稳定的服务器系统，那么唯一的选择就是 FreeBSD。

如果需要一个稳定的服务器系统，并且想深入探索一下 Linux 各个方面的知识，还想要独家定制许多内容，那么推荐使用 Gentoo。

如果需要的是一个服务器系统，而且非常厌烦各种 Linux 的配置，只是想要一个比较稳定的服务器系统，那么最好的选择就是 CentOS。CentOS 安装完成后，经过简单的配置就能提供非常稳定的服务。

本书选择使用 CentOS 系统进行讲解。

1.3.2　Hadoop 生态系统

Hadoop 是一个由 Apache 软件基金会所开发的分布式系统基础架构。用户可以在不了解分布式底层细节的情况下，开发分布式程序，充分利用集群的威力进行高速运算和存储。Hadoop 实现了一个分布式文件系统（Distributed File System），其中一个组件是 HDFS。HDFS 有高容错的特点，并且用来部署在低廉的（low-cost）硬件上；它提供高吞吐量（high throughput）来访问应用程序的数据，适合有着超大数据集（large data set）的应用程序；HDFS 放宽了对 POSIX 的要求，允许以流的形式访问（streaming access）文件系统中的数据。Hadoop 框架最核心的设计是 HDFS 和 MapReduce。HDFS 为海量的数据提供了存储，而 MapReduce 则为海量的数据提供了计算。综上所述，Hadoop 的特点如下。

1）Hadoop 是一个分布式系统基础架构。

2）Hadoop 主要解决海量数据的存储和海量数据的分析计算问题。

3）广义上来说，Hadoop 通常是指一个更广泛的概念——Hadoop 生态系统。

下面简要介绍 Hadoop 生态系统。经过多年的发展，Hadoop 生态系统不断完善，目前已包括多个子项目，除了核心的 HDFS 和 MapReduce 外，还包括 ZooKeeper、HBase、Hive、Pig、Mahout、Sqoop、Flume、YARN、Oozie、Storm、Kafka、Ambari 等功能组件，同时，在面向在线业务时也常加入 Spark 组件。Hadoop 生态系统的组件组成如图 1-1 所示。

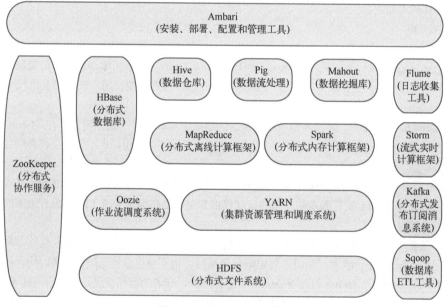

图 1-1　Hadoop 生态系统

（1）HDFS

Hadoop 分布式文件系统（HDFS）是 Hadoop 项目的两大核心之一，是针对谷歌文件系统（Google-File System，GFS）的开源实现。HDFS 具有处理超大数据、流式处理、可以运行在廉价商用服务器上等优点。HDFS 在设计之初就是要运行在廉价的大型服务器集群上，因此在设计上就把硬件故障作为一种常态来考虑，可以在部分硬件发生故障的情况下仍然能够保证文件系统的整体可用性和可靠性。

HDFS 放宽了一部分 POSIX 约束，从而实现以流的形式访问文件系统中的数据。HDFS 在访问应用程序数据时，具有很高的吞吐率，因此对于超大数据集的应用程序而言，选择 HDFS 作为底层数据存储是较好的选择。

（2）HBase

HBase 类似于关系型数据库，数据放在文件中，而文件放在 HDFS 中。因此，HBase 是基于 HDFS 的 NoSQL 数据库，具有延迟低、实时性高的特点。

（3）MapReduce

Hadoop MapReduce 是针对谷歌 MapReduce 的开源实现。MapReduce 是一种编程模型，用于大规模数据集（大于 1TB)的并行运算，它将复杂的、运行于大规模集群上的并行计算过程高度抽象到了两个函数——Map 和 Reduce 上，并且允许用户在不了解分布式系统底层细节的情况下开发并行应用程序，并将其运行于廉价的计算机集群上，从而完成海量数据的处理。通俗地说，MapReduce 的核心思想就是"分而治之"。

（4）Hive

Hive 用于分类管理文件和数据，对这些文件和数据可以通过很友好的接口，提供类似于 SQL 语言的 HiveQL 查询语言来分析和管理文件与数据。实质上，Hive 底层会经历一个转换的过程。执行 HiveQL 查询语言时，Hive 会提供一个引擎，先将其转换成 MapReduce 再去执行。

Hive 使得 DBA 可以很快地转到大数据的挖掘和分析中去。

（5）Pig

Pig 是一种数据流语言和运行环境，适合用在 Hadoop 和 MapReduce 平台来查询大型半结构化数据集。虽然 MapReduce 应用程序的编写不是十分复杂，但也需要一定的开发经验。Pig 的出现大大简化了 Hadoop 常见的工作任务，它在 MapReduce 的基础上创建了更简单的过程语言抽象，为 Hadoop 应用程序提供了一种更加接近结构化查询语言的接口。

（6）Mahout

Mahout 是 Apache 软件基金会旗下的一个开源项目，提供了一些可扩展的机器学习领域经典算法的实现，旨在帮助开发人员更加方便快捷地创建智能应用程序。Mahout 包括聚类、分类、推荐过滤、频繁子项挖掘等的实现。此外，通过使用 Apache Hadoop 库，Mahout 可以有效地扩展到云中。

（7）ZooKeeper

ZooKeeper 是针对谷歌 Chubby 的一个开源实现，是高效和可靠的协同工作系统，提供分布式锁之类的基本服务，用于构建分布式应用，减轻分布式应用程序所承担的协调任务。

（8）Flume

Flume 是 Cloudera 提供的一个高可用、高可靠、分布式的海量日志采集、聚合和传输的系统。Flume 支持在日志系统中定制各类数据发送方，用于数据收集；同时，还提供对数据进行简单处理并写到各种数据接收方的能力。

（9）Sqoop

Sqoop 是 SQL to Hadoop 的缩写，主要用来在 Hadoop 和关系数据库之间交换数据。通过 Sqoop 可以方便地将数据从 MySQL、Oracle、PostgreSQL 等关系数据库中导入 Hadoop（可以导入 HDFS、HBase 或

Hive），或者将数据从 Hadoop 导出到关系数据库，使得传统关系数据库和 Hadoop 之间的数据迁移变得非常方便。Sqoop 主要通过 JDBC（Java Database Connectivity）与关系数据库进行交互，理论上，支持 JDBC 的关系数据库都可以使 Sqoop 和 Hadoop 进行数据交互。Sqoop 是专门为大数据集设计的，支持增量更新，可以将新记录添加到最近一次导出的数据源上，或者指定上次修改的时间戳。

（10）Ambari

Apache Ambari 是一种基于 Web 的工具，支持 Apache Hadoop 集群的安装、部署、配置和管理。Ambari 目前已支持大多数 Hadoop 组件，包括 HDFS、MapReduce、Hive、Pig、HBase、ZooKeeper、Sqoop 等。

（11）YARN

YARN 是集群资源管理系统，对整个集群中每台机器的资源进行管理，对每个服务、每个作业（Job）、每个应用进行调度。

（12）Oozie

Oozie 起源于雅虎，主要用于管理、组织 Hadoop 工作流。Oozie 的工作流必须是一个有向无环图（Directed Acyclic Graph，DAG），实际上 Oozie 就相当于 Hadoop 的一个客户端，当用户需要执行多个关联的 MapReduce 任务时，只需将 MapReduce 执行顺序写入 workflow.xml，再使用 Oozie 提交本次任务，Oozie 就会托管此任务流。

（13）Storm

Storm 是一个分布式实时大数据处理系统。Storm 用于在容错和水平可扩展方法中处理大量数据，是一个流数据框架，具有较高的摄取率。

（14）Kafka

Kafka 最初由 Linkedin 公司开发，是一个分布式、支持分区、多副本、多订阅者、基于 ZooKeeper 协调的分布式日志系统（也可以当作 MQ 系统），常可以用于 Web/Nginx 日志、访问日志、消息服务等。LinkedIn 于 2010 年将其贡献给 Apache 基金会，Kafka 也就成为顶级开源项目。

（15）Spark

Apache Spark 是专为大规模数据处理而设计的快速通用的计算引擎。Spark 是 UC Berkeley AMP lab（加州大学伯克利分校的 AMP 实验室）所开源的类 Hadoop MapReduce 的通用并行计算框架，Spark 拥有 Hadoop MapReduce 的优点；不同的是，Spark 中的 Job 中间输出结果可以保存在内存中，从而不再需要读写 HDFS。因此，Spark 更适用于数据挖掘与机器学习等需要迭代的 MapReduce 算法。

Spark 是一种与 Hadoop 相似的开源集群计算环境，但两者还存在一些不同之处，这些有用的不同之处使得 Spark 在某些工作负载方面表现得更加优越，即 Spark 启用了内存分布数据集，除了能够提供交互式查询外，还可以优化迭代工作负载。

1.3.3 Spark 对 Hadoop 的完善

Spark 是在 MapReduce 的基础上发展而来的，继承了其分布式并行计算的优点，还改进了 MapReduce 存在的一些缺陷，具体如下。

1）Spark 把中间数据放到内存中，迭代运算效率高。MapReduce 中的计算结果需要落地，保存到磁盘上，这大大增加了迭代计算的时间，势必会影响整体速度；而 Spark 支持 DAG 图的分布式并行计算的编程框架，减少了迭代过程中数据的落地，大大提高迭代式计算的性能，提高了处理效率。

2）Spark 容错性高。Spark 引进了弹性分布式数据集（Resilient Distributed Dataset，RDD）的抽

象，它是分布在一组节点中的只读对象集合，这些集合是弹性的，如果数据集的一部分丢失，则可以根据"血统"（即允许基于数据衍生过程）对它们进行重建。另外在 RDD 计算时可以通过 CheckPoint 来实现容错，而 CheckPoint 有两种方式：CheckPoint Data 和 Logging the Updates，用户可以决定采用哪种方式来实现容错。

3）Spark 更加通用。不像 Hadoop 只提供了 Map 和 Reduce 两种操作，Spark 提供的数据集操作类型有很多种，大致分为 Transformation 和 Action 两大类。Transformation 包括 Map、Filter、FlatMap、Sample、GroupByKey、ReduceByKey、Union、Join、Cogroup、MapValues、Sort 和 PartionBy 等操作；Action 包括 Count、Collect、Reduce、Lookup 和 Save 等操作。另外，各个处理节点之间的通信模型不再像 Hadoop 那样只有 Shuffle 一种模式，用户可以命名、物化和控制中间结果的存储、分区等。

1.4　大数据技术的新发展

本节主要介绍大数据技术的新发展，简要阐述了 Hadoop 3.0 的新特性、大数据引擎 Flink 相关概念和智能化大数据分析处理。

1.4.1　Hadoop 3.0 的新特性

Hadoop 3.0 中引入了一些重要的功能和优化，包括 HDFS 可擦除编码、多 Namenode 支持、MR Native Task 优化、YARN 基于 Cgroup 的内存和磁盘 IO 隔离、YARN container resizing 等。Hadoop 3.0 在功能和性能方面进行了多项重大改进，主要包括以下几项。

1）精简 Hadoop 内核，包括剔除过期的 API 和实现，将默认组件实现替换成最高效的实现。例如，将 FileOutputCommitter 默认实现换为 v2 版本，废除 hftp 而转由 webhdfs 替代，移除 Hadoop 子实现序列化库 org.apache.hadoop.Records。

2）Shell 脚本重写。Hadoop 3.0 对 Hadoop 的管理脚本进行了重构，修复了大量 bug，增加了参数冲突检测，支持动态命令等。

3）HDFS 支持数据的擦除编码，这使得 HDFS 在不降低可靠性的前提下，节省一半存储空间。

在 Hadoop 3.0 之前，HDFS 存储方式为每一份数据存储 3 份，存储利用率仅为 1/3。Hadoop 3.0 引入纠删码（Erasure Code，EC）技术，实现 1 份数据+0.5 份冗余校验数据存储方式。

纠删码技术是一种数据保护技术，最早用于数据传输中的数据恢复，是一种编码容错技术。它通过在原始数据中加入新的校验数据，使得各个部分的数据产生关联性。在一定范围内的数据出错，通过纠删码技术都可以进行恢复。EC 技术可以防止数据丢失，又可以解决 HDFS 存储空间翻倍的问题。

创建文件时，将从最近的根目录继承 EC 策略，以确定其块如何存储。与 3 路复制相比，默认的 EC 策略可以节省 50%的存储空间，同时还可以承受更多的存储故障。

建议将 EC 技术用于冷数据。冷数据数量大，使用 EC 技术可以减少副本从而降低存储空间；另外冷数据稳定，一旦需要恢复数据，对业务不会有太大影响。

4）支持多 NameNode，即支持一个集群中，一个 active 和多个 standby namenode 的部署方式。

5）Tasknative 优化。为 MapReduce 增加了 C/C++的 map output collector 实现（包括 Spill、Sort 和 IFile 等），通过作业级别参数调整就可切换到该实现上。

6）MapReduce 内存参数自动推断。在 Hadoop 2.0 中，为 MapReduce 作业设置内存参数非常烦琐，涉及两个参数：mapreduce.{map,reduce}.memory.mb 和 mapreduce.{map,reduce}.java.opts，一旦设

置不合理，内存资源就浪费严重，例如，将前者设置为 4096MB，但后者却是"-Xmx2g"，则剩余 2GB 实际上无法让 java heap 使用到。

1.4.2　大数据引擎 Flink

Flink 是一个针对流数据和批数据的高性能开源分布式处理引擎，其代码主要由 Java 语言实现，也可由 Scala 语言实现。它可以处理有界的批量数据集和无界的实时数据集。对 Flink 而言，其所要处理的主要是流数据，批数据只是流数据的一个极限特例而已，故 Flink 是一款真正的流批统一的计算引擎。Flink 支持在独立集群（Standalone 模式）或者在被 YARN、Mesos、K8s 等管理的集群上运行，Flink 应用架构如图 1-2 所示。

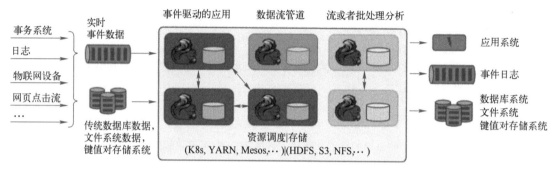

图 1-2　Flink 应用架构

Flink 提交作业架构流程如图 1-3 所示。用户在客户端提交一个作业（Job）到服务端，服务端为分布式的主从架构。作业管理器（JobManager）负责计算资源的管理、任务的调度、检查点（Checkpoint）的创建等工作，而任务管理器（TaskManager）负责任务（Task）的实际执行。当服务端的 JobManager 接收到一个作业（Job）后，会按照各个算子的并发度将作业拆分成多个任务（Task），并分配到 TaskManager 的任务槽（TaskSlot）上执行。

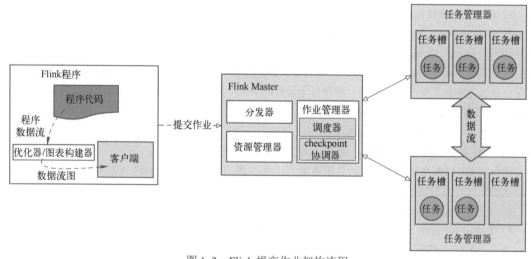

图 1-3　Flink 提交作业架构流程

此外，Flink 为了让开发人员能够更好地进行分布式流处理，通过对外暴露不同层级的 API 来掩藏内部实现的复杂性。图 1-4 给出了 Flink API 分层示意图,自上而下分别提供了 SQL、Table API、DataStream/DataSet API 和 Stateful Streaming Processing API 四层。

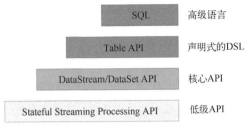

图 1-4　Flink API 分层示意图

（1）SQL

SQL 是一种非常实用的语言,基本语法非常简单,因此不少业务人员也可以直接使用 SQL 进行数据的处理。标准化的 SQL 还具有很强的兼容性。

Flink 社区目前一直在大力发展 Flink SQL,借助 SQL 可以用一套 API 实现流批一体化处理。同时由于 SQL 是文本,而无须编译,因此可以通过封装来实现灵活的数据处理,即通过动态传入 SQL 文本就可以对数据进行流批处理。

（2）Table API

Table API 是一种以 Table 为中心的声明式编程 API,通过 Table API 可以将数据流或者数据集合转换成一张虚拟的表,并可以指定表结构,如字段名、字段类型等。

Table API 提供多种关系模型中的操作,如 select、where、join 和 group by 等。一般来说 Table API 可以让程序可读性更强且使用起来更加方便。

（3）DataStream/DataSet API

DataStream/DataSet API 是核心 API 层,Flink 框架提供了大量开箱即用的 API,可以非常方便地进行数据处理。

其中 DataStream API 主要用于无界数据流场景,而 DataSet API 主要用于有界数据集场景。目前唯一不方便的是,流批 API 是两套 API。

（4）Stateful Streaming Processing API

Stateful Streaming Processing API 是一种有状态的实时流处理 API,也是最底层的 API。通过 Process Function 允许开发人员实现更加复杂的数据底层处理。

1.4.3　智能化大数据分析处理

在数字化时代,大数据智能化是核心要素。大数据的智能分析化管理,即充分利用现代网络信息技术和集成技术将各种海量数据进行整合,通过高效的智能化分析让大数据变得易使用、易获得、高质量,为实现重点区域的信息数据处理提供多种智能、高效的分析管理功能,让"大数据"在各个阶段的应用更加广泛、稳定。

大数据智能化分析的核心价值在于对海量数据进行处理和智能分析,具有以下优势。

1）高可靠性。存储海量数据和智能化分析处理需求数据的能力值得人们信赖。

2）高扩展性。大数据智能多层次的分析数据视图,确保数据有效和透明。

3）高效性。数据分析获取过程直观、强大,运行效率快。

4）高容错性。通过先进的软件技术、新算法设计与高性能计算研究处理各种数据。

智能大数据分析处理技术在研究大量数据的过程中寻找模式、相关性和其他有用信息，利用大数据感知与分析技术，通过大数据相关性分析思想来分析、统计、监测数据，助力业务普查，帮助企业用户实时监测、智能分析，以更好地适应变化，全面提升企业水平和影响力。

本章小结

本章主要介绍了大数据的概念、核心技术和应用场景、大数据系统的功能、大数据技术生态系统的组成以及大数据技术的新发展，重点介绍 Hadoop 生态系统的各个组件及其作用。本章的重点是熟悉大数据、Hadoop 生态系统的组成，了解大数据的新发展。

第2章
大数据分析的基本流程与工具

本章内容

要进行大数据的分析工作，就必须先了解其流程，故本章围绕数据采集、数据存储、数据分析与数据处理和数据可视化四个主要阶段进行阐述，除对基本概念、方法进行介绍外，还讲解了流程中所用到的主要技术。

本章要点

● 重点掌握大数据的分析流程，熟悉各阶段的主要作用。
● 理解并掌握大数据分析各阶段所涉及的技术和基础工具。
● 学会使用各阶段涉及的工具或技术实际操作。

2.1 数据采集

数据采集是数据分析生命周期中的重要一环。本节讲述了数据采集的两种方法：使用网络爬虫采集数据和使用 Excel 爬取数据，还讲解了具体的采集方法或实现技术。

2.1.1 网络爬虫采集数据

数据采集，又称数据获取，是指通过社交网络交互数据及移动互联网数据等方式获得的各种类型的结构化、半结构化及非结构化的海量数据。

在大数据体系中，数据分为业务数据、行业数据、内容数据、线上行为数据和线下行为数据五大类，实际采集的数据主要来源于社交网络、商业数据、传感器数据等。在实际的数据采集过程中，数据源会影响大数据质量的真实性、完整性、一致性和准确性，因此，大数据采集技术面临着许多技术挑战，不但要保证数据的可靠性，还要保证从中可以提取到有价值的信息。

根据数据源的不同，大数据采集的方法也不相同。例如，对于 Web 数据，多采用网络爬虫方式，这需要对爬虫软件进行时间设置以保障数据的时效性，灵活控制采集任务的启动和停止。网络爬虫的通用步骤为：配置爬虫相关工具或第三方库；获取爬虫所需的 header 和 cookie；获取网页；解析网页；分析得到的信息，简化标签地址；爬取并清洗数据。

Python 如何爬取动态加载页面？终极解决方案是，通过联合使用 Selenium 和 PhantomJS 两种工具来实现。

Selenium 是一款使用 Apache License 2.0 协议发布的开源框架，是一个用于 Web 应用程序自动化测试的工具。Selenium 测试直接运行在浏览器中，支持的浏览器包括 IE，Mozilla Firefox，Safari，Google Chrome，Opera 等。它采用 JavaScript 来管理整个测试过程，包括读入测试套件、执行测试和记录测试结果；采用 JavaScript 单元测试工具 JSUnit 为核心，模拟真实用户操作，包括浏览页面、单击链接、输入文字、提交表单、触发鼠标事件等，并且能够对页面结果进行验证。

Selenium 官方网址为 https://www.selenium.dev/，如图 2-1 所示。

图 2-1　Selenium 官方网站

PhantomJS 是一个可编程的无头浏览器，也就是一个包括 js 解析引擎、渲染引擎、请求处理等功能，但不包括显示和用户交互页面的完整的浏览器内核。它提供 JavaScript API 接口，即通过编写 JavaScript 程序直接与 Webkit 内核交互。此外，它也可以在不同平台上二次开发采集项目或是自动项目测试等工作。PhantomJS 通常适用于网络爬虫、网页监控等，网络爬虫即获取链接处使用 JavaScript 跳转后的真实地址。

PhantomJS 官方网址为 https://phantomjs.org/，如图 2-2 所示。

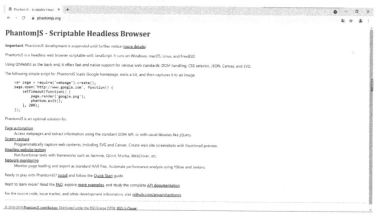

图 2-2　PhantomJS 官方网站

2.1.2　使用 Excel 爬取数据

使用 Excel 爬取数据的方法支持对简单的文本数据网站进行爬取，供入门者参考。本方法需要目标网页、响应时间、响应标识三个信息。目标网页即数据爬取的网址信息；响应时间即访问网站时的点击频率，通常设置为 1s；响应标识即 UserAgent 标识，其相当于浏览器的唯一标识。

下面以使用 Excel 爬取全国城市房价为例，介绍具体的爬取流程。

1）打开全国房价行情网址，进入全国城市房价排行（住宅）页面，其网址如下：

https://www.creprice.cn/rank/index.html

2）按〈F12〉键打开开发者工具，选择"NetWork"→"All"选项，按〈F5〉键刷新，选择 index.html 条目，单击"General"即可看到 Request URL，往下查找可以看到 User-Agent，如图 2-3 所示。

图 2-3　查看 Request URL

3）新建 Excel 文件，选择"数据"→"新建查询"→"从其他源"→"从 Web"选项。在打开的"从 Web"对话框输入 Request URL 和 User-Agent，如图 2-4 所示。

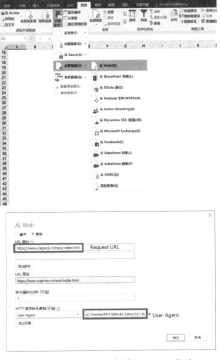

图 2-4　在 Excel 中填写 URL 信息

单击"确定"按钮后，出现"导航器"窗口，在其中可以看到"表视图"和"Web 视图"，如图 2-5 所示。

图 2-5　"导航器"窗口

单击"加载"按钮可将数据直接加载到 Excel 表格中，还可以在"加载"下拉列表中选择"加载到"选项，然后选择应加载数据的位置。此处选择将数据直接加载到 Excel 表格中，单击"加载"按钮，数据将显示在 Excel 表中，如图 2-6 所示。

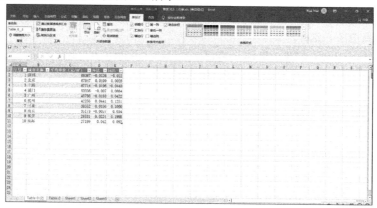

图 2-6　数据直接加载到 Excel 表格中

至此，使用 Excel 爬取全国城市房价排行（住宅）数据结束。

2.2　数据存储

大数据存储与管理是大数据分析流程中不可缺少的环节。数据存储是指使用存储器将采集到的数据都存储起来，建立相应的数据库，并进行管理和调用。数据存储的好坏直接决定了整个系统的性能。本节讲述了关系型和非关系型数据的存储，关系型数据的存储以 MySQL 为例进行讲解，非关系型数据的存储以 Redis、HBase 为例进行讲解。

2.2.1　关系型数据的存储——基于 MySQL

结构化数据存储在传统关系型数据库中。关系型数据库采用表格的存储方式，数据以行和列的方式进行存储；其按照结构化的方法存储数据，每个数据表都须事先定义好字段（即设计表的结构），再根据表的结构存储数据。关系型数据库采用结构化查询语言 SQL 来对数据进行查询，SQL 支持数据库的 CRUD（增加、查询、更新和删除）操作。

关系型数据库强调 ACID 规则，即原子性（Atomicity）、一致性（Consistency）、隔离性（Isolation）和持久性（Durability），可以满足对事务性要求较高或者需要进行复杂数据查询的数据操作，还可以充分满足数据库操作的高性能和操作稳定性的要求。

常见的关系型数据库包括 MySQL、Oracle、SQLite 和 SQL Server 等。本节以 MySQL 为例进行介绍。

MySQL 是一个开源的关系型数据库管理系统，由瑞典 MySQL AB 公司开发，目前隶属于 Oracle 公司。MySQL 可以处理拥有上千万条记录的大型数据库，将数据保存在不同的表中，而不是将所有数据放在一个大仓库内，这样就提高了速度和灵活性。

MySQL 是一个关系型数据库，一个关系型数据库由一个或数个表格组成，一个表格包括表头、行、列、键和值。MySQL 使用标准的 SQL 数据语言形式。

MySQL 官方网址为 https://www.mysql.com/，如图 2-7 所示。

图 2-7　MySQL 官方网站

2.2.2　非关系型数据的存储——基于 Redis、HBase

传统数据库存储的数据类型仅限于结构化的数据，而大数据集合是由结构化、半结构化和非结构化数据组成的，因此在大数据管理过程中，通常使用非关系型数据库（NoSQL）。

非关系型数据库提出另一种理念，例如，以键值对存储，且结构不固定，元组可以有不同的字段，每个元组可以根据需要增加键值对，这样就不会局限于固定的结构，从而减少一些时间和空间的开销。使用这种方式，用户可以根据需要去添加自己需要的字段，这样，当获取用户的不同信息时，不需要像关系型数据库一样对多表进行关联查询，仅需要根据 id 取出相应的值（value）即可完成查询。

常用的非关系型数据库有 HBase、MongoDB、Redis 等。本节以 Redis 和 HBase 为例进行介绍。

Redis 是使用 C 语言开发的一个开源的高性能键值对数据库，它通过提供多种键值对数据类型来适应不同场景下的存储需求。到目前为止，Redis 支持的键值对数据类型包括字符串数据类型（String）、散列（Hash）、列表（List）、集合（Set）以及有序集合（Zset）五种。

Redis 作为内存数据库，性能非常出色，整个数据库的数据都被加载到内存中进行操作，因此读写数据速度非常快。Redis 会定期通过异步操作把数据写入磁盘中进行保存，从而保证了数据库的容错性，避免在计算机断电时，存储在内存中的数据丢失。官方数据显示，Redis 每秒可处理超过十万次读写操作，因此 Redis 可被应用于商品秒杀、缓存页面数据、应用排行榜等大量的高并发场景。

　　Redis 官方网址为 https://redis.com/，如图 2-8 所示。

图 2-8　Redis 官方网站

　　HBase 是一种分布式、可扩展、支持海量数据存储的 NoSQL 数据库。HBase 逻辑模型包括行键、时间戳、列族，一个列族可以包含多个列，列族需要预先定义好不能随意添加，而列族中的列不需要预先定义，可以根据需求增加。HBase 采用了列族存储，本质上就是一个按列存储的大表，数据按相同字段进行存储，不同的列对应不同的属性，因此在查询时可只查询相关的列。

　　HBase 官方网址为 https://hbase.apache.org/，如图 2-9 所示。

图 2-9　HBase 官方网站

2.3　数据分析与数据处理

　　随着现代互联网的高速发展，人们生产生活中产生的数据量急剧增长，如何从海量的数据中提取有用的知识成为当务之急，同时对大数据进行分析与挖掘的技术也应运而生。大数据分析技术主要包括已有数据的统计分析技术和未知数据的挖掘技术。本节主要围绕数据分析常见工具 pandas、分布式计算框架、数据挖掘和深度学习三部分进行介绍。

2.3.1　数据分析常用工具——pandas

pandas 是基于 NumPy 和 Matplotlib 的数据分析模块，是一个开源项目，提供了大量标准数据模型和高效操作大型数据集所需要的功能，可以说 pandas 是使得 Python 能够成为高效且强大的数据分析行业首选语言的重要因素之一。

pandas 常用的数据结构有 Series（带标签的一维数组）、DatetimeIndex（时间序列）、DataFrame（带标签且大小可变的二维表格结构）和 Panel（带标签且大小可变的三维数组）。

Series 是 pandas 提供的一维数组，由索引和值两部分组成，是一个类似于字典的结构。其中，值的类型可以不同，如果在创建时没有明确指定索引则会自动使用从 0 开始的非负整数作为索引。

DatetimeIndex 对象一般使用 pandas 的 date_range()函数生成，可以指定日期时间的起始和结束范围、时间间隔以及数据数量等参数。

DataFrame 是二维数组，由 index、columns 和 values 组成。除了使用下标访问指定列的数据以及使用切片访问指定行的数据，DataFrame 可以使用布尔数组作为下标指定访问符合特定条件的数据，提供了 loc、iloc、at、iat 等访问器来访问指定的数据。此外，DataFrame 通过 groupby 和 sort_index 来实现分组、排序等数据分析基础功能。

2.3.2　分布式计算框架

在 Web 2.0 时代，数据爆炸式、指数级增长，大数据分布式计算需求频繁，通过单机内存扩展来增强计算能力，已经无法承载大规模数据量的计算；而分布式计算开发和维护的复杂与多变，对程序员要求很高。为解决这些瓶颈问题，分布式计算框架应运而生。

目前主流的分布式计算框架包括 Hadoop 分布式计算框架、Storm 分布式计算框架、Spark 分布式计算框架。

（1）Hadoop 分布式计算框架

Hadoop 批处理计算框架是出现比较早的一个分布式计算框架，由 Java 开发实现。Hadoop 分布式计算框架包括两个部分：计算框架 MapReduce 和用来存储计算数据的文件系统 HDFS。

MapReduce 是一种并行框架，利用函数式编程思想，把一个计算分成 map 与 reduce 两个计算过程。MapReduce 先把一个大的计算任务划分为多个小的计算任务，然后把每个小的计算任务分配给集群的每个计算节点，并通过跟踪每个计算节点的进度来决定是否重新执行该任务，最后收集每个节点上的计算结果并输出。MapReduce 架构是基于 JobTracker 与 TaskTracker 的主从结构设计。JobTracker 负责具体的任务划分和任务监视，并决定某个任务是否需要回滚；TaskTracker 则是负责具体的任务执行，对每个分配给自己的任务进行数据获取，保持与 JobTracker 通信并报告自己状态，输出计算结果等计算过程。对于任务输入，框架会首先通过 JobTracker 进行任务的切分，划分结束就发送到每个 TaskTracker 进行执行 Map 任务，Map 任务结束之后，为了让性能更加均衡会执行洗牌 Shuffle 操作，最后执行 Reduce 操作，输出结果。

HDFS 是一个分布式、存储大文件的文件系统，具有高容错性和对机器设备要求比较低等特点。HDFS 将每个大文件分成固定大小的数据块，均衡存储在不同的机器上，并对每个数据文件进行备份存储，保证数据不会丢失。HDFS 集群是基于名称节点（或主节点）NameNode 与数据节点（或从节点）DataNode 而展开的主/从架构。主节点 NameNode 负责整个集群数据存储信息的存储，一个集群中只有一个 NameNode，而从节点 DataNode 负责具体的数据存储，集群中一般会有多个 DataNode。

（2）Storm 分布式计算框架

Storm 是由 Twitter 提出、基于流式计算的分布式框架。Storm 框架在一定程度上改善了 Hadoop 框架中延迟较大、后期程序运维复杂的不足，而且还支持实时性、流式计算等。Storm 框架通常在实时数据分析场景应用广泛。

Storm 框架的主要功能是基于 Nimbus 和 Supervisor 两个功能组件展开的，通过 ZooKeeper 对组件进行生命周期的监视。Nimbus 类似于 Hadoop 的 JobTracker，负责任务的分配与监视每个任务的状态；Supervisor 部署在每个工作机器上，负责监视这台机器并启动这台机器上的工作进程。Storm 任务以提交拓扑（Topology）的形式开始，通过客户端提交一个已声明的拓扑，Nimbus 通过与 ZooKeeper 交互获取适合的运行机器，将任务分配到具体的机器，Supervisor 根据分配到的任务启动相应的工作进程并执行任务。

（3）Spark 分布式计算框架

Spark 是分布式、基于 RDD（弹性分布式数据集）的计算框架，是专为大规模数据处理而设计的快速通用的计算引擎。Spark 在 Hadoop 基础上进行了功能改进，详情见 1.3.3 节。

Spark 是以主/从模式调度任务，其任务执行框架由 Master 和 Workers 组成，具体的任务执行是以 Driver 的方式进行的。程序以 Driver 的方式连接 Master，并指定 RDD 的生成与转换，将 RDD 的操作发送给任务执行节点 Workers。Workers 执行具体任务，存储计算所需数据，当收到对于 RDD 的操作之后，Workers 对本地化数据进行操作并生成预期结果，最后返回结果或者将结果存储至文件系统。

2.3.3　分布式数据挖掘和深度学习

数据挖掘在大数据分析阶段完成，即从大量、有噪声、模糊、随机的实际应用数据中提取隐含、潜在有用的信息和知识，挖掘数据关联性。数据挖掘的主要任务包括关联规则、聚类分析、分类和预测及奇异值检测等。

（1）关联规则

两个或两个以上变量的取值之间存在某种规律，就称为关联。关联规则的任务是找出数据库中隐藏的关联网，即通过使用数据挖掘方法，发现数据所隐含的某一种或多种关联，从而帮助用户决策。

（2）聚类分析

聚类是把数据按照相似性归纳成若干类别，同一类别的数据相似度极高，不同类别间的数据差异性较大。

（3）分类和预测

分类和预测本质上都可以看作是一种预测，分类用于预测离散类别，而预测则用于预测连续类别。

（4）奇异值检测

数据库中的数据往往会存在很多异常情况，发现数据库中数据存在的异常情况是非常重要的。奇异值检测即是根据一定标准识别或者检测出其中的异常值。

根据信息存储格式，用于挖掘的对象有关系数据库、面向对象数据库、数据仓库、文本数据源、多媒体数据库以及 Internet 等。数据挖掘的经典算法主要包括 C4.5、K-Means、SVM、KNN 等，实际项目中需根据数据的类型及特点选择合适的算法，在数据集上进行数据挖掘，最终对结果进行分析并转换成能被用户理解的知识。

在数据分析与挖掘环节，应根据大数据应用情境与决策需求，选择合适的大数据分析技术，提高大数据分析结果的可用性、准确性和价值。

scikit-learn 是一个开源的机器学习工具，基于 Python 语言，提供了用于数据降维、预处理、模型选择的各种工具。scikit-learn 可以实现数据预处理、分类、回归、降维、模型选择等常用的机器学习算法。scikit-learn 是基于 NumPy、SciPy 和 Matplotlib 来构建的。

scikit-learn 包括分类、回归、聚类、降维、预处理等模块。

1）分类用于识别对象属于哪个类别，例如，垃圾邮件检测、图像识别等，常用算法有 SVM、最近邻、随机森林等。

2）回归用于预测与对象关联的连续值属性，例如，预测药物反应、股票涨势等，常用算法有 SVR、最近邻、随机森林等。

3）聚类用于自动将相似对象分组为集合，例如，将客户细分、分组实验等，常用算法有 K-Means、谱聚类、均值漂移等。

4）降维用于减少要考虑的随机变量的数量，例如，可视化场景，常用算法有 K-Means、特征选择、非负矩阵分解等。

5）预处理用于特征提取和归一化，例如，转换输入数据、用于机器学习算法的文本等，常用算法有预处理、特征提取等。

更多关于 scikit-learn 的知识请参阅 scikit-learn 中文社区 https://scikit-learn.org.cn/，如图 2-10 所示。

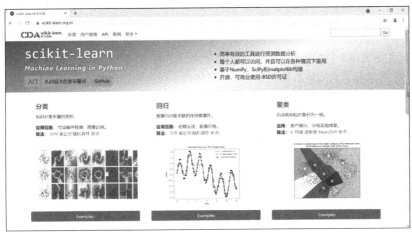

图 2-10　scikit-learn 中文社区网站

深度学习是机器学习的一个分支，通过组合底层特征形成更加抽象的高层表示属性类别或特征，以发现数据的分布式特征表示。深度学习的主流实现工具包括 TensorFlow、Keras、PyTorch、Theano 等。此处介绍 TensorFlow 框架，其余框架读者可自行了解。

TensorFlow 最初由谷歌大脑团队开发，用于机器学习和深度神经网络方面的研究，该项目构建了深度神经网络来执行自然语言处理、图像识别和翻译等任务。TensorFlow 具有高度的灵活性、可移植性、自动求微分、多种语言支持、性能高度优化的特点。由于它提供了大量的免费工具、库和社区资源，目前被 Uber、Twitter 和 eBay 等公司广泛接受。

TensorFlow 官方网址为 https://tensorflow.google.cn/，如图 2-11 所示。

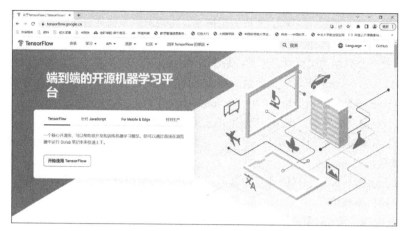

图 2-11 TensorFlow 官方网站

2.4 数据可视化

数据可视化对于普通用户或是数据分析人员来说，都是最基本的功能。数据可视化是指将大数据分析与预测结果以计算机图形或图像的方式展示给用户的过程，让数据自己说话，用户直观感受结果，并可与用户进行交互。本节讲解了数据可视化常用的四种第三方库/工具：Matplotlib、pyecharts、ECharts、Apache Superset。

2.4.1 Python 数据可视化库 Matplotlib

Matplotlib 是当下用于数据可视化最流行的套件之一，是一个跨平台库，支持 Python、Jupyter 和 Web 应用程序服务器等。它能将数据图形化，并且提供多样化的输出格式，向用户或从业人员直观地展示数据，在市场分析等多个领域发挥着重要作用。

Matplotlib 官方网址为 https://matplotlib.org/，如图 2-12 所示。

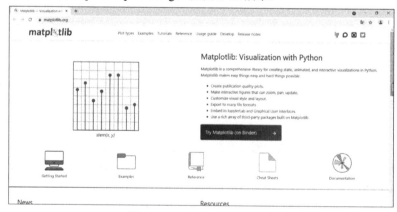

图 2-12 Matplotlib 官方网站

2.4.2 Python 数据可视化库 pyecharts

pyecharts 是由 JavaScript 实现的开源可视化库，支持主流 Notebook 环境（Jupyter Notebook 和

JupyterLab），可以兼容大多数浏览器（IE8/9/10/11，Chrome，Firefox 等）。它支持折线图、柱状图、散点图、饼图、雷达图、仪表盘、漏斗图等 12 类图表，支持多图表、组件的联动，提供了直观、交互丰富、高度个性化定制的数据可视化图表，且拥有原生地图文件，为地理数据可视化提供强有力的支持。

pyecharts 官方网址为 https://pyecharts.org/#/，如图 2-13 所示。

图 2-13　pyecharts 官方网站

2.4.3　数据可视化图表库 ECharts

ECharts 是一款由百度开发、纯 JavaScript 语言实现的图表库，基于 Canvas 类库，兼容当前市面上绝大多数浏览器。ECharts 提供直观生动、可交互、可个性化定制的数据可视化图表，支持折线图、雷达图等 12 类图表的绘制，支持图例、工具箱、数据区域缩放等组件，也支持多图表和组件的混合展现。创新的拖拽重计算、数据视图、图例开关等特性大大增强了用户体验，赋予了用户对数据进行挖掘、整合的能力。

ECharts 官方网址为 https://echarts.apache.org/zh/index.html，如图 2-14 所示。

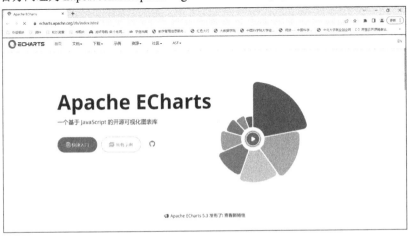

图 2-14　ECharts 官方网站

2.4.4 数据可视化工具 Apache Superset

Apache Superset 是一款可用于数据展示与数据可视化的开源软件，在处理大量数据方面效果显著。Superset 最初为 Airbnb 所开发，在 2017 年成为 Apache 的孵化项目。它是一款快速直观的轻量级工具，具有丰富的功能选项，从简单的折线图到高度详细的地理空间图，用户可以轻松地以图表的方式浏览数据，提供了精美的可视化效果。此外，它支持多种数据库，如 MySQL、SQLserver、Oracle、druid 等。

Apache Superset 官方网址为 https://superset.apache.org/，如图 2-15 所示。

图 2-15　Apache Superset 官方网站

本章小结

本章主要介绍了大数据分析的基本流程、常用方法、技术以及工具。从数据采集开始，再到数据存储，继而进行数据分析与挖掘，最终将数据以图表的形式展示给用户，这就形成了一个数据分析"周期"。本章的重点是大数据分析的流程，以及各阶段所用到的技术和工具。

第3章
分布式大数据分析处理系统概述

本章内容

本章首先介绍分布式大数据分析处理系统的概念、作用及应用场景，然后从数据采集、存储、分析处理和可视化四个子系统讲解分布式大数据分析处理系统的构成，最后讲解系统实现需要用到的技术。

本章要点

● 了解分布式大数据分析处理系统的基本概念及其作用。

● 理解分布式大数据分析处理系统在各行各业的应用及价值。

● 重点掌握分布式大数据分析处理系统的构成和四个子系统的作用。

● 熟悉系统前后端所用到的技术，学会使用 Web 端服务器。

3.1　什么是分布式大数据分析处理系统

分布式大数据分析处理系统是可以对数据进行分布式处理的系统，可以极大地缩短数据处理时间，提高响应速度，在实际生活中具有极其广泛的用途。

分布式大数据分析处理系统通常由一个可供参考的抽象系统结构表示，如图 3-1 所示。

分布式大数据分析处理系统通过取样的方法控制数据输入的流量从而进入输入监控器。查询库可以处理共享，在存储系统可以连续查询，而且连续查询已经在系统中注册（传统数据库的查询是一次性的，而数据流处理系统的最大特点体现在它的查询方式为连续查询）。窗口查询需要临时工作区，关于每个数据源的物理位置等静态存储构成数据存储。在当前数据流状态上，既可

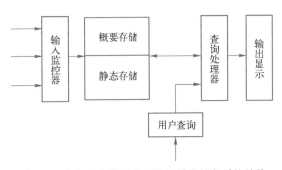

图 3-1　分布式大数据分析处理系统抽象系统结构

以一次查询也可以连续查询。输入监控器和查询处理器互相联系，其结果存储在临时缓存中或通过流输出给用户，而且通过变化数据输入速率可以对查询计划进行优化。

分布式大数据分析处理系统可以分为服务器和终端接口两个部分。

1）服务器：服务器访问接口可以处理客户和服务器之间的所有命令和数据，服务器访问的接口被称作是外界和服务器的纽带。服务器等待连接用户，控制器监听特定的端口访问接口，通过用户命

令、处理结果或者数据流，最终返回查询的结果。

2）终端接口：终端接口是为用户操作提供的接口，屏蔽了其中的作用过程。控制命令和查询接口构成了终端接口，DLL 在终端中是终端接口模块。

3.2　分布式大数据分析处理系统的作用

科技的进步和网络技术的日新月异，增加了数据处理的难度，大量的实时数据流不断地冲击着应用系统的处理极限，要求应用系统能够做出及时的反应，并且还要提高准确性，这些挑战对于传统的数据库技术相当棘手。数据库管理系统（DBMS）的适用范围有限，处理静态的小规模数据结构还可以，面对大型的网络数据流，DBMS 体现出来的弊端较为明显，它没有能力应对动态的数据流，更不可能形成随时间而变化的查询结果。DBMS 在大规模的网络应用环境中的作用受到限制，存在技术性障碍，所以开发新的数据模型是目前网络应用系统发展的关键环节。分布式数据模型逐渐引起研究者的关注，它是专门的数据流结构模型，可以将产生的数据结构应用于分布式环境。

要想在海量数据中准确、快速地寻找到答案，需要耗费大量的时间、空间资源，对系统的性能也有更高的要求。虽然外部存储大量数据集的技术已经发展的比较成熟，并在各大领域得到广泛应用，但它不支持连续查询，而且查询效率低，并不适用于数据流应用，无法达到实时性的要求。为了实现高速处理大规模数据，往往要求系统的响应时间短、处理速度快。在进行数据处理时，系统仍然在进行工作，仍有大量数据输入进来。为了达到实时性的要求，必须尽量缩短处理时间，提高响应效率。如果处理速度不够，会有大量数据堆积，造成系统拥塞或停滞。因此，设计一种分布式大数据分析处理系统，提高查询处理速度和系统的负载优化是一件具有现实意义的事情。

分布式大数据分析处理系统所处理的是一种随时间变化的数据信息序列，也就是数据流，它是连续的、潜在的、无限的、快速的，这种数据序列具有到达顺序不可控、数据的速率不稳定、数据量巨大等特点。这些特点使得设计一个分布式大数据分析处理系统需要具有以下的功能。

- 由于物理存储空间的限制和处理效率的要求，对数据流进行在线处理时，一般只扫描数据一遍。
- 在一定的时间内，能够对数据进行排序，使无序变为有序。
- 对用户而言，传统的分布式大数据分析处理系统的程序设计使用户对数据的查询具有很好的实时性。
- 传统的分布式大数据分析处理系统在处理数据时，当遇到数据流的数据量巨大且已超过系统的承载能力时，随机或者有选择地清除一些数据以缓解系统数据的膨胀。
- 传统的分布式大数据分析处理系统对异常数据的处理也提出了一些要求，首先要迅速，同时要合乎实时的要求。
- 及时的数据用户接口能够为用户提供方便的数据信息查询。

3.3　分布式大数据分析处理系统的应用场景

分布式大数据分析处理系统的应用场景包括各行各业对大数据处理和分析的应用，最核心的还是用户需求。接下来，通过梳理各个行业在大数据应用领域面临的挑战，以及如何寻找突破口来展示其潜在的大数据应用场景。

（1）医疗大数据看病更高效

除了较早前就开始利用大数据的互联网公司，医疗行业是让大数据分析最先发扬光大的传统行业之一。医疗行业拥有大量的病例、病理报告、治愈方案和药物报告等。如果这些数据可以被整理和应用将会极大地帮助医生和病人。数目及种类众多的病菌、病毒，以及肿瘤细胞，这些都处在不断的进化中。在诊断疾病时，疾病的确诊和治疗方案的确定是最困难的。

在未来，借助于分布式大数据平台可以收集不同病例及其治疗方案，以及病人的基本特征，建立针对疾病特点的数据库。如果未来基因技术发展成熟，可以根据病人的基因序列特点进行分类，建立医疗行业的病人分类数据库。在医生诊断病人时，可以结合病人的疾病特征、化验报告和检测报告，参考疾病数据库来快速帮助病人确诊，明确定位疾病。在制定治疗方案时，医生可以依据病人的基因特点，调取相似基因、年龄、人种、身体情况的有效治疗方案，制定出适合病人的治疗方案，帮助更多人及时进行治疗。同时这些数据也有利于医药行业开发出更加有效的药物和医疗器械。

（2）金融大数据理财利器

金融行业面临的往往是数据问题，企业和个人的一些信用记录，仅部分银行能从统一数据库中获取部分数据。对于单个银行来说，是无法拿到用户在其他银行的行为记录数据的。银行在做信贷风险分析时，需要大量数据做相关性分析，其中很多数据来源于政府各个职能部门，包括工商税务，质量监督，检察院法院等，这些数据短期是无法获取到的。企业或个人日常产生的各种行为数据更难获取，使得对客户的风险性评估还是只能得借用原来的方法。

分布式大数据分析处理系统在金融行业应用范围较广，典型的案例有花旗银行利用 IBM 沃森计算机为财富管理客户推荐产品；美国银行利用客户点击数据集为客户提供特色服务，如有竞争的信用额度；招商银行利用客户刷卡、存取款、电子银行转账、微信评论等行为数据进行分析，每周给客户发送针对性广告信息，里面有顾客可能感兴趣的产品和优惠信息。

（3）零售大数据最懂消费者

零售行业分布式大数据分析处理系统的应用有两个层面：一个层面是零售行业可以了解客户消费喜好和趋势，进行商品的精准营销，降低营销成本；另一层面是根据客户购买产品，为客户提供可能购买的其他产品，扩大销售额，属于精准营销范畴。另外，零售行业可以通过大数据掌握未来消费趋势，有利于热销商品的进货管理和过季商品的处理。零售行业的数据对于产品生产厂家是非常宝贵的，零售商的数据信息有助于资源的有效利用，降低产能过剩，即厂商依据零售商的信息按实际需求进行生产，减少不必要的生产浪费。

未来考验零售企业的不再只是零供关系的好坏，重点在于挖掘消费者需求，以及高效整合供应链满足企业需求的能力，因此信息科技技术水平的高低成为获得竞争优势的关键要素。不论是国际零售巨头，还是本土零售品牌，要想顶住日渐微薄的利润率带来的压力，在这片红海中立于不败之地，就必须思考如何拥抱新科技，为顾客们带来更好的消费体验。

（4）电商大数据精准营销法宝

电商可以利用其交易数据和现金流数据，为其生态圈内的商户提供基于现金流的小额贷款，电商业也可以将此数据提供给银行，与银行合作为中小企业提供信贷支持。由于电商的数据较为集中，数据量足够大，数据种类较多，因此未来电商数据应用将会有更多的想象空间，包括预测流行趋势、消费趋势、地域消费特点、客户消费习惯、各种消费行为的相关度、消费热点和影响消费的重要因素等。依托分布式大数据分析系统，电商的消费报告将更加有利于品牌公司产品设计，生产企业的库存管理和计划生产，物流企业的资源配置，生产资料提供方产能安排等，实现精细化社会化大生产。

（5）农牧大数据量化生产

分布式大数据分析处理系统在农业的应用主要是指依据未来商业需求的预测来进行农牧产品的生产，降低菜贱伤农的概率。同时大数据的分析将会更加精确预测未来的天气气候，帮助农牧民做好自然灾害的预防工作。大数据还可以帮助农民依据消费者消费习惯来决定增加和减少哪些农牧产品的种植和生产，提高单位种植面积的产值，同时有助于快速销售农产品，完成资金回流。牧民可以通过大数据分析来安排放牧范围，有效利用牧场。渔民可以利用大数据安排休渔期、定位捕鱼范围等。

由于农产品不容易保存，因此合理种植和养殖农产品十分重要。借助于分布式大数据系统提供的消费趋势报告和消费习惯报告，政府将为农牧业生产提供合理引导，建议依据需求进行生产，避免产能过剩，造成不必要的资源和社会财富浪费。农业关乎国计民生，科学的规划有助于社会整体效率提升。大数据技术可以帮助政府实现农业的精细化管理，实现科学决策。在数据驱动下，结合无人机技术，农民可以采集农产品生长信息和病虫害信息。

（6）交通大数据畅通出行

目前，交通领域分布式大数据分析处理系统主要应用在两个方面：一方面可以利用大数据传感器数据来了解车辆通行密度，合理进行道路规划包括单行线路规划；另一方面可以利用大数据来实现即时信号灯调度，提高已有线路运行能力。科学地安排信号灯是一项复杂的系统工程，必须利用大数据计算平台才能计算出一个较为合理的方案。科学地安排信号灯将会提高 30%左右已有道路的通行能力。在美国，政府依据某一路段的交通事故信息来增设信号灯，降低了 50%以上的交通事故率。机场的航班起降依靠大数据将会提高航班管理的效率，航空公司利用大数据可以提高上座率，降低运行成本。铁路利用大数据可以有效安排客运和货运列车，提高效率、降低成本。

（7）教育大数据因材施教

分布式大数据分析处理系统可以帮助家长和教师甄别出孩子的学习差距和有效的学习方法。例如，美国的麦格劳-希尔教育出版集团就开发出了一种预测评估工具，帮助学生评估他们已有的知识和达标测验所需程度的差距，进而指出学生有待提高的地方。评估工具可以让教师跟踪学生学习情况，从而找到学生的学习特点和方法。有些学生适合按部就班，有些则更适合图式信息和整合信息的非线性学习。这些都可以通过大数据搜集和分析很快识别出来，从而为教育教学提供坚实的依据。

在国内尤其是北京、上海、广东等城市，分布式大数据分析处理系统在教育领域已经有了非常多的应用，譬如慕课、在线课程、翻转课堂等，其中就应用了大量的大数据工具。

毫无疑问，在不远的将来，无论是教育管理部门，还是教师、学生和家长，都可以得到针对不同应用的个性化分析报告。通过分布式大数据分析处理系统优化教育机制，可以做出更科学的决策，这可能将带来潜在的教育革命。个性化学习终端将会融入更多的学习资源云平台，根据每个学生的不同兴趣爱好和特长，推送相关领域的前沿技术、资讯、资源乃至未来职业发展方向等，并贯穿每个人终身学习的全过程。

（8）体育大数据夺冠精灵

从《点球成金》这部电影开始，体育界的有识之士们终于找到了向往已久的道路，那就是如何利用大数据系统来让团队发挥最佳水平。从足球到篮球，数据似乎成为赢得比赛甚至是奖杯的金钥匙。

分布式大数据分析处理系统对体育的改变可以说是方方面面的，从运动员本身来讲，可穿戴设备收集的数据可以让自己更了解身体状况。对媒体评论员来讲，通过分布式大数据分析处理系统提供的数据可以更好地解说比赛、分析比赛。数据已经通过大数据分析转化成了洞察力，为体育竞技中的胜利增加筹码，也为身处世界各地的体育爱好者随时随地观赏比赛提供了个性化的体验。

（9）环保大数据对抗 PM2.5

如今，气象数据已经成为社会生产和人们生活的重要资源，并支持定制化服务满足各行各业用户需要。借助分布式大数据分析处理系统，天气预报的准确性和实效性将会大大提高，预报的及时性也会大大提升。同时对于重大自然灾害，例如龙卷风，通过大数据计算平台，人们将会更加精确地了解其运动轨迹和危害的等级，有利于提高人们应对自然灾害的能力。天气预报准确度的提升和预测周期的延长也有利于农业生产的安排。

（10）食品大数据舌尖上的安全

随着科学技术和生活水平的不断提高，食品添加剂及食品品种越来越多，传统手段难以满足当前复杂的食品安全监管需求，从不断出现的食品安全问题来看，食品监管成了食品安全的棘手问题。

通过分布式大数据分析处理系统将海量数据聚合在一起，将离散的数据聚合能形成数据长尾，从而实现食品安全监管。在数据驱动下，采集人们在互联网上提供的举报信息，食品监管部门可以掌握部分乡村和城市的死角信息，挖出不法加工点，提高执法透明度，降低执法成本。还可以参考医院提供的就诊信息，分析出涉及食品安全的信息，及时进行监督检查，第一时间进行处理，降低已有不安全食品的危害。政府可以公布不安全食品厂商信息、不安全食品信息，使人们及时了解信息、提高食品安全意识。

分布式大数据分析处理系统不仅能带来商业价值，亦能产生社会价值。随着信息技术的发展，食品监管也面临着各种类型的海量数据，如何从中提取有效数据成为关键所在。可见，大数据管理是一项巨大挑战，一方面要及时提取数据以满足食品安全监管需求；另一方面需要在数据的潜在价值与个人隐私之间进行平衡。

（11）政府调控和财政支出大数据令其有条不紊

政府利用分布式大数据分析处理系统可以了解各地区的经济发展情况、各产业发展情况、消费支出和产品销售情况，依据数据分析结果，科学地制定宏观政策，平衡各产业发展，避免产能过剩，有效利用自然资源和社会资源，提高社会生产效率。分布式大数据分析处理系统还可以帮助政府监控自然资源的管理，包括国土资源、水资源、矿产资源、能源等，通过各种传感器来提高其管理的精准度。同时大数据也能帮助政府进行支出管理，透明合理的财政支出将有利于提高公信力。

分布式大数据分析处理系统带给政府的不仅仅是效率提升、科学决策、精细管理，更重要的是数据治国、科学管理的意识，未来大数据将会从各个方面来帮助政府实施高效和精细化的管理。政府运作效率的提升、决策的科学客观和财政支出合理透明都将大大提升国家整体实力，成为国家竞争优势。

（12）舆情监控大数据名侦探柯南

国家正在将分布式大数据分析处理系统应用于舆情监控，其收集到的数据除了解民众诉求，降低群体事件之外，还可以用于犯罪管理。大量的社会行为正逐步走向互联网，人们更愿意借助于互联网平台来表述自己的想法和宣泄情绪。社交媒体和朋友圈正成为追寻人们社会行为的平台，正能量的社会现象有，负能量的社会现象也不少。一些好心人通过微博来帮助别人寻找走失的亲人或提供可能被拐卖人口的信息，这些都是社会群体互助的例子。国家可以利用社交媒体分享的图片和交流的信息来收集个体情绪信息，预防个体犯罪行为和反社会行为。例如，警方通过微博信息抓获了聚众吸毒的人，处罚了虐待小孩的家长。

分布式大数据分析处理系统的发展带来企业经营决策模式的转变，驱动着行业变革，衍生出新的商机和发展契机。驾驭大数据的能力已被证实为领军企业的核心竞争力，这种能力能够帮助企业打破数据边界，绘制企业运营全景视图，做出最优的商业决策和发展战略。其实，不论哪个行业的大数据分析和应用场景，都可以看到一个典型的特点就是无法离开以人为中心所产生的各种用户行为数据。用户业务活动和交易记录、用户社交数据等行为数据，这些核心数据的相关性再加上可感知设备的智能数据采集就构成了一个完整的大数据生态环境。

3.4　分布式大数据分析处理系统的构成

分布式大数据分析处理系统主要由数据采集子系统、数据存储系统、数据分析处理系统和数据可视化系统构成。

3.4.1　数据采集子系统

数据采集子系统包括数据监控和数据爬取，其主要功能如下。

1）根据数据的特征，构建概要数据。数据流是一个实时的、连续的、潜在无界的、有序的数据项的序列。由于数据流速率的变化是无法预测的，某一时刻到达的数据量可能会超过系统的计算能力（根据 CPU 周期和主存的大小），所以需要一个输入监视器在需要的时候销毁一些元组。一般采用抽样、直方图或者小波的方法构建概要数据。

2）数据处理节点的负载均衡。降载的问题在传统数据库系统中是可以忽视的：第一，传统的DBMS 对数据进行的是静态存储方式；第二，对一般数据库的查询没有服务质量（Quality of Service，QoS）方面的需求；第三，传统的 DBMS 对数据的查询是一次性的。然而，当系统的处理能力无法负荷突发流量时，如果不及时处理，那么整个系统的吞吐量和响应时间就会逐步恶化，导致系统发生拥塞。要解决流数据流速的不稳定问题，分布式大数据分析处理系统在数据查询问题上需要接受巨大的考验。

3）数据爬取。在实际项目实现过程中，用户需要根据数据特点和来源选择合适的方法抓取数据，常用方法即使用网络爬虫。在线人类行为、人类动力学、计量社会学、复杂网络、数据挖掘等领域的实证研究都需要大量数据，网络爬虫是收集相关数据的利器，具体使用方法见本书 2.1.1 节。网络爬虫是一个自动提取网页的程序，常作为通用搜索引擎网页收集器，是搜索引擎的重要组成。所有被爬虫抓取的网页都将会被系统存储，进行一定的分析、过滤，并建立索引，以便之后的查询和检索；对于聚焦爬虫来说，这一过程所得到的分析结果还可能对以后的抓取过程给出反馈和指导。

3.4.2　数据存储系统

分布式存储系统的主流是 HadoopDFS（HDFS）。HDFS 的存储思路是，将文件分成单独的block，每个 block 都有一定量的副本存储在不同的节点上，默认数量是 3 个。HDFS 的架构包括NameNode、DataNode、SecondaryNameNode。NameNode 节点主要负责客户端传来的读写请求，保存文件的 metadata；DataNode 负责储存 block，向 NameNode 汇报 block 信息、发送 heartbeat；SecondaryNameNode 负责帮助 NameNode 合并 editlog。

当客户端需要读文件时，首先向 NameNode 发起读请求，收到请求后的 NameNode 会将文件所在数据块在 DataNode 中的具体位置返回给客户端，客户端根据该位置找到相应的 DataNode 并发起读请求。当客户端需要写文件时，首先向 NameNode 发起写请求，NameNode 会将需要写入的文件名等信息记录到本地，同时验证客户端的写入权限，验证通过后，会向客户端返回文件数据块能够存放在DataNode 上的存储位置信息，客户端直接在 DataNode 的相应位置写入数据块。

在系统性能方面，分布式大数据分析处理系统是具有现实意义的。对查询进行处理时，待处理的数据是储存在内存的工作区中。在其操作过程中，系统为了存储流入的数据，必须产生查询窗口，即为查询分配相应的工作区。元数据与一般的关系在磁盘中保留。就像数据字典功能，元数据包含元数据。由于需要近似处理，用来存数据流的大概信息，还需要为其中的数据流设定存储区域。

在处理查询接口提交的数据时，查询模块起到关键性的作用。不仅有数据流上的连续查询，同时也涵盖了传统关系上的查询、插入、删除和修改等。用户为获取一个查询可以通过向系统提交一个注册申请，方便与分布式大数据分析处理系统进行相互交流。之后用户会接收一个系统发来的句柄，以便用户使用这个句柄在今后的任意时间来查询结果，当然没有用处时用户也可随时注销以往相关查询，保证信息的安全性。

3.4.3　数据分析处理系统

大数据的处理模式分为流处理和批处理两种。流处理是直接处理，批处理采用先存储再处理。

流处理将数据视为流，源源不断的数据形成数据流。当新的数据到来，应当即处理并返回所需的结果。大数据的实时处理是一个极具挑战的工作，数据具备大规模、持续到达的特色。所以，若要求实时处理大数据，必然要求采用分布式的方式。在这种状况下，除了应该考虑分布式系统的一致性问题，还应考虑分布式系统网络时延的影响，这些因素均增长了大数据流处理的复杂性。目前比较有代表性的开源流处理系统主要有 Twitter 的 Storm、Yahoo 的 S4 以及 Linkedin 的 Kafka 等。

Google 公司 2004 年提出的 MapReduce 编程模型是最具代表性的批处理模型。MapReduce 架构的程序可以在大量的普通配置的计算机上实现并行化处理，在运行时只关心如何分割输入数据，在大量计算机组成的集群上的调度，集群中计算机的错误处理，以及管理集群中计算机之间必要的通信。

对于有些计算，因为输入数据量的巨大，想要在可接受的时间内完成计算，只有将这些计算分布在成百上千的主机上。这种计算模式对于如何处理并行计算、如何分发数据、如何处理错误需要大规模的代码处理，使得本来简单的计算变得难以处理。MapReduce 就是针对上述问题的一种新的设计模型。

MapReduce 编程模型的主要贡献就是经过简单的接口来实现自动的并行化和大规模的分布式计算，通过使用 MapReduce 模型接口使大量普通的 PC 能共同实现高性能计算。

MapReduce 编程模型的原理：利用一个输入键值对（Key/Value）集合来产生一个输出的 key/value 集合。MapReduce 库的用户用两个函数（Map 和 Reduce）表达这个计算。用户自定义的 Map 函数接收一个输入的 key/value 值，然后产生一个中间 key/value 集合。MapReduce 库把全部具备相同中间 key 值的 value 值集合在一起传递给 Reduce 函数。用户自定义的 Reduce 函数接收一个中间 key 值和相关的一个 value 值的集合。Reduce 函数合并这些 value 值，造成一个较小的 value 值集合。

MapReduce 的提出曾经遭到过一系列的质疑。数据专家 Stonebraker 就认为 MapReduce 是一个巨大的倒退，指出其存取没有优化、依靠蛮力进行数据处理等问题。可是随着 MapReduce 在应用上的不断成功，以其为代表的大数据处理技术获得了普遍的关注。研究人员也针对 MapReduce 进行了深刻的研究，目前针对 MapReduce 性能提高的研究主要有如下几个方面：多核硬件与 GPU 上的性能提升；索引技术与链接技术的优化；调度技术优化等。在 MapReduce 易用性的研究中，研究人员正在研究更为高层的、表达能力更强的语言和系统，包括 Yahoo 的 Pig、Microsoft 的 LINQ、Hive 等。

除了 Google 的 MapReduce，Yunhong Gu 等人设计实现的 Sector and Sphere 云计算平台（包括 Sector 和 Sphere 两部分）也是批处理模型，其中，Sector 是部署在广域网的分布式系统，Sphere 是创建在 Sector 上的计算服务。Sphere 是以 Sector 为基础构建的计算云，提供大规模数据的分布式处理。

针对不一样的应用会有不一样的数据，Sphere 统一地将它们以数据流的形式输入。为了便于大规模地并行计算，首先需要对数据进行分割，分割后的数据交给 SPE 执行。SPE 是 Sphere 的处理引擎，是 Sphere 的基本运算单元。除了进行数据处理外，SPE 还能起到负载平衡的作用，由于通常情况下数据量远大于 SPE 数量，当前负载较重的 SPE 能继续处理的数据就较少，反之则较多，如此就实现了系统的负载平衡。

3.4.4 数据可视化系统

大数据可视化技术是基于计算机技术和图形处理技术的，通过挖掘数据和开发规则之间的逻辑关系，以图形形式显示数据信息。大数据可视化技术克服了传统数据分析方法烦琐、费时的缺点，随着数据挖掘技术的不断深入和多样化，数据呈现日益清晰，逐渐成为大数据分析的重要手段。

数据可视化系统具有直观性、关联性、实用性、艺术性和交互性的特点，它将数据的各个属性值以多维数据的形表示，使人们可以从不同的维度观察数据，并通过图形化方式清晰有效地传达和交流信息，有助于用户分析和推理数据之间的关系，从而对数据进行更深入的观察和研究，了解数据背后隐藏的价值。

数据可视化系统的设计流程如下。

1）获取数据，分析数据，并将数据进行粗略处理，处理无效值、缺失值等脏数据，将有用数据转换成所需格式。

2）对可视化的方向进行规划，选择合适的可视化图形。

3）分析可视化结果，观察并总结数据规律，为进一步分析和决策提供依据。

在实际项目应用中通常还要将图表嵌入前端页面，视需要而定即可。数据可视化使用的主要工具/第三方库有 ECharts、PyEcharts、Matplotlib、Apache Superset 等，详情见本书 2.4 节。

3.5 分布式大数据分析处理系统的实现

本节主要讲述系统的前后端实现技术，前端技术以 HTML、CSS、jQuery 为例，后端技术以 SpringBoot、SSM 为例，此外讲解了 Web 端服务器 Tomcat 的内容。

3.5.1 系统前端——HTML、CSS、jQuery

系统前端直接和用户打交道，实现页面的展现和交互功能，是整个系统首先要开发的部分。HTML、CSS 等前端框架被广泛应用在系统前端开发上，跨平台响应式网页设计能够适应各种屏幕分辨率，优秀的动效设计给用户带来良好的用户体验。系统前端的主流开发工具是 HTML、CSS、jQuery。

目前较流行的超文本网页标记语言是 HTML5，其相比于 HTML4 具有更为完整的插件继承功能，将 HTML4 多种插件功能融合，解决了 HTML4 的插件冗杂问题。实际上 HTML5 已超出严格意义上的 HTML，不仅包含结构功能层的 HTML，还包含表现样式层 CSS 和逻辑处理层的 JavaScript，是结构功能、表现样式和逻辑处理的集合。

HTML5 的基本特性有：前端缓存、语义准确、双向信息传输、多媒体支持等。通过前端缓存减少服务器压力，通常使用应用级别缓存、本地存储和索引数据库等技术实现本地缓存；通过语义规范化，使得匹配的网站在搜索引擎的排位相对靠前。HTML4 只能从客户端向服务器发起 REQUEST 请求，服务器无法进行实时推送；HTML5 提出的 WebSocket 技术实现了服务器向客户端实时定向推送。HTML5 网页中支持视频和音频，不需要借助外部插件就可以播放视频和音频；HTML5 优化了请求技术，使用 Web Workers 使得页面请求更为顺畅。

层叠样式表（Cascading Style Sheets，CSS）是一种标记语言，常用于表现 XML 或 HTML，无须编译，可由浏览器直接执行。运用好 CSS 可以使得网站页面更加美观。CSS 拥有丰富的样式外观，使用样式表时可以定义在一个 CSS 文件中，也可以直接在 HTML 的 style 属性中定义。当定义在单独的 CSS 文件中时，同一个 CSS 就可以被多个页面引用。使用 CSS 可以使得网页内容和样式分离，减少网页代码量，加快网页的浏览速度。

jQuery 是一个轻量级的 JavaScript 框架，jQuery 库可以通过一行简单的标记被添加到网页中。它封装 JavaScript 常用的功能代码，提供一种简便的 JavaScript 设计模式，优化 HTML 文档操作、事件处理、动画设计和 Ajax 交互。jQuery 库包含 HTML 元素选取、HTML 元素操作、CSS 操作、HTML 事件函数、JavaScript 特效和动画、HTML DOM 遍历和修改、AJAX、Utilities 等功能。

3.5.2 系统后端——SpringBoot、SSM

后端开发通常指的就是开发数据访问服务，该服务负责后端程序的相关开关，使前端可以通过调用后端服务对数据进行增、删、查、改，也就是 CRUD，从而实现前端对用户的请求响应。前端往往需要通过调用后端服务，来完成对用户请求的响应；而后端服务往往需要通过查询数据库，来完成对前端请求的响应。

后端服务器可以由任何一种编程语言实现，只要能把正确的数据返回给调用者即可，主流的编程语言都有各自的 Web 框架，例如，基于 Java 的 Web Framework 有 Spring Boot 和 dropwizard，基于 Python 的 Web 框架有 Flask 等。

SpringBoot 是 Spring 框架的模块，是在核心 Spring 框架之上开发的，用于轻松创建独立的、生产级的基于 Spring 的应用程序。Spring Boot 遵循一个分层的体系结构，其中每层都与该层正下方或正上方的层（层次结构）进行通信。

SpringBoot 主要包括表示层、业务层、持久层和数据库层。

- 表示层。表示层处理 HTTP 请求，将 JSON 参数转换为对象，并对请求进行身份验证并将其传输到业务层。表示层包括视图，即前端部分。
- 业务层。业务层处理所有业务逻辑，由服务类组成，并使用数据库层提供的服务。业务层还执行授权和验证操作。
- 持久层。持久层包含所有存储逻辑，并将业务对象与数据库行进行相互转换。
- 数据库层。在数据库层中，执行 CRUD（创建，检索，更新，删除）操作。

SSM 框架是 Spring MVC，Spring 和 Mybatis 框架的集合，其中，Spring MVC 负责请求的转发和视图管理，Spring 实现业务对象管理，Mybatis 作为数据对象的持久化引擎。

（1）Spring

Spring 就像是整个项目中装配 bean（描述 Java 的软件组件模型）的大工厂，在配置文件中可以指定使用特定的参数去调用实体类的构造方法来实例化对象。也可以将 Spring 称为项目中的黏合剂。

Spring 的核心思想是 IoC（控制反转），即不再需要程序员去显式地新建一个对象，而是让 Spring 框架来完成这一切。

（2）Spring MVC

Spring MVC 在项目中拦截用户请求，它的核心 Servlet 即 DispatcherServlet 承担中介或是前台的职责，将用户请求通过 HandlerMapping 去匹配 Controller，Controller 就是具体对应请求所执行的操作。

Spring MVC 相当于 SSH 框架中的 struts。

（3）Mybatis

Mybatis 是对 JDBC 的封装，它让数据库底层操作变得透明。Mybatis 的操作都是围绕一个 sqlSessionFactory 实例展开的。Mybatis 通过配置文件关联到各实体类的 Mapper 文件，Mapper 文件中配置了每个类对数据库所需进行的 SQL 语句映射。在每次与数据库交互时，通过 sqlSession-Factory 拿到一个 sqlSession，再执行 SQL 命令。页面发送请求给控制器，控制器调用业务层处理逻辑，逻辑层向持久层发送请求，持久层与数据库交互，然后将结果返回给业务层，业务层将处理逻辑发送给控制器，控制器再调用视图展现数据。

SSM 框架各层功能如图 3-2 所示。

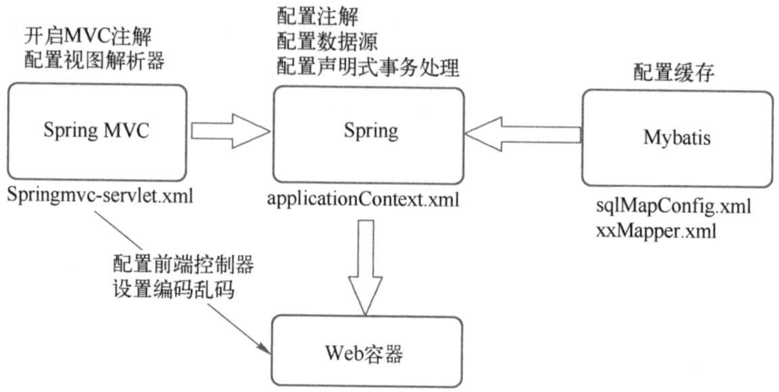

SSM 是标准的 MVC 模式，将整个系统划分为 View 层（表示层）、Controller 层（表现层）、Service 层（业务层）和 DAO 层（持久层）四层，其原理流程图如图 3-3 所示。

图 3-2 SSM 框架

图 3-3 SSM 原理流程图

（1）持久层（Mybatis）：DAO 层（mapper）

DAO 层主要是做数据持久层的工作，负责与数据库进行联络的一些任务都封装在此。DAO 层的设计首先是设计 DAO 的接口，然后在 Spring 的配置文件中定义此接口的实现类。这样就可以在模块中调用此接口来进行数据业务的处理，而不用关心此接口的具体实现类，显得结构非常清晰。DAO 层的数据源配置，以及有关数据库连接的参数都在 Spring 的配置文件中进行配置。

（2）业务层（Spring）：Service 层

Service 层主要负责业务模块的逻辑应用设计。

首先设计接口，再设计其实现的类，然后在 Spring 的配置文件中配置其实现的关联。这样就可以在应用中调用 Service 接口来进行业务处理。Service 层的业务实现，需要调用已定义的 DAO 层的接口。封装 Service 层的业务逻辑有利于通用的业务逻辑的独立性和重复利用，使程序显得非常简洁。

（3）表现层（springMVC）：Controller 层（Handler 层）

Controller 层负责具体的业务模块流程的控制，在 Controller 层要调用 Service 层的接口来控制业务流程。

控制的配置也同样是在 Spring 的配置文件中进行的，针对具体的业务流程，会有不同的控制器。具体的设计过程中可以将流程进行抽象归纳，设计出可以重复利用的子单元流程模块。这样不仅使程序结构变得清晰，也大大减少了代码量。

（4）表示层：View 层

View 层与 Controller 层结合比较紧密，需要两者结合起来协同工作。View 层主要负责前台 jsp 页面的表示。

3.5.3　Web 服务器端——Tomcat

Web 服务器能够提供 WWW 服务的程序、解析 HTTP、做代理模型、Web 容器是提供给开发者的框架。Web 应用程序服务器内容丰富，既可用各厂商通常遵循的工业标准并自定义扩展功能而成，也可以利用开源组件轻量级拼装打造；反向代理服务器在企业级应用中表现突出，具有解决集中式安全，负载均衡等优点。

Tomcat 服务器具有 Web 服务器的功能，如 Tomcat 阀、控制平台 Tomcat 管理。因为其本身就是一个 Servlet 容器，所以支持 JSP 和 Servlet。Tomcat 服务器是开发和调试 JSP 程序的首选，并且具有处理 HTML 页面的功能。Tomcat 服务器的优点如下。

1）Tomcat 服务器支持邮件服务和负载均衡等开发应用系统时经常使用的功能，在运行应用程序时占用 CPU 等系统资源较少，而且扩展性好。

2）Tomcat 服务器是一个免费的开源 Web 应用服务器。

3）Tomcat 是一个小型的轻量级应用服务器，主要用于用户并发数量不是很大的中小系统中。

Tomcat 官方网址为 https://tomcat.apache.org/，本书使用的版本为 Tomcat 9.0.52。

本章小结

本章介绍了分布式大数据分析处理系统的概念、作用及其十二个应用场景，并从数据采集、存储、分析处理和可视化重点介绍分布式大数据分析处理系统的构成，最后介绍了系统前后端常用的技术。本章的重点是能够熟悉分布式大数据分析处理系统，掌握系统的构成及实现技术，学会真正实现一个分布式大数据分析处理系统。

第4章
构建大数据集群环境

本章内容

构建大数据集群环境是实现大数据分析处理系统的前提，故本章主要介绍部署大数据处理环境和部署大数据存储环境两部分，包括大数据处理组件 Hadoop、ZooKeeper、Kafka、Spark 和大数据存储组件 MySQL、Hive、HBase、Redis 的安装部署流程。

本章要点

- 区分大数据处理组件和大数据存储组件，了解其主要功能。
- 掌握 Hadoop、ZooKeeper、Kafka、Spark 的搭建步骤以及 MySQL、Hive、HBase、Redis 的部署方法。

4.1 部署大数据处理环境

本节主要带领读者在虚拟机中安装部署 Hadoop、ZooKeeper、Kafka、Spark 这四个大数据处理组件。

4.1.1 搭建 Hadoop 集群

Hadoop 主要依赖于 Java 环境，因此在搭建集群前需要安装好 JDK；为方便各节点间无须输入密钥而相互访问，在集群环境配置部分需要提前配置各节点间的 SSH 免密登录，具体操作如下。

1. 安装 JDK

（1）上传并解压 JDK 安装包

1）借助 FinalShell 等工具将 JDK 安装包导入 Linux 系统的/opt/softwares 目录下。

2）在/opt/softwares 目录下查看是否导入成功，具体命令如下。

```
[hadoop@centos01 ~]$ cd /opt/softwares/
[hadoop@centos01 softwares]$ ll
```

3）解压 JDK 安装包到/opt/modules 目录下，具体命令如下。

```
[hadoop@centos01 softwares]$ tar -zxf jdk-8u144-linux-x64.tar.gz -C /opt/modules
```

（2）配置 JDK 环境变量

1）执行如下命令打开/etc/profile 文件。

```
[hadoop@centos01 software]$ sudo vim /etc/profile
```

2）在/profile 文件末尾添加 JDK 路径，具体内容如下。

```
export JAVA_HOME=/opt/module/jdk1.8.0_144
export PATH=$PATH:$JAVA_HOME/bin
```

3）保存后退出，执行以下命令，使修改后的文件生效。

```
[hadoop@centos01 jdk1.8.0_144]$ source /etc/profile
```

（3）测试 JDK 是否安装成功

执行 java -version 命令测试 JDK 是否安装成功，若出现类似以下内容，则说明 JDK 安装成功。

```
[hadoop@centos01 jdk1.8.0_144]$ java -version
openjdk version "1.8.0_262"
OpenJDK Runtime Environment (build 1.8.0_262-b10)
OpenJDK 64-Bit Server VM (build 25.262-b10, mixed mode)
```

注意：若 java -version 命令不可用则需重启系统，具体命令如下。

```
[hadoop@centos01 jdk1.8.0_144]$ sync
[hadoop@centos01 jdk1.8.0_144]$ sudo reboot
```

2．配置 SSH 免密登录

（1）生成公钥和私钥

1）执行如下命令，再按三次〈Enter〉键，会生成 id_rsa（私钥）和 id_rsa.pub（公钥）两个文件。

```
[hadoop@centos01 ~]$ cd ~/.ssh/
[hadoop@centos01 .ssh]$ ssh-keygen-t rsa
```

2）查看公钥文件 id_rsa.pub 和私钥文件 id_rsa 是否生成成功，具体命令如下。

```
[hadoop@centos01 .ssh]$ ll
```

（2）将公钥复制到需要免密登录的目标机器上

注意：需要在 centos01 节点上使用 root 账号，配置免密登录至 centos01、centos02、centos03 节点。

1）使用 root 用户在 centos01 节点上执行如下命令，生成密钥文件。

```
[root@centos01 .ssh]# ssh-keygen -t rsa
```

2）执行如下命令，将公钥复制并追加到所有节点的授权文件 authorized_keys 中。

```
[root@centos01 .ssh]# ssh-copy-id centos01
[root@centos01 .ssh]# ssh-copy-id centos02
[root@centos01 .ssh]# ssh-copy-id centos03
```

3）在其余节点中重复步骤 1）和 2），配置所有节点间的免密登录。

3．Hadoop 集群的搭建

搭建 Hadoop 集群的主要步骤包括上传并解压 Hadoop 安装文件、配置环境变量、修改相关配置文件，将配置好的文件发送至 centos02、centos03 节点，格式化 NameNode 后启动 Hadoop 集群。而在 Hadoop 集群搭建之前，需要对三个节点作出规划，集群节点规划如表 4-1 所示。

表 4-1 集群节点规划

	centos01	centos02	centos03
HDFS	NameNode DataNode	DataNode	SecondaryNameNode DataNode
YARN	NodeManager	ResourceManager NodeManager	NodeManager

（1）编写集群分发脚本 xsync

1）执行如下命令，在根目录下创建路径 bin/。

```
[hadoop@centos01 ~]$ mkdir bin
```

2）创建空的脚本文件 xsync，具体命令如下。

```
[hadoop@centos01 bin]$ touch xsync
```

3）编辑脚本文件，向脚本文件中添加如下配置。

```
[hadoop@centos01 bin]$ vim xsync
#1.获取输入参数个数，如果没有直接退出
pcount=$#
if((pcount==0)); then
echo no args;
exit;
fi
#2.获取文件名称
p1=$1
fname=`basename $p1`    # 注意，这里不是单引号
echo fname=$fname
#3.获取上级目录到绝对路径
pdir=`cd -P $(dirname $p1); pwd`
echo pdir=$pdir
#4.获取当前用户名
user=`whoami`
#5.循环
for((host=1;host<4; host++)); do
        echo --------------- centos$host ---------------
rsync -rvl $pdir/$fname $user@centos0$host:$pdir
        # centos 后加 0，否则将无法识别
done
```

4）查看脚本文件 xsync 是否配置成功。

```
[hadoop@centos01 bin]$ chmod 777 xsync
```

注意：如果将脚本文件 xsync 放到/home/hadoop/bin 目录下仍然不能实现全局使用，可以将其移动到/usr/local/bin 目录下。

（2）上传并解压 Hadoop 安装包

1）将 Hadoop 安装包 hadoop-2.8.2.tar.gz 上传至 centos01 节点的/opt/softwares 目录下。

2）进入 Hadoop 安装包所在路径，解压安装文件到/opt/modules 目录下，具体命令如下。

```
[hadoop@centos01 ~]$ cd /opt/softwares/
[hadoop@centos01 softwares]$ tar -zxfhadoop-2.8.2.tar.gz -C /opt/modules
```

3）在指定路径下，执行如下命令查看 Hadoop 安装包是否成功解压。

```
[hadoop@centos01 modules]$ ll
```

（3）配置 Hadoop 环境变量

1）执行如下命令打开/etc/profile 文件。

```
[hadoop@centos01 hadoop-2.8.2]$ sudo vim /etc/profile
```

2）在 profile 文件末尾添加 JDK 路径，具体内容如下。

```
# HADOOP_HOME
export HADOOP_HOME=/opt/modules/hadoop-2.8.2
export PATH=$PATH:$HADOOP_HOME/bin:$HADOOP_HOME/sbin
```

3）保存后退出，执行以下命令，令修改后的文件生效。

```
[hadoop@centos01 hadoop-2.8.2]$ source /etc/profile
```

4）测试 Hadoop 是否安装成功，若出现类似以下信息，则说明 Hadoop 系统变量配置成功。

```
[hadoop@centos01 hadoop-2.8.2]$ hadoop version
Hadoop 2.8.2
Subversion https://git-wip-us.apache.org/repos/asf/hadoop.git -r 66c47f2a01ad9637879e95f80c41f798373828fb
Compiled by jdu on 2017-10-19T20: 39z
Compiled with protoc 2.5.0
From source with checksum dce55e5afe30c210816b39b631a53b1d
This command was run using /opt/modules/hadoop-2.8.2 /share/hadoop/common /hadoop-common-2.8.2.jar
```

注意：若 hadoop version 命令不可用则需重启系统，具体命令如下。

```
[hadoop@centos01 hadoop-2.8.2]$ sync
[hadoop@centos01 hadoop-2.8.2]$ sudo reboot
```

（4）更改集群相关配置文件

1）编辑核心配置文件 core-site.xml，添加以下内容。

```
[hadoop@centos01 bin]$ cd /opt/modules/hadoop-2.8.2/etc/hadoop
[hadoop@centos01 hadoop]$ vim core-site.xml
<!--指定 HDFS 中 NameNode 的地址-->
<property>
        <name>fs.defaultFS</name>
<value>hdfs://centos01:9000</value>
</property>
<!--指定 Hadoop 运行时产生文件的存储目录 -->
<property>
        <name>hadoop.tmp.dir</name>
        <value>/opt/modules/hadoop-2.8.2/data/tmp</value>
</property>
```

2）编辑 HDFS 配置文件 hadoop-env.sh 和 hdfs-site.xml，分别添加以下内容。

```
[hadoop@centos01 hadoop]$ vim hadoop-env.sh
```

```
<!-- JAVA   HOME -->
export JAVA_HOME=/opt/modules/jdk1.8.0_144
[hadoop@centos01 hadoop]$ vim hdfs-site.xml
<!--指定 Hadoop 辅助名称节点主机配置-->
<property>
<name>dfs.namenode.secondary.http-address</name>
<value>centos03:50090</value>
</property>
```

3）编辑 YARN 配置文件 yarn-env.sh 和 yarn-site.xml，分别添加以下内容。

```
[hadoop@centos01 hadoop]$ vim yarn-env.sh
<!-- JAVA   HOME -->
export JAVA_HOME=/opt/modules/jdk1.8.0_144
[hadoop@centos01 hadoop]$ vim yarn-site.xml
<!--指定 YARN 的 ResourceManager 的地址 -->
<property>
        <name>yarn.resourcemanager.hostname</name>
        <value>centos02</value>
</property>
```

4）编辑 MapReduce 配置文件 mapred-env.sh 和 mapred-site.xml，分别添加以下内容。

```
[hadoop@centos01 hadoop]$ vim mapred-env.sh
<!-- JAVA   HOME -->
export JAVA_HOME=/opt/modules/jdk1.8.0_144
[hadoop@centos01 hadoop]$ vim mapred-site.xml
<!--指定 MR 运行在 YARN 上 -->
<property>
        <name>mapreduce.framework.name</name>
        <value>yarn</value>
</property>
```

（5）分发配置好的 Hadoop 安装文件

1）执行如下命令，向集群上其他节点分发 bin/目录。

```
[hadoop@centos01 ~]$ xsync bin/
```

2）向集群上其他节点分发配置好的 Hadoop 配置文件。

```
[hadoop@centos01 etc]$ xsynchadoop/
```

3）执行以下命令，查看 core-site.xml 文件中 NameNode 端口是否改变，判断是否分发成功。

```
[hadoop@centos02 hadoop-2.8.2]$ cat etc/hadoop/core-site.xml
[hadoop@centos03 hadoop-2.8.2]$ cat etc/hadoop/core-site.xml
```

4．启动 Hadoop 集群

（1）配置 slaves

1）执行如下命令，向 slaves 文件中添加以下内容。

```
[hadoop@centos01 hadoop]$ vim slaves
centos01
centos02
```

centos03

注意：该文件中添加的内容结尾不允许有空格，文件中不允许有空行。

2）向集群中其余节点分发该文件，同步所有节点的配置文件。

[hadoop@centos01 hadoop]$ xsync slaves

（2）启动 Hadoop 集群

1）若集群是首次启动，则需要格式化 NameNode，具体命令如下。

注意：若之前已启动部分进程，在格式化前，一定要停止之前启动的所有 NameNode 和 DataNode 进程，删除 data 和 log 文件数据。

[root@centos01 hadoop-2.8.2]# rm -rf data/ logs/
[root@centos01 hadoop-2.8.2]# bin/hdfsnamenode -format

2）执行以下命令，启动 HDFS。

[hadoop@centos01 hadoop-2.8.2]$ sbin/start-dfs.sh

3）执行以下命令，启动 YARN。

注意：如果 NameNode 和 ResourceManger 不存在于同一个节点，则不能在 NameNode 所在节点上启动 YARN，应在 ResouceManager 所在节点上启动 YARN 服务。

[hadoop@centos02 hadoop-2.8.2]$ sbin/start-dfs.sh

4）分别在三个节点执行 jps 命令查看当前进程。
观察结果，判断 NameNode、DataNode、NodeManager 和 ResourceManager 是否成功启动。

[hadoop@centos01 hadoop-2.8.2]$jps
[hadoop@centos02 hadoop-2.8.2]$jps
[hadoop@centos03 hadoop-2.8.2]$jps

5）在 Web 端查看 SecondaryNameNode 的状态。
浏览器地址栏中输入http://centos03:50090/status.html，结果如图 4-1 所示。

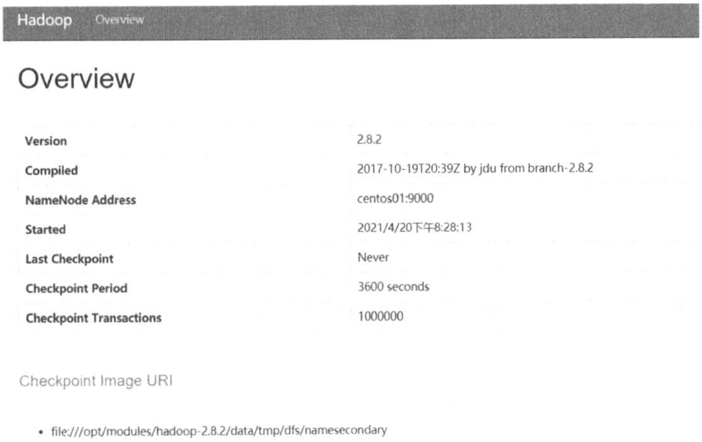

图 4-1　在 Web 端查看 SecondaryNameNode 状态

4.1.2 ZooKeeper 的安装部署

1. ZooKeeper 集群搭建

（1）集群规划

在 centos01、centos02 和 centos03 三个节点上部署 ZooKeeper。

（2）上传安装文件并解压安装

在 centos01 节点中，上传安装文件 zookeeper-3.4.10.tar.gz 到目录/opt/softwares/中，并将其解压到 /opt/modules/目录下，具体命令如下。

```
[hadoop@centos01 softwares]$ tar -zxvfzookeeper-3.4.10.tar.gz -C /opt/modules/
```

（3）创建配置文件

1）在/opt/modules/zookeeper-3.4.10/目录下创建名为 zkData 的目录。

```
[hadoop@centos01 zookeeper-3.4.10]$ mkdir -p zkData
```

2）在/opt/modules/zookeeper-3.4.10/zkData 目录下创建一名为 myid 的文件。

```
[hadoop@centos01 zkData]$ touch myid
```

注意：一定要在 Linux 系统中创建 myid 文件，否则在 notepad++里面很可能出现乱码。

3）查看 myid 文件是否创建成功。

```
[hadoop@centos01 zkData]$ ll
```

（4）配置 zoo.cfg 文件

1）将/opt/modules/zookeeper-3.4.10/conf 目录下的 zoo_sample.cfg 重命名为 zoo.cfg。

```
[hadoop@centos01 conf]$ mv zoo_sample.cfg zoo.cfg
```

2）打开 zoo.cfg 文件，命令如下。

```
[hadoop@centos01 conf]$ vim zoo.cfg
```

3）修改数据存储路径配置。

```
dataDir=/opt/modules/zookeeper-3.4.10/zkData
clientPort=2181
```

4）向 zoo.cfg 文件中增加如下配置。

```
server.1=centos01:2888:3888
server.2=centos02:2888:3888
server.3=centos03:2888:3888
```

5）将修改好的 ZooKeeper 配置文件复制到 centos02、centos03 节点上。

```
[hadoop@centos01 modules]$scp -r /opt/modules/zookeeper-3.4.10/   hadoop@centos02 :/opt/modules/
[hadoop@centos01 modules]$scp -r /opt/modules/zookeeper-3.4.10/   hadoop@centos03 :/opt/modules/
```

（5）配置服务器编号

1）编辑 myid 文件，添加与 server 对应的编号 01。

```
[hadoop@centos01 zkData]$ vim myid
```

2）分别在 centos02、centos03 节点上修改 myid 文件，文件内容依次为 2、3。

```
[hadoop@centos02 zkData]$ vim myid
[hadoop@centos03 zkData]$ vim myid
```

（6）集群操作

1）分别在三个节点上执行以下命令，启动 ZooKeeper 集群。

```
[root@centos01 zookeeper-3.4.10]# bin/zkServer.sh start
[root@centos02 zookeeper-3.4.10]# bin/zkServer.sh start
[root@centos03 zookeeper-3.4.10]# bin/zkServer.sh start
```

2）分别在三个节点上执行以下命令，查看 ZooKeeper 服务的状态。

```
[root@centos01 zookeeper-3.4.10]# bin/zkServer.sh status
[root@centos02 zookeeper-3.4.10]# bin/zkServer.sh status
[root@centos03 zookeeper-3.4.10]# bin/zkServer.sh status
```

3）分别在三个节点上执行 jps 命令，若出现 QuorumPeerMain 进程，说明 ZooKeeper 启动成功。

```
[root@centos01 zookeeper-3.4.10]# jps
[root@centos02 zookeeper-3.4.10]# jps
[root@centos03 zookeeper-3.4.10]# jps
```

2．ZooKeeper 命令行操作方式

ZooKeeper 的命令行工具与 Linux Shell 类似，当 ZooKeeper 集群服务启动后，可以在任意一台机器上启动客户端，以下是命令行操作方式中的一些示例。

（1）启动客户端

```
[hadoop@centos02 zookeeper-3.4.10]$ bin/zkCli.sh
```

（2）查看所有命令及其用法

```
[zk: localhost:2181(CONNECTED) 0] help
```

（3）查看当前 znode 中所包含的内容

```
[zk: localhost: 2181(CONNECTED) 1] ls /
```

（4）查看当前节点详细数据

```
[zk: localhost: 2181(CONNECTED) 2] ls2 /
```

（5）创建两个普通节点

使用 create 命令，创建普通节点/sanguo 及子节点/shuguo，其值分别为 "jinlian" 和 "liubei"。

```
[zk: localhost: 2181(CONNECTED) 6] create /sanguo "jinlian"
[zk: localhost: 2181(CONNECTED) 7] create /sanguo/shuguo "liubei"
```

（6）获得节点的值

使用 get 命令，获取/sanguo 及其子节点/shuguo 的值。

```
[zk: localhost: 2181(CONNECTED) 8] get /sanguo
[zk: localhost: 2181(CONNECTED) 9] get /sanguo/shuguo
```

（7）创建短暂节点

使用 create -e 命令，创建短暂节点/wuguo（/sanguo 子节点），其值为 "zhouyu"。

```
[zk: localhost: 2181(CONNECTED) 10] create -e /sanguo/wuguo "zhouyu"
```

1）在当前客户端查看短暂节点是否创建成功。

```
[zk: localhost: 2181(CONNECTED) 11] ls /sanguo
```

2）退出当前客户端后再重启客户端。

```
[zk: localhost: 2181(CONNECTED) 12] quit
[hadoop@centos02 zookeeper-3.4.10]$ bin/zkCli.sh
```

3）再次查看根目录下发现短暂节点已经删除。

```
[zk: localhost: 2181(CONNECTED) 0] ls /sanguo
```

（8）创建带序号的节点

1）先创建一个普通的根节点/sanguo/weiguo。

```
[zk: localhost: 2181(CONNECTED) 1] create /sanguo/weiguo "caocao"
```

2）创建多个带序号的节点。

```
[zk: localhost: 2181(CONNECTED) 2] create -s /sanguo/weiguo/xiaoqiao "jinlian"
[zk: localhost: 2181(CONNECTED) 3] create -s /sanguo/weiguo/daqiao "jinlian"
[zk: localhost: 2181(CONNECTED) 4] create -s /sanguo/weiguo/diaocan "jinlian"
```

（9）修改节点数据值

使用 set 命令，将/weiguo 节点的值由 "caocao" 改为 "simayi"。

```
[zk: localhost: 2181(CONNECTED) 5] set /sanguo/weiguo "simayi"
```

（10）监听节点值变化

1）在 centos03 节点上启动客户端。

```
[hadoop@centos03 zookeeper.3.4.10]$ bin/zkCli.sh
```

2）在 centos03 主机上注册监听/sanguo 节点的数据变化。

```
[zk: localhost: 2181(CONNECTED) 0] get /sanguo watch
```

3）在 centos02 主机上修改/sanguo 节点的数据。

```
[zk: localhost: 2181(CONNECTED) 0] set /sanguo "xisi"
```

4）观察 centos03 主机收到数据变化的监听。

```
[zk: localhost: 2181(CONNECTED) 1]
WATCHER: :
WatchedEvent state:SyncConnected type:NodeDataChanged path:/sanguo
```

（11）监听子节点变化

1）在 centos03 主机上注册监听/sanguo 节点的子节点变化。

```
[zk: localhost: 2181(CONNECTED) 2] ls /sanguo watch
```

2）在 centos02 主机/sanguo 节点上创建子节点。

```
[zk: localhost: 2181(CONNECTED) 1] create /sanguo/jin "simayi"
```

3）观察 centos03 主机收到子节点变化的监听。

```
[zk: localhost: 2181(CONNECTED) 3]
WATCHER: :
WatchedEvent state:SyncConnected type:NodeChildrenChanged path:/sanguo
```

（12）删除节点

```
[zk: localhost: 2181(CONNECTED) 2] delete /sanguo/jin
```

（13）递归删除节点

```
[zk: localhost: 2181(CONNECTED) 4] rmr /sanguo/shuguo
```

（14）查看节点状态

```
[zk: localhost: 2181(CONNECTED) 7] stat /sanguo
```

4.1.3　Kafka 的安装部署

配置 Kafka 首先需要对集群进行规划，集群规划如表 4-2 所示。

表 4-2　集群规划

centos01	centos02	centos03
ZK	ZK	ZK
Kafka	Kafka	Kafka

（1）上传并解压安装包

1）将 kafka_2.11-0.10.2.0.tgz 上传到 Linux 系统的/opt/softwares 目录下。

2）执行以下命令，将 Kafka 安装包解压至/opt/modules 目录下。

```
[root@centos01softwares]#tar -zxvf kafka_2.11-0.10.2.0.tgz -C /opt/modules/
```

（2）修改解压后的文件名称

执行以下命令，将 kafka_2.11-0.10.2.0 文件夹名称更改为 kafka。

```
[root@centos01 modules]#mv kafka_2.11-0.10.2.0 kafka
```

（3）创建 logs 文件夹

进入/opt/modules/kafka 目录下，执行以下命令，创建 logs 文件夹。

```
[root@centos01 kafka]# mkdir logs
```

（4）修改配置文件

1）执行下列命令，打开 server.properties 文件。

```
[root@centos01 kafka]# cd config/
[root@centos01 config]# vim server.properties
```

2）在配置文件中修改以下内容。

```
#broker 的全局唯一编号，不能重复
```

```
broker.id=0
#删除 topic 功能
delete.topic.enable=true
#处理网络请求的线程数量
num.network.threads=3
#用来处理磁盘 IO 的现有数量
num.io.threads=8
#发送套接字的缓冲区大小
socket.send.buffer.bytes=102400
#接收套接字的缓冲区大小
socket.receive.buffer.bytes=102400
#请求套接字的缓冲区大小
socket.request.max.bytes=104857600
#Kafka 运行日志存放的路径
log.dirs=/opt/modules/kafka/logs
#topic 在当前 broker 上的分区个数
num.partitions=1
#用来恢复和清理 data 下数据的线程数量
num.recovery.threads.per.data.dir=1
#segment 文件保留的最长时间，超时将被删除  log.retention.hours=168
#配置连接 ZooKeeper 集群地址
zookeeper.connect=centos01:2181,centos02:2181,centos03:2181
```

（5）配置环境变量

1）执行下列命令，打开/etc/profile 文件。

```
[root@centos01config]# vim /etc/profile
```

添加以下内容：

```
#KAFKA_HOME
export KAFKA_HOME=/opt/modules/kafka
export PATH=$PATH:$KAFKA_HOME/bin
```

2）刷新/etc/profile 文件，使修改生效。

```
[root@centos01config]# source /etc/profile
```

（6）分发安装包

执行下列命令，将 Kafka 相关文件分发至其他节点。

```
[root@centos01 module]$ scp -r /opt/modules/kafka root@centos02:/opt/modules/
[root@centos01 module]$ scp -r /opt/modules/kafka root@centos03:/opt/modules/
```

注意：分发之后需要配置其他机器的环境变量，参照第（5）步。

（7）修改 Kafka 配置文件

1）在 centos02 和 centos03 上分别编辑/opt/modules/kafka/config/下的 server.properties。

2）分别修改配置文件中的 broker.id=1、broker.id=2。注意：broker.id 不得重复。

（8）启动 Kafka

1）启动 Kafka 前要先启动 ZooKeeper 集群。

2）依次在 centos01、centos02、centos03 节点上启动 Kafka。

```
[root@centos01 kafka]#bin/kafka-server-start.sh -daemon config/server.properties
[root@centos02 kafka]#bin/kafka-server-start.sh -daemon config/server.properties
[root@centos03 kafka]#bin/kafka-server-start.sh -daemon config/server.properties
```

（9）关闭集群

1）分别在 centos01、centos02、centos03 节点上停止 Kafka。

```
[root@centos01 kafka]# bin/kafka-server-stop.sh stop
[root@centos02 kafka]# bin/kafka-server-stop.sh stop
[root@centos03 kafka]# bin/kafka-server-stop.sh stop
```

2）关闭集群后稍等一段时间，再使用 jps 命令查看进程。

```
[root@centos01 kafka]# jps
[root@centos02 kafka]# jps
[root@centos03 kafka]# jps
```

4.1.4　Spark 集群搭建

（1）下载安装包

访问 Spark 官网下载安装包，本书选择的版本为 2.4.0，包类型为 Pre-built for Apache Hadoop 2.7 and later。将下载好的安装包上传到 centos01 节点的/opt/softwares 目录下。

（2）解压安装包

1）执行以下命令，将安装包解压到/opt/modules 目录下。

```
[hadoop@centos01 softwares]$ tar -zxvf spark-2.4.0-bin-hadoop2.7.tgz -C /opt/modules/
```

2）为了便于后面的操作，使用 mv 命令将 spark 的目录重命名为 spark。

```
[hadoop@centos01 modules]$ mv spark-2.4.0-bin-hadoop2.7/ spark
```

（3）修改配置文件

1）执行以下命令，编辑配置文件 spark-env.sh。

```
[hadoop@centos01 spark]$ cd conf/
[hadoop@centos01 conf]$ vim spark-env.sh
```

2）向配置文件 spark-env.sh 中添加如下内容。

```
export JAVA_HOME=/opt/modules/jdk1.8.0_144
export SPARK_MASTER_HOST=centos01
export SPARK_MASTER_PORT=7077
```

3）执行以下命令，编辑 slaves 文件。

```
[hadoop@centos01 conf]$ cp slaves.template slaves
[hadoop@centos01 conf]$ vim slaves
```

4）向 slaves 文件中添加如下内容。

```
centos02
centos03
```

（4）分发文件

执行以下命令，向 centos02 和 centos03 节点分发配置文件。

```
[hadoop@centos01 conf]$ scp -r /opt/modules/spark/ centos02:/opt/modules/
[hadoop@centos01 conf]$ scp -r /opt/modules/spark/ centos03:/opt/modules/
```

（5）启动 Spark 集群

1）进入 Spark 安装目录，执行以下命令启动 Spark 集群。

```
[hadoop@centos01 spark]$ sbin/start-all.sh
```

2）分别在三个节点执行以下命令，查看 Spark 集群的启动状态。

```
[hadoop@centos01 spark]$ jps
```

3）在浏览器中输入 centos01:8080，访问 Spark 管理界面，如图 4-2 所示。

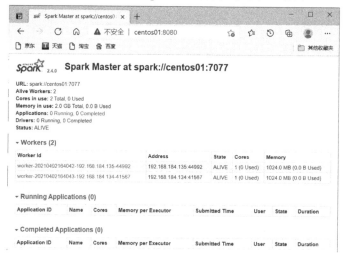

图 4-2　Spark 管理界面

（6）启动 spark-shell

1）执行如下命令，以本地模式启动 spark-shell，启动界面如图 4-3 所示。

```
[hadoop@centos01 bin]$ ./spark-shell
```

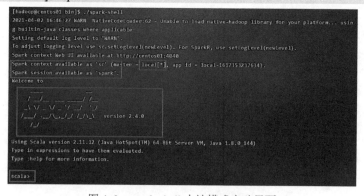

图 4-3　spark-shell 本地模式启动界面

2）执行如下命令，以集群模式启动 spark-shell，启动界面如图 4-4 所示。

```
[hadoop@centos01 bin]$ ./spark-shell --master spark://centos01:7077 --executor-memory 512m --total-executor-cores 1
```

在 spark-shell 中，可以使用 Scala 语言或 Python 语言编写程序，本书使用 Scala 语言。

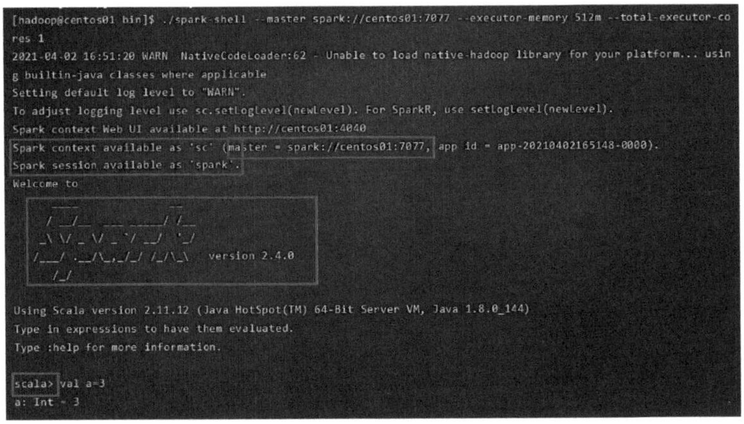

图 4-4　spark-shell 集群模式启动界面

4.2　部署大数据存储环境

本节主要带领读者在虚拟机中安装部署 MySQL、Hive、HBase、Redis 四个大数据存储组件。

4.2.1　MySQL 的安装部署

MySQL 是一个关系型数据库，其安装部署包括服务端和客户端两部分，具体安装步骤如下。

（1）上传并解压安装包

1）访问 MySQL 官网，下载安装包 mysql-libs.zip，将其上传到 Linux 系统的/opt/softwares 目录下。

2）执行以下命令，解压 mysql 安装包。

```
[root@centos01 softwares]# unzip mysql-libs.zip
```

（2）删除安装包

执行以下命令，将安装包从/opt/modules 中删除。

```
[root@centos01 softwares]# rm -rf mysql-libs.zip
```

（3）查看 Hive 中 MySQL 的安装状态

1）执行以下命令，查看 Hive 中是否安装 MySQL，若已安装，则应先卸载。

```
[root@centos01 modules]$ cd hive/
[root@centos01 hive]$ rpm -qa|grep mysql
```

2）执行以下命令，将 Hive 中的 MySQL 依次卸载（需要切换到 root 用户）。

```
[hadoop@centos01 hive]$ su root
[root@centos01 /]# rpm -e --nodepsmysql-community-server-5.6.51-2.el7.x86_64
```

```
[root@centos01 /]# rpm -e --nodepsmysql-community-client-5.6.51-2.el7.x86_64
[root@centos01 /]# rpm -e --nodepsmysql-community-devel-5.6.51-2.el7.x86_64
[root@centos01 /]# rpm -e --nodepsmysql-community-common-5.6.51-2.el7.x86_64
[root@centos01 /]# rpm -e --nodepsmysql-community-libs-5.6.51-2.el7.x86_64
[root@centos01 /]# rpm -e --nodepsmysql-community-release-el7-5.noarch
```

1. 安装 MySQL 服务端

（1）安装 MySQL 服务端

执行以下命令，进入到 MySQL 安装目录下，安装 MySQL 服务端。

```
[root@centos01 MySQL-libs]# rpm -ivh MySQL-server-5.6.24-1.el6.x86_64.rpm
```

（2）查看产生的随机密码

执行以下命令，查看 MySQL 产生的随机密码。

```
[root@centos01 mysql-libs]# cat /root/.mysql_secret
```

（3）查看 MySQL 状态

执行以下命令，查看 MySQL 是否处于运行状态。

```
[root@centos01 mysql-libs]# service mysql status
```

（4）启动 MySQL

执行以下命令，启动 MySQL 服务，启动成功后应显示"Starting MySQL..SUCCESS!"。

```
[root@centos01 mysql-libs]# service mysql start
```

2. 安装 MySQL 客户端

（1）安装 MySQL 客户端

执行以下命令，进入 MySQL 安装目录，安装 MySQL 客户端。

```
[root@centos01 mysql-libs]# rpm -ivh MySQL-client-5.6.24-1.el6.x86_64.rpm
```

（2）链接 MySQL

执行以下命令，链接 MySQL。

```
[root@centos01 mysql-libs]# mysql -uroot-p7mAbLa8aKHltD3Dr
```

（3）修改密码

执行以下命令，修改密码为 root，使用新密码再次登录，即执行命令 mysql -uroot -proot。

```
mysql> SET PASSWORD=PASSWORD('root');
```

（4）退出 MySQL

```
mysql> quit;
```

4.2.2　Hive 的安装部署

（1）Hive 安装及配置

1）将 apache-hive-2.3.3-bin.tar.gz 上传到 Linux 系统的/opt/softwares 目录下。

2）将 apache-hive-2.3.3-bin.tar.gz 解压到/opt/modules 目录下。

```
[root@centos01 softwares]# tar -zxvf apache-hive-2.3.3-bin.tar.gz -C /opt/modules/
```

3）为便于操作，使用 mv 命令修改 apache-hive-2.3.3-bin.tar.gz 的名称为 hive。

```
[root@centos01 modules]# mv apache-hive-2.3.3-bin/ hive
```

将 opt/modules/hive/conf 目录下的 hive-env.sh.template 名称改为 hive-env.sh。

```
[root@centos01 conf]# mv hive-env.sh.template hive-env.sh
```

4）修改 hive-env.sh 文件配置。

```
[root@centos01 conf]# vim hive-env.sh
#配置 HADOOP_HOME 路径和 HIVE_CONF_DIR 路径
export HADOOP_HOME=/opt/modules/hadoop-2.8.2
export HIVE_CONF_DIR=/opt/modules/hive/conf
```

（2）Hadoop 集群配置

1）在不同节点上执行以下命令，启动 HDFS 和 YARN。

注：由于本书 ResourceManager 在 centos02 节点上，故 YARN 集群在 centos02 节点启动。

```
[root@centos01 hadoop-2.8.2]# sbin/start-dfs.sh
[root@centos02 hadoop-2.8.2]# sbin/start-yarn.sh
```

2）在 HDFS 上创建/tmp 和/user/hive/warehouse 两个目录。

```
[root@centos01 hadoop-2.8.2]# bin/hadoop fs -mkdir /tmp
[root@centos01 hadoop-2.8.2]# bin/hadoop fs -mkdir -p /user/hive/warehouse
```

在 HDFS 上查看目录是否创建成功，如图 4-5 所示。

图 4-5　HDFS 文件系统

3）执行以下命令，赋予上述创建的两文件夹同组可写权限。

```
[root@centos01 hadoop-2.8.2]# bin/hadoop fs -chmod g+w /tmp
[root@centos01 hadoop-2.8.2]# bin/hadoop fs -chmod g+w /user/hive/warehouse
```

4.2.3　HBase 的安装部署

1. 安装并配置 HBase

（1）上传并解压安装包

1）将 hbase-1.3.1-bin.tar.gz 上传到 Linux 系统的/opt/softwares 目录下。

2）执行以下命令，将 HBase 安装包解压至/opt/modules 目录下。

```
[root@centos01 softwares]# tar -zxvfhbase-1.3.1-bin.tar.gz -C /opt/modules
```

（2）修改配置文件 hbase-env.sh

1）执行以下命令，打开配置文件 hbase-env.sh。

```
[root@centos01 conf]# vim hbase-env.sh
```

2）向配置文件 hbase-env.sh 中添加如下内容。

```
export JAVA_HOME=/opt/modules/jdk1.8.0_144
export HBASE_MANAGES_ZK=false
```

3）在配置文件中注释掉以下两行内容。

```
#Configure PermSize. Only needed in JDK7. You can safely remove it for JDK8+
#export HBASE_MASTER_OPTS="$HBASE_MASTER_OPTS -XX:PermSize=128m -XX:MaxPermSize=128m"
#export HBASE_REGIONSERVER_OPTS="$HBASE_REGIONSERVER_OPTS -XX:PermSize=128m -XX:
MaxPermSize=128m"
```

（3）修改配置文件 hbase-site.xml

1）执行以下命令，打开配置文件 hbase-site.xml。

```
[hadoop@centos01 conf]# vim hbase-site.xml
```

2）向配置文件 hbase-site.xml 中添加如下内容。

```xml
<configuration>
<property>
<name>hbase.rootdir</name>
    <value>hdfs://centos01:9000/HBase</value>
    </property>
    <property>
    <name>hbase.cluster.distributed</name>
    <value>true</value>
    </property>
    <property>
    <name>hbase.master.port</name>
    <value>16000</value>
    </property>
    <property>
    <name>hbase.zookeeper.quorum</name>
    <value>centos01,centos02,centos03</value>
    </property>
    <property>
    <name>hbase.zookeeper.property.dataDir</name>
    <value>/opt/modules/zookeeper-3.4.10/zkData</value>
</property>
</configuration>
```

（4）修改配置文件 regionservers

1）修改 regionservers 和修改 slaves 的目的一样，执行以下命令，打开配置文件 regionservers。

```
[root@centos01 conf]# vim regionservers
```

2）向配置文件 regionservers 中添加如下内容。

```
centos01
centos02
centos03
```

（5）配置 HBase 环境变量

1）分别在 centos01、centos02、centos03 节点上进行配置，打开/etc/profile 文件。

```
[root@hadoop ~]# vim /etc/profile
```

2）向配置文件中添加如下内容。

```
export HBASE_HOME=/opt/modules/hbase-1.3.1
export PATH=$PATH:$HBASE_HOME/bin
```

3）配置完成后，执行以下命令对环境变量进行刷新。

```
[root@hadoop ~]# source /etc/profile
```

（6）软连接

执行以下命令，将 Hadoop 配置文件软连接到 HBase。

```
[root@centos01conf]#ln -s /opt/modules/hadoop-2.8.2/etc/hadoop/core-site.xml /opt/modules/hbase-1.3.1/conf/
core-site.xml
[root@centos01 conf]#ln -s /opt/modules/hadoop-2.8.2/etc/hadoop/hdfs-site.xml /opt/modules/hbase-1.3.1/conf/
hdfs-site.xml
```

（7）将 HBase 远程分发到其他集群

执行以下命令，将 HBase 相关文件分发至其他节点。

```
[root@centos01conf]#scp -r /opt/modules/hbase-1.3.1 root@centos02:/opt/modules/
[root@centos01conf]#scp -r /opt/modules/hbase-1.3.1 root@centos03:/opt/modules/
```

2．启动 HBase 服务

（1）删除.cmd 文件

1）删除前应查看 bin 目录下的.cmd 文件（包括 hbase.cmd、start-hbase.cmd、stop-hbase.cmd），命令如下。

```
[root@centos01hbase-1.3.1]#cd bin
[root@centos01 bin]# ll
```

2）执行以下命令，删除 bin 目录下的.cmd 文件。

```
[root@centos01 bin]# rm -rf *.cmd
```

（2）启动 Hadoop 和 ZooKeeper 集群

执行下列命令，启动 HDFS，并分别在三个节点上启动 ZooKeeper。

```
[root@centos01 hadoop-2.8.2]#sbin/start-dfs.sh
[root@centos01hadoop-2.8.2]# cd /opt/modules/zookeeper-3.4.10/
[root@centos01 zookeeper-3.4.10]# bin/zkServer.sh start
[root@centos02 zookeeper-3.4.10]# bin/zkServer.sh start
[root@centos03 zookeeper-3.4.10]# bin/zkServer.sh start
```

（3）启动 HBase

1）单节点启动方式。

● 执行以下命令，启动 master。

```
[root@centos01 hbase-1.3.1]# bin/hbase-daemon.sh start master
```

● 浏览器访问 centos01:16010，查看 HBase 启动状态，如图 4-6 所示。

图 4-6　HBase 启动状态

● 执行下列命令，启动一个 regionserver。

```
[root@centos01 hbase-1.3.1]# bin/hbase-daemon.sh start regionserver
```

● 此时 Web 页面的"Region Servers"选项组出现一条记录，系统 Tables 中出现两条记录，分别如图 4-7 和图 4-8 所示。

图 4-7　Region Servers 显示结果

图 4-8　系统 Tables 显示结果

● 在 centos02 上执行以下命令，启动 regionserver。

[root@centos02 hbase-1.3.1]# bin/hbase-daemon.sh start regionserver

● 刷新，发现"Region Servers"选项组中多出一条记录，如图 4-9 所示。

Region Servers

ServerName	Start time	Version	Requests Per Second	Num. Regions
centos01,16020,1617868719359	Thu Apr 08 15:58:39 CST 2021	1.3.1	0	2
centos02,16020,1617868921073	Thu Apr 08 16:02:01 CST 2021	1.3.1	0	0
Total:2			0	2

图 4-9　"Region Servers"选项组多出一条记录

2）群起 HBase 服务启动方式。

注意：在启动 HBase 集群之前，必须要保证集群中各个节点的时间是同步的，若不同步会抛出 ClockOutOfSyncException 异常，导致从节点无法启动。

● 执行以下命令，启动 HBase 集群，集群启动结果如图 4-10 所示。

[root@centos01 hbase-1.3.1]# bin/start-hbase.sh

Region Servers

ServerName	Start time	Version	Requests Per Second	Num. Regions
centos01,16020,1617869252200	Thu Apr 08 16:07:32 CST 2021	1.3.1	0	1
centos02,16020,1617869245068	Thu Apr 08 16:07:25 CST 2021	1.3.1	0	0
centos03,16020,1617869245274	Thu Apr 08 16:07:25 CST 2021	1.3.1	0	1
Total:3			0	2

图 4-10　HBase 集群启动结果

● 执行以下命令，关闭 HBase 服务。

[root@centos01 hbase-1.3.1]# bin/stop-hbase.sh

注意：关闭 HBase 时，后面的省略号一般控制在一行以内，如果达到了 3 或 4 行，就要按〈Ctrl+C〉组合键退出，很有可能是 master 节点出现故障，要查看 master 日志解决故障。

4.2.4　Redis 的安装部署

Redis 是使用 C 语言开发的高性能键值对数据库，提供多种键值对数据类型，可适应不同场景下的存储需求；且数据是存储在内存中的，读写数据速度非常快。Redis 数据库包括服务端和客户端。

1. Redis 安装部署

（1）上传并解压安装包

1）先从官网下载 Redis 安装包，本书选用的是 redis-4.0.2.tar.gz 版本。使用 FinalShell 等工具将安装包上传至 centos01 节点中的/opt/softwares/目录下。

2）执行如下命令，将安装包解压至/opt/modules/目录下。

[root@centos01 softwares]#tar -zxvfredis-4.0.2.tar.gz -C /opt/modules/

（2）编译源码

1）由于 Redis 使用 C 语言开发，因此安装 Redis 需要将源码进行编译，编译依赖于 gcc 环境，所以要先安装 gcc。执行如下命令，安装 gcc。

```
[root@centos01 softwares]#yum install gcc
```

2）执行如下命令，打开 redis-4.0.2 解压目录，编译 Redis 源码。

```
[root@centos01 softwares]# cd /opt/modules/redis-4.0.2/
[root@centos01redis-4.0.2]# make
[root@centos01redis-4.0.2]# make PREFIX=/opt/modules/redis install
```

执行上述命令后，/opt/module/目录下会创建一个新的 Redis 文件夹，其中存放了运行 Redis 数据库的相关程序。

（3）修改配置文件

1）启动 Redis 需要配置文件 redis.conf，用来设置 Redis 服务器启动时所加载的配置参数。执行如下命令，将源码包中附带的配置文件复制到 redis/bin 目录下。

```
[root@centos01redis-4.0.2]# cp redis.conf /opt/modules/redis/bin/
```

2）复制完成后，进入/opt/modules/redis/bin/目录，使用 vim 命令打开 redis.conf 配置文件。

```
[root@centos01redis-4.0.2]# vim /opt/module/redis/bin/redis.conf
```

修改 Redis 服务端 IP 地址，具体参数为 bind 192.168.184.133。

至此 Redis 配置完成。

2．Redis 启动

要启动 Redis 服务器端，一定要先到/bin 目录下执行 "./redis-server ./redis.conf" 命令，Redis 服务器端启动成功后的界面效果如图 4-11 所示。

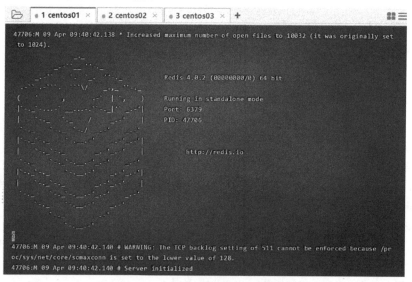

图 4-11　Redis 服务器端启动界面

Redis 会占用会话窗口，如果想在后台启动 Redis，只需要在 redis.conf 配置文件中修改 "daemonize yes" 参数即可。

启动 Redis 后，克隆 centos01 的会话终端，并在 redis/bin 目录下启动 Redis 客户端，执行 "./redis-cli-h 192.168.184.133" 命令，启动成功后的界面效果如图 4-12 所示。

```
[root@centos01 bin]# ./redis-cli -h 192.168.184.133
192.168.184.133:6379>
```

图 4-12　Redis 客户端启动界面

本章小结

　　本章主要介绍了大数据处理组件 Hadoop、ZooKeeper、Kafka、Spark 和大数据存储组件 MySQL、Hive、HBase、Redis 的安装部署过程。本章的重点是了解各组件功能，掌握各组件的搭建方法，读者要学会动手搭建集群、部署数据库和使用任意两个组件进行联动。

第 5 章
构建基于 LayUI 的集群管理系统

本章内容

本章讲解如何构建一个集群管理系统，该系统的功能是对 Hadoop、Kafka 等集群组件进行统一管理，并结合 LayUI 技术构建集群管理系统的界面。首先讲解集群管理系统的需求分析和架构，然后讲解系统环境的一些准备工作，最后借助代码讲解系统的具体实现。

本章要点

- 了解集群管理系统架构以及开发流程。
- 熟悉本机环境和集群环境的配置，能够更改配置。
- 掌握集群组件的启动、关闭等操作。
- 学会使用 LayUI 构造界面，将集群的操作展示在页面上。

5.1 集群管理系统概述

本节主要从集群管理系统的需求分析和架构两方面展开，旨在帮助读者理解集群管理系统的整体架构体系。

5.1.1 需求分析

本项目以简化集群组件的管理为目的，构建了集群管理系统。通过对实际需求的分析，提出了以下功能需求。

（1）功能点：一键启动/关闭集群、集群 jps 进程监控

功能描述：简化集群启动/关闭操作，便于查看各节点是否成功启动。

（2）功能点：简易 Shell 控制台

功能描述：手动启动/关闭未一键启动/关闭成功的进程，执行一些简单的查看命令，如 jps、cat 等。

（3）功能点：HDFS 上传、查看、预览、下载和删除文件

功能描述：将本地文件/文件夹上传至 HDFS，查看 HDFS 中的所有文件，对所有文件可执行预览、下载和删除操作。

（4）功能点：Kafka 生产者发送消息、消费者监听消息、Spark Streaming 单词计数

功能描述：Kafka 生产者实时发送消息，消费者监听生产者发送的消息并实时输出，同时 Spark Streaming 进行单词计数并输出结果。

（5）功能点：MapReduce 单词计数

功能描述：输入 HDFS 文件路径，显示文件内容，执行单词计数程序，显示计数结果。

（6）功能点：HBase 数据库的 CRUD（增、删、查、改）操作

功能描述：创建 HBase 数据库表，查看数据库中所有表的信息，添加/更新数据，删除列族、行键和表。

本集群管理系统的总体架构如图 5-1 所示。其中，总体框架每一层的主要建设内容和职责如下。

- 第一层为运行环境层，系统依托本机环境和集群环境实现，集群环境包括 Hadoop、Kafka、HBase、Spark。
- 第二层为业务层，系统在环境中实现了一键启动/关闭集群、简易 Shell 控制台等功能。
- 第三层为展示层，结合 LayUI 技术实现了前端页面，将功能均显示在页面中。

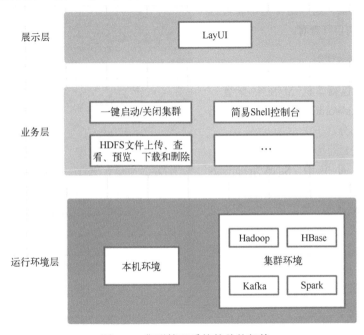

图 5-1　集群管理系统的总体架构

5.1.2　系统架构——系统+集群+UI

本项目在 Windows 10 操作系统中运行，项目编程使用 Java 和 Scala 语言，Maven 可以统一管理所有的依赖 jar 包。

本项目所涉及的集群组件包括 Hadoop、HBase、Kafka、Spark。HDFS 是一个分布式文件系统，用于存储系统中的文件，通过目录树来定位文件，以便用户查找、下载和删除文件，具有高容错性，适合处理大规模数据，且具有多副本机制。HBase 是一种分布式、可扩展、支持海量数据存储的 NoSQL 数据库，逻辑模型包括行键、时间戳、列族，提供了 Java API 来进行一系列对表的管理和对数据的操作等，常用的 API 操作有：创建表、插入数据和获取数据等。Kafka 是一个高吞吐的分布式消息队列系统，特点是生产者/消费者模式，生产者发送消息，消费者实时接收生产者发送的消息。Spark Streaming 是流式处理框架，实时数据的来源可以是：Kafka、Flume 等，还可以使用高级功能的

复杂算子来处理流数据。

前端页面的实现采用 LayUI。LayUI 是一款经典模块化前端 UI 框架，只需要定义简单的 HTML、CSS、JavaScript 即可实现很复杂的前端效果，使得前端页面的制作变得更加简单，可以说是为后端人员量身定制的一款开源框架。LayUI 外在极简，却又不失饱满的内在，体积轻盈，组件丰盈，从核心代码到 API 的每一处细节都经过精心雕琢，非常适合界面的快速开发。

5.2 系统开发的前期准备操作

本节主要讲解了本机环境和集群环境的配置，以及如何构建项目工程结构。本机所需环境包括 Java、Scala、Maven，集群环境包括 Hadoop、Kafka、Spark、HBase，这些组件的部署过程已在第 4 章讲解，请自行查看。

5.2.1 本机环境配置

本机环境配置包括本机 MySQL 配置、Scala-StreamingKafkaWordCount 自动开关、配置本机 jps 命令三部分。

1. 本机 MySQL 配置

在 Kafka 界面中的 SparkStreaming-WordCount 程序，实际上是经过 Scala 处理后将结果写入本机 MySQL 数据库，如图 5-2 所示。

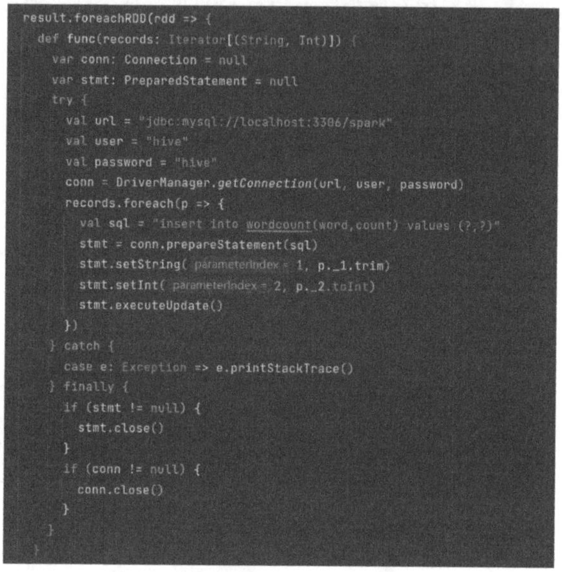

因此需要新建一个数据库用来存放 WordCount 结果，并且最好不要用 root 用户（这里用的是之前新建的名为 hive 的用户）。

图 5-2 程序写入本机数据库

```
mysql -u root -p
create user hive@'localhost' identified by 'hive';
update mysql.user set host = '%' where user = 'hive';
FLUSH PRIVILEGES;
GRANT ALL PRIVILEGES ON *.* TO 'hive'@'%' WITH GRANT OPTION;
mysql -u hive -p # 密码也是 hive
create database spark;
use spark;
create table wordcount(word varchar(100),count int);
```

至此，创建了一个名为"spark"的数据库，并在该数据库中建造了一张名为"wordcount"的表。

2. Scala-StreamingKafkaWordCount 自动开关

首先在 IDEA 中启动 StreamingKafkaWordCount 程序，然后将其中的内容展开复制下来替换掉 config 包下的 InitConfig.java 中的 private static final String wordCountCmd 中对应的内容，如图 5-3 和图 5-4 所示。

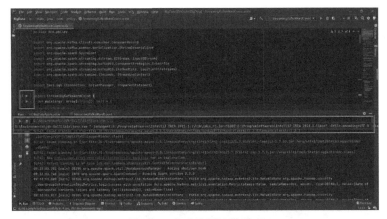

图 5-3　启动单词计数程序

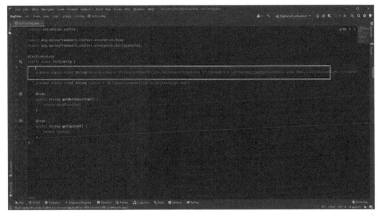

图 5-4　替换 InitConfig.java 中 wordCountCmd 对应内容

3. 配置本机 jps 命令

首先，获取本机 Java 安装路径下的 jps.exe 执行文件的路径，如图 5-5 所示。

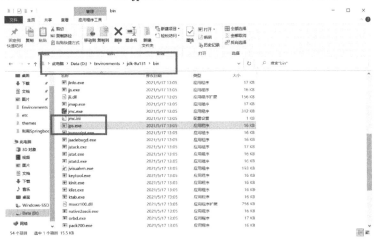

图 5-5　jps.exe 路径

其次，复制其中的内容并替换掉 config 包下 InitConfig.java 中的 private static final String jpsCmd 对应内容，如图 5-6 所示。

图 5-6 替换 InitConfig.java 中 jpsCmd 对应内容

5.2.2 集群环境配置

集群环境配置包括配置集群环境变量、编写集群一键启动/关闭脚本、Kafka 集群创建主题三部分。

1. 配置集群环境变量

首先打开三台虚拟机，分别执行如下命令，编辑/etc/profile 文件，在文件中添加如下内容，对各组件对应的目录进行指定。

```
[hadoop@centos01 software]$ sudo vim /etc/profile
export JAVA_HOME=/opt/modules/jdk1.8.0_161
export PATH=$PATH:$JAVA_HOME/bin
export HADOOP_HOME=/opt/modules/hadoop-2.8.2
export PATH=$PATH:$HADOOP_HOME/bin:$HADOOP_HOME/sbin
export ZOOKEEPER_HOME=/opt/modules/zookeeper-3.4.10
export PATH=$PATH:$ZOOKEEPER_HOME/bin
export HBASE_HOME=/opt/modules/hbase-1.2.6.1
export PATH=$PATH:$HBASE_HOME/bin
export HIVE_HOME=/opt/modules/apache-hive-2.3.8-bin
export PATH=$PATH:$HIVE_HOME/bin
export SQOOP_HOME=/opt/modules/sqoop-1.4.7
export PATH=$PATH:$SQOOP_HOME/bin
export FLUME_HOME=/opt/modules/apache-flume-1.8.0-bin
export PATH=$PATH:$FLUME_HOME/bin
export KAFKA_HOME=/opt/modules/kafka_2.11-2.0.0
export PATH=$PATH:$KAFKA_HOME/bin
export KAFKA_CONFIG_HOME=/opt/modules/kafka_2.11-2.0.0/config
export PATH=$PATH:$KAFKA_CONFIG_HOME/bin
export STORM_HOME=/opt/modules/apache-storm-1.1.0
export PATH=$PATH:$STORM_HOME/bin
export ELASTICSEARCH_HOME=/opt/modules/elasticsearch-7.12.0
export PATH=$PATH:$ELASTICSEARCH_HOME/bin
```

```
export KIBANA_HOME=/opt/modules/kibana-7.12.0-linux-x86_64
export PATH=$PATH:$KIBANA_HOME/bin
export ELASTICSEARCH_HEAD_HOME=/opt/modules/node-v10.9.0-linux-x64
export PATH=$PATH:$ELASTICSEARCH_HEAD_HOME/bin
```

2．集群一键启动/关闭脚本

为实现集群一键启动和关闭功能，需编写对应的脚本。

（1）集群启动脚本 start-cluster.sh

```
#! /bin/bash
function help() {
echo -e "\033[32;1m
```

start_cluster.sh 默认会启动 Zookeeper，其余的 Hadoop 组件则需要手动在命令行后面添加参数来启动。

例如：

```
start_cluster.sh yarn          -- 启动 YARN HA
start_cluster.sh yarn hbase    -- 启动 YARN HA 和 HBase HA
...
```

可选 Hadoop 组件参数如下：

```
hdfs                    -- 启动 HDFS HA               --
yarn                    -- 启动 YARN HA                |
hbase                   -- 启动 HBase HA               |
hive                    -- 启动 Hive                      >经过实测，这些组件可以同时启动
spark                   -- 启动 Spark                  |
kafka                   -- 启动 Kafka                  |
storm                   -- 启动 Storm                  --
  *    *    *    *    *    *    *    *    *
elasticsearch-- 启动 elasticsearch--
kibana                  -- elasticsearch 是必填项        >这三个组件可以同时启动
elasticsearch_head      -- elasticsearch 是必填项--
  *    *    *    *    *    *    *    *    *
all                     -- 一键启动全部组件!!! 慎用
```

本脚本不提供 flume 的一键启动，请使用以下命令来启动 flume 监听 44444 端口。

```
-- flume-ng agent --conf c0nf --conf-file $FLUME_HOME/conf/flume-conf.properties --name a1 -Dflume.root.logger=INFO,console
```

然后通过 ssh 远程登录 centos01，使用 "--telnet localhost 44444" 命令来测试 flume，测试结果如下：

```
\033[0m          \033[33;1m
```

对测试 flume 结果中的 ANSI 控制码的说明如下：

```
\33[0m          关闭所有属性
\33[1m          设置高亮度
\33[4m          下划线
\33[5m          闪烁
\33[7m          反显
\33[8m          消隐
```

\33[30m – \33[37m	设置前景色	
\33[40m – \33[47m	设置背景色	
\33[nA	光标上移 n 行	
\33[nB	光标下移 n 行	
\33[nC	光标右移 n 行	
\33[nD	光标左移 n 行	
\33[y;xH	设置光标位置	
\33[2J	清屏	
\33[K	清除从光标到行尾的内容	
\33[s	保存光标位置	
\33[u	恢复光标位置	
\33[?25l	隐藏光标	
\33[?25h	显示光标	

如果想要全部同时启动 Hadoop 组件，可执行以下命令：

```
-- start_cluster.sh yarn hbase hive spark kafka storm elasticsearch kibana elasticserch_head
```

也可以执行以下命令：

```
-- start_cluster.sh all
```

启动 Hadoop 组件时，请确保虚拟机集群每台都至少有 6GB 的运行内存，否则后面的几个组件无法启动，尤其是 elasticsearch 及其扩展组件，极端情况下可能会导致虚拟机卡死甚至外部主机也直接卡死。

启动 Hadoop 组件的代码如下：

```
/*********************************************************/
/*                启动 ZooKeeper 集群                    */
/*********************************************************\033[0m"
function start_zookeeper(){
echo -e "\033[32;1m
ssh -t hadoop@centos01 <<remotessh
zkServer.sh start
exit
remotessh
ssh -t hadoop@centos02 <<remotessh
zkServer.sh start
exit
remotessh
ssh -t hadoop@centos03 <<remotessh
zkServer.sh start
exit
remotessh
}


/*********************************************************/
/*                启动 ZKFC 守护进程                     */
/*********************************************************\033[0m"
function start_zkfc(){
echo -e "\033[32;1m
```

```
ssh -t hadoop@centos01 <<remotessh
hadoop-daemon.sh start zkfc
exit
remotessh
ssh -t hadoop@centos02 <<remotessh
hadoop-daemon.sh start zkfc
exit
remotessh
}

/*************************************************************/
/*                     启动  HDFS HA                        */
/*************************************************************/\033[0m"
function start_hdfs_ha(){
echo -e "\033[32;1m
ssh -t hadoop@centos01 <<remotessh
start-dfs.sh
exit
remotessh
}

function start_hdfs_ha(){
start_hdfs
start_zkfc
}

/*************************************************************/
/*                     启动  YARN HA                        */
/*************************************************************/\033[0m"
function start_yarn_ha(){
echo -e "\033[32;1m
ssh -t hadoop@centos01 <<remotessh
start-yarn.sh
exit
remotessh
ssh -t hadoop@centos02 <<remotessh
yarn-daemon.sh start resourcemanager
exit
remotessh
}

/*************************************************************/
/*                     启动 HBase HA                        */
/*************************************************************/\033[0m"
function start_hbase_ha(){
echo -e "\033[32;1m
ssh -t hadoop@centos01 <<remotessh
start-hbase.sh
exit
remotessh
```

```
}

/**************************************************************/
/*                        启动 Hive                        */
/*************************************************************/\033[0m"
function start_hive(){
echo -e "\033[32;1m
ssh -t hadoop@centos01 <<remotessh
hive --service metastore&
sleep 10
exit
remotessh
}


/**************************************************************/
/*                      启动 Spark HA                       */
/*************************************************************/\033[0m"
function start_spark_ha(){
echo -e "\033[32;1m
ssh -t hadoop@centos01 <<remotessh
/opt/modules/spark-2.4.0-bin-hadoop2.7/sbin/start-all.sh
exit
remotessh
ssh -t hadoop@centos02 <<remotessh
/opt/modules/spark-2.4.0-bin-hadoop2.7/sbin/start-all.sh
exit
remotessh
}


/**************************************************************/
/*                        启动 Kafka                        */
/*************************************************************/\033[0m"
function start_kafka(){
echo -e "\033[32;1m
ssh -t hadoop@centos01 <<remotessh
/opt/modules/kafka_2.11-2.0.0/bin/kafka-server-start.sh -daemon /opt/modules/kafka_2.11-2.0.0/config/server.properties
exit
remotessh
ssh -t hadoop@centos02 <<remotessh
/opt/modules/kafka_2.11-2.0.0/bin/kafka-server-start.sh -daemon /opt/modules/kafka_2.11-2.0.0/config/server.properties
exit
remotessh
ssh -t hadoop@centos03 <<remotessh
/opt/modules/kafka_2.11-2.0.0/bin/kafka-server-start.sh -daemon /opt/modules/kafka_2.11-2.0.0/config/server.properties
exit
remotessh
}


/**************************************************************/
/*                        启动 Storm                        */
```

```
/*********************************************************\033[0m"
function start_storm(){
echo -e "\033[32;1m
ssh -t hadoop@centos01 <<remotessh
storm nimbus >/dev/null 2>&1 &
storm ui >/dev/null 2>&1 &
exit
remotessh
ssh -t hadoop@centos02 <<remotessh
storm supervisor >/dev/null 2>&1 &
exit
remotessh
ssh -t hadoop@centos03 <<remotessh
storm supervisor >/dev/null 2>&1 &
exit
remotessh
}


/*************************************************************/
/*                    启动 Elasticsearch                    */
/*************************************************************\033[0m"
function start_elasticsearch(){
echo -e "\033[32;1m
ssh -tt hadoop@centos01 <<remotessh
elasticsearch -d
sleep 30
exit
remotessh
}


/*************************************************************/
/*                    启动 Kibana                           */
/*************************************************************\033[0m"
function start_kibana(){
echo -e "\033[32;1m
ssh -tt hadoop@centos01 <<remotessh
kibana&
sleep 30
exit
remotessh
}


/*************************************************************/
/*                    启动 Elasticsearch Head               */
/*************************************************************\033[0m"
function start_elasticsearch_head(){
echo -e "\033[32;1m
ssh -tt hadoop@centos01 <<remotessh
cd /opt/modules/elasticsearch-head-master
grunt server &
```

```
    sleep 30
    exit
    remotessh
    }

    function in_hadoop(){
    echo "${hadoop[@]}" | grep -wq $1 && return 0 || return 1
    }

    function elasticsearch_in_use(){
    echo "${use[@]}" | grep -wq "elasticsearch" && return 0 || return 1
    }

    hadoop=(all hdfs yarn hbase hive spark kafka storm elasticsearchkibanaelasticsearch_head)

    use=()

    if [[ $# == 0 ]]
    then
    help
    echo -e "\033[34;1m 目前你的 start_cluster.sh 后面并没有携带任何参数, 请问你是否只打算启动一个
Zookeeper ? [Y/n] \033[0m \c"
    read -r -p "" input
    case $input in
    [yY][eE][sS]|[yY])
    start_zookeeper
    ;;
    [nN][oO]|[nN])
    exit 1
    ;;
    *)
    exit 1
    ;;
    esac
    else
    if [[ "$1" == "-h" || "$1" == "--h" || "$1" == "-H" || "$1" == "--H" || "$1" == "-help" || "$1" == "--help" ]]
    then
    help
    exit 1
    fi
    for i in $*
    do
    in_hadoop $i
    if [ $? -eq 1 ]
    then
    echo -e "\033[31;1m 未知参数 【 $i 】, 请重新输入 \033[0m"
    help
    exit 1
    else
    use+=($i)
```

```
    fi
  done

  for i in ${use[@]}
  do
  if [ $i == "all" ]
  then
  echo -e "\033[33;1m 参数中包含【all】，这将会启动所有 Hadoop 组件，这样做会给虚拟机以及外部本机
造成很大的压力，并且有可能造成难以预料的后果；请确认你要这么做：  [Y/n] \033[0m \c"
  read -r -p ""confrim_all
  case $confrim_all in
  [yY][eE][sS]|[yY])
  echo -e "\033[32;1m
/*****************************************************/
/*                      启动全部组件                      */
/*****************************************************/\033[0m"
  start_zookeeper
  start_hdfs_ha
  start_yarn_ha
  start_hbase_ha
  start_hive
  start_spark_ha
  start_kafka
  start_storm
  start_elasticsearch
  start_kibana
  start_elasticsearch_head
  exit 1
  ;;
  [nN][oO]|[nN])
  exit 1
  ;;
  *)
  exit 1
  ;;
  esac
  fi

  if [ $i == "kibana" ]
  then
  elasticsearch_in_use
  if [ $? -eq 1 ]
  then
  echo -e "\033[33;1mKibana 的启动依赖于 elasticsearch，如若想要启动 kibana，请将【elasticsearch】添加
到参数列表【kibana】之前或去掉【kibana】\033[0m"
  exit 1
  fi
  fi
  if [ $i == "elasticsearch_head" ]
  then
```

```
elasticsearch_in_use
if [ $? -eq 1 ]
then
echo -e "\033[33;1mElasticsearch Head 的启动依赖于 elasticsearch，如若想要启动 kibana，请将
【elasticsearch】添加到参数列表【elasticsearch_head】之前或去掉【elasticsearch_head】\033[0m"
exit 1
fi
fi
done
fi


start_zookeeper
for i in ${use[@]}
do
if [ $i == "hdfs" ]
then
start_hdfs_ha
fi
if [ $i == "yarn" ]
then
start_yarn_ha
fi
if [ $i == "hbase" ]
then
start_hbase_ha
fi
if [ $i == "hive" ]
then
start_hive
fi
if [ $i == "spark" ]
then
start_spark_ha
fi
if [ $i == "kafka" ]
then
start_kafka
fi
if [ $i == "storm" ]
then
start_storm
fi
if [ $i == "elasticsearch" ]
then
start_elasticsearch
fi
if [ $i == "kibana" ]
then
start_kibana
fi
```

```
if [ $i == "elasticsearch_head" ]
then
start_elasticsearch_head
fi
done
```

（2）集群关闭脚本 stop-cluster.sh

```
ssh hadoop@centos01 <<remotessh
stop-hbase.sh
/opt/modules/kafka_2.11-2.0.0/bin/kafka-server-stop.sh
/opt/modules/spark-2.4.0-bin-hadoop2.7/sbin/stop-all.sh
stop-yarn.sh
hadoop-daemon.sh stop zkfc
stop-dfs.sh
zkServer.sh stop
exit
remotessh

ssh hadoop@centos02 <<remotessh
/opt/modules/kafka_2.11-2.0.0/bin/kafka-server-stop.sh
yarn-daemon.sh stop resourcemanager
/opt/modules/spark-2.4.0-bin-hadoop2.7/sbin/stop-all.sh
hadoop-daemon.sh stop zkfc
zkServer.sh stop
exit
remotessh

ssh hadoop@centos03 <<remotessh
/opt/modules/kafka_2.11-2.0.0/bin/kafka-server-stop.sh
zkServer.sh stop
exit
remotessh

ssh hadoop@centos01 <<remotessh
pkill -f HMaster
pkill -f HRegionServer
pkill -f Kafka
pkill -f Worker
pkill -f Master
pkill -f NodeManager
pkill -f ResourceManager
pkill -f RunJar
pkill -f DFSZKFailoverController
pkill -f DataNode
pkill -f NameNode
pkill -f JournalNode
```

```
    pkill -f QuorumPeerMain
    pkill -f nimbus
    pkill -f core
    pkill -f node
    pkill -f Elasticsearch
    pkill -f grunt
    exit
    remotessh

    ssh hadoop@centos02 <<remotessh
    pkill -f HMaster
    pkill -f HRegionServer
    pkill -f Kafka
    pkill -f Worker
    pkill -f Master
    pkill -f NodeManager
    pkill -f ResourceManager
    pkill -f RunJar
    pkill -f DFSZKFailoverController
    pkill -f DataNode
    pkill -f NameNode
    pkill -f JournalNode
    pkill -f QuorumPeerMain
    exit
    remotessh

    ssh hadoop@centos03 <<remotessh
    pkill -f HMaster
    pkill -f HRegionServer
    pkill -f Kafka
    pkill -f Worker
    pkill -f Master
    pkill -f NodeManager
    pkill -f ResourceManager
    pkill -f RunJar
    pkill -f DFSZKFailoverController
    pkill -f DataNode
    pkill -f NameNode
    pkill -f JournalNode
    pkill -f QuorumPeerMain
    exit
    remotessh
```

（3）获取集群启动信息

通过-h 参数来获取集群启动信息，如图 5-7 所示。

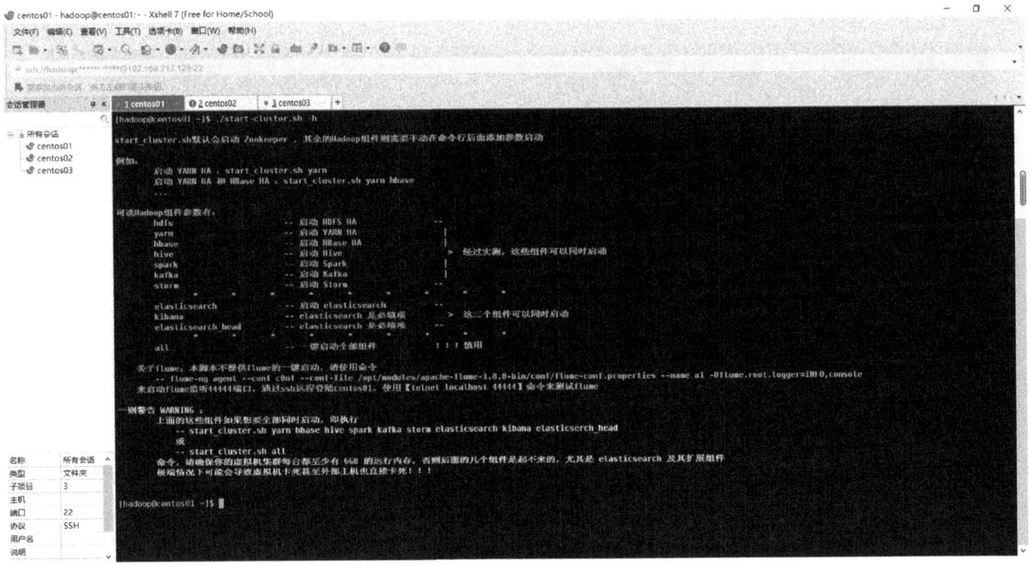

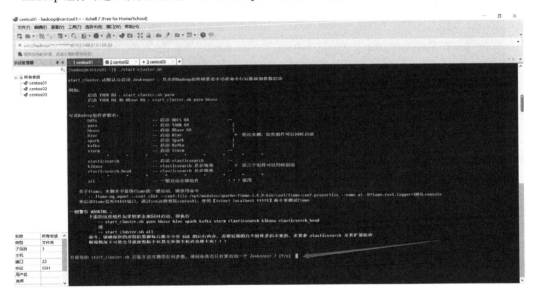

图 5-7　查看集群启动信息

Hadoop 组件可选，默认只启动一个 ZooKeeper，如图 5-8 所示。

图 5-8　只启动一个 ZooKeeper

上面 UI 中的"一键启动集群"由于内存限制，并未启动 Elasticsearch 及其附带组件，启动的是 HDFS、YARN、HBase、Hive、Spark、Kafka 和 Storm；并且 UI 界面也并没有用到这么多功能，只用到了 HDFS、HBase、Kafka 和 Spark，即执行了如下命令，如图 5-9 所示。

./start-cluster.sh hdfs kafka hbase yarn spark storm

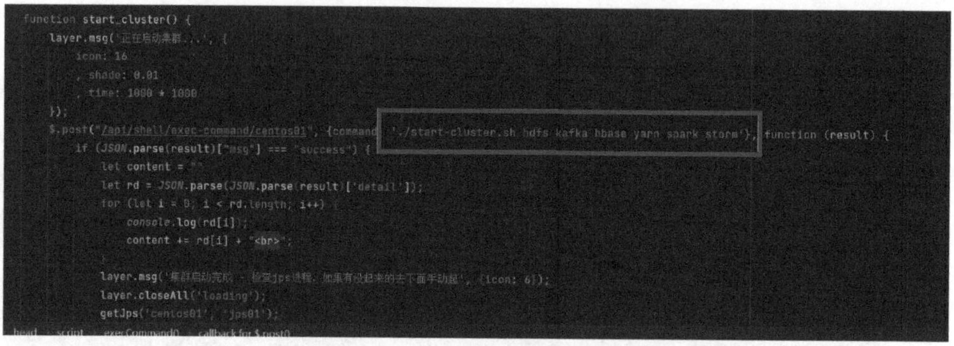

图 5-9   一键启动集群

同理，"一键停止集群"也相当于执行了如下命令，如图 5-10 所示。

./stop-cluster.sh

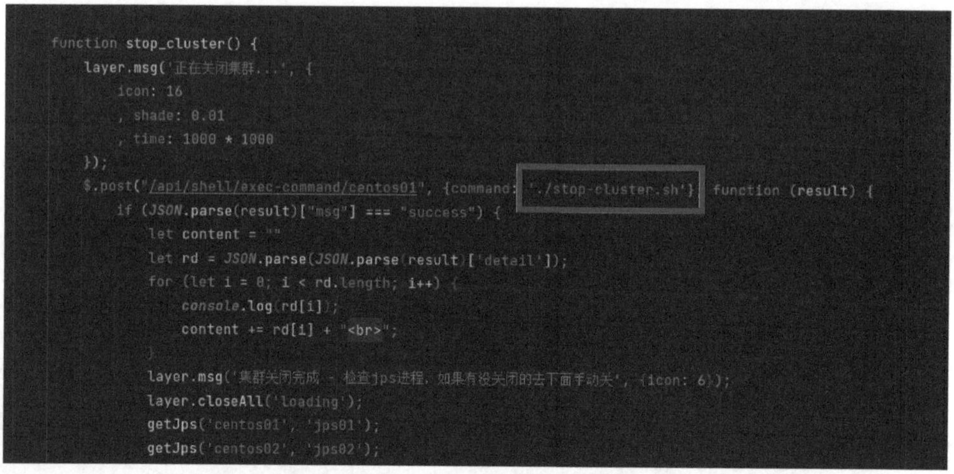

图 5-10   一键停止集群

3．Kafka 集群创建主题

执行如下命令，创建主题 topictest 和 topictest2。

[hadoop@centos01 ~]$ /opt/modules/kafka_2.11-2.0.0/bin/kafka-topics.sh --create –zookeeper centos01:2181, centos02:2181,centos03:2181 --replication-factor 2 --partitions 2 --topic topictest

[hadoop@centos01 ~]$ /opt/modules/kafka_2.11-2.0.0/bin/kafka-topics.sh --create –zookeeper centos01:2181, centos02:2181,centos03:2181 --replication-factor 2 --partitions 2 --topic topictest2

5.2.3   构建项目工程结构

本项目的工程结构包括项目中所涉及的包文件、配置文件以及页面文件等，如图 5-11 所示。

图 5-11　工程结构图

5.3　系统的代码实现

本节讲解项目的具体实现代码，包括 Controller 层实现、构造系统所需工具包和核心类实现。

5.3.1　Controller 层实现

大部分页面都采用了前后端分离，只有 HBase 的详情页面没有采用，因此除了页面控制器 PageController 采用@Controller 注解，其余所有控制器都采用的@RestController 注解且请求 URL 都以 "/api/" 开头。

所有采用@RestController 注解的类都有一个静态内部类继承了自定义的 utils 工具包中的 ResultMapToJson 来返回统一格式的 JSON 数据作为请求的返回值

静态起源的请求都使用@GetMapping，其他请求同意使用@PostMapping，没有使用@PutMapping、@DeleteMapping 等（因为前端请求时可以统一使用$.post 解决，就不需要使用$.ajax 进行请求，该请求需要指定请求类型）。

（1）PageController

所有方法都采用@GetMapping 注解来接收页面请求，返回 resource 资源文件夹中的 templates 文件夹中的 html 页面。核心代码如下：

```java
@RequestMapping("/")
@Controller
public class PageController {
    @Autowired
    private HBaseUtilhBaseUtil;

    @GetMapping("/")
    public String getIndex() {
        return "redirect:shell";
    }

    @GetMapping("/shell")
    public String shellTest() {
        return "shell";
    }

    @GetMapping("/hdfs")
    public String hdfsTest() {
        return "hdfs";
    }

    @GetMapping("/kafka")
    public String kafkaTest() {
        return "kafka";
    }

    @GetMapping("/mapreduce")
    public String mapreduceTest() {
        return "mapreduce";
    }

    @GetMapping("/hbase")
    public String hbaseTest() {
        return "hbase";
    }

    @GetMapping("/hbase/create-table")
    public String hbaseTestCT() {
        return "hbase_create_table";
    }

    @GetMapping("/hbase/delete-family")
```

```java
public String hbaseTestDF() {
    return "hbase_delete_family";
}

@GetMapping("/hbase/add-data")
public String hbaseTestAD() {
    return "hbase_add_data";
}

@GetMapping("/hbase/delete-row")
public String hbaseTestDR() {
    return "hbase_delete_row";
}

@GetMapping("/hbase/{table_ame}")
public String hbaseTest(@PathVariable("table_ame") String tableName, Model model) {
    List<Map<String, Object>> results = new ArrayList<>();
    List<String>allFamilyNames = new ArrayList<>();
    List<String>rowKeys = new ArrayList<>();
    try (Connection connection = hBaseUtil.getConnection();
    Table table = connection.getTable(TableName.valueOf(tableName))) {
        Scan scan = new Scan();
        ResultScannerrss = table.getScanner(scan);
        for (Result r : rss) {
            rowKeys.add(new String(r.getRow()));
        }
        HTableDescriptorhTableDescriptor = table.getTableDescriptor();
        for (HColumnDescriptorhColumnDescriptor : hTableDescriptor.getColumnFamilies()) {
            allFamilyNames.add(hColumnDescriptor.getNameAsString());
        }
        for (String rowKey : rowKeys) {
            List<String>notEmptyFamilyNames = new ArrayList<>();
            Map<String, Object>oneRow = new HashMap<>();
            List<String> qualifiers = new ArrayList<>();
            List<String> values = new ArrayList<>();
            List<Map<String, String>> families = new ArrayList<>();
            oneRow.put("rowKey", rowKey);
            for (Cell cell : table.get(new Get(rowKey.getBytes(StandardCharsets.UTF_8))).rawCells()) {
                String family = new String(CellUtil.cloneFamily(cell));
                notEmptyFamilyNames.add(family);
                String qualifier = new String(CellUtil.cloneQualifier(cell));
                qualifiers.add(qualifier);
                String value = new String(CellUtil.cloneValue(cell));
                values.add(value);
            }
            for (String s : notEmptyFamilyNames.stream().distinct().collect(Collectors.toList())) {
                HashMap<String, String> map = new HashMap<>();
                map.put("name", s);
```

```
                    map.put("length", String.valueOf(ListUtil.getCount(notEmptyFamilyNames, s)));
                    families.add(map);
                }
                oneRow.put("families", families);
                oneRow.put("qualifiers", qualifiers);
                oneRow.put("values", values);
                results.add(oneRow);
            }
        } catch (Exception e) {
            e.printStackTrace();
        }
        model.addAttribute("allFamilyNames", allFamilyNames);
        model.addAttribute("results", results);
        return "hbase_detail";
    }
}
```

（2）ShellController

处理/shell 页面发来的请求，具体实现通过自定义的 utils 工具包中的 ShellUtil 来实现，核心代码如下：

```
@RequestMapping("/api/shell")
@RestController
public class ShellController {
    private static class GetJsonResult extends ResultMapToJson {
        public GetJsonResult(String msg, String detail) {
            super(msg, detail);
        }
    }

    @Autowired
    private ShellUtil shell;

    @GetMapping("/get-jps/{host}")
    public String getJps(@PathVariable("host") String host) {
        String detail, msg;
        try {
            msg = "success";
            detail = JSON.toJSONString(shell.execCommand(host, "source /etc/profile;source ~/.bash_
profile;source ~/.bashrc;jps|grep -v Jps;"));
        } catch (Exception e) {
            msg = "error";
            detail = e.toString();
        }
        return new GetJsonResult(msg, detail).getResult();
    }

    @PostMapping("/exec-command/{host}")
    public String exexCommand(@PathVariable("host") String host,
                              @RequestParam("command") String command) {
```

```
            String detail, msg;
            try {
                  msg = "success";
                  detail = JSON.toJSONString(shell.execCommand(host, "source /etc/profile;source ~/.bash_
profile;source ~/.bashrc;" + command));
            } catch (Exception e) {
                  msg = "error";
                  detail = e.toString();
            }
            return new GetJsonResult(msg, detail).getResult();
      }
}
```

（3）HDFSController

处理/hdfs 页面发来的请求，实现了一些基本的 HDFS 操作，根据不同的请求来执行不同的任务，核心代码如下：

```
@RequestMapping("/api/hdfs")
@RestController
public class HDFSController {
      private static class GetJsonResult extends ResultMapToJson {
            public GetJsonResult(String msg, String detail) {
                  super(msg, detail);
            }
      }

      @Value("${hdfs.path}")
      private String hdfsPath;

      @Value("${hdfs.username}")
      private String hdfsUser;

      private final String desktopPath = FileSystemView.getFileSystemView().getHomeDirectory().getPath();

      @GetMapping("/getFileContent")
      public String getFileContent(@RequestParam("fileName") String fileName) {
            List<String>txts = new ArrayList<>();
            txts.add("txt");
            txts.add("out");
            txts.add("log");
            txts.add("xml");
            txts.add("yml");
            txts.add("html");
            txts.add("htm");
            txts.add("md");
            txts.add("js");
            txts.add("css");
            txts.add("java");
            String detail, msg;
            Configuration conf = new Configuration();
```

```java
                conf.set("fs.default.name", hdfsPath);
                Path filePath = new Path(fileName);
                try (FileSystem fs = FileSystem.get(new URI(hdfsPath), conf, hdfsUser)) {
                        if (!fs.exists(filePath)) {
                                fs.close();
                                return new GetJsonResult("warning", "文件 " + fileName + " 不存在！").getResult();
                        }
                        if (fs.isDirectory(filePath)) {
                                fs.close();
                                return new GetJsonResult("warning", "文件 " + fileName + " 是一个文件夹，无法预
览！").getResult();
                        }
                        if (!txts.contains(FilenameUtils.getExtension(fileName).toLowerCase())) {
                                return new GetJsonResult("warning", "文件 " + fileName + " 不可预览，请下载后查
看！").getResult();
                        }
                        FSDataInputStreaminputStream = fs.open(filePath);
                        BufferedReader reader = new BufferedReader(new InputStreamReader(inputStream));
                        String lineTxt;
                        StringBuilder sb = new StringBuilder();
                        while ((lineTxt = reader.readLine()) != null) {
                                sb.append("<pre>").append(lineTxt.replace("<", "&lt;").replace(">", "&gt;")).append("</pre>");
                        }
                        msg = "success";
                        detail = sb.toString();
                        inputStream.close();
                } catch (Exception e) {
                        msg = "error";
                        detail = e.toString();
                }
                return new GetJsonResult(msg, detail).getResult();
        }

        @PostMapping("/createDir")
        public String createDir(@RequestParam("dirPath") String dirPath) {
                String detail = "", msg;
                Configuration conf = new Configuration();
                conf.set("fs.default.name", hdfsPath);
                try (FileSystem fs = FileSystem.get(new URI(hdfsPath), conf, hdfsUser)) {
                        Path path = new Path(dirPath);
                        if (!fs.exists(path)) {
                                if (fs.mkdirs(path)) {
                                        msg = "success";
                                } else {
                                        msg = "warning";
                                        detail = "创建失败，未知错误！";
                                }
                        } else {
                                msg = "warning";
                                detail = "该目录已存在！";
```

```
            }
        } catch (Exception e) {
            msg = "error";
            detail = e.toString();
        }
        return new GetJsonResult(msg, detail).getResult();
    }


    @PostMapping("/uploadFile")
    public String uploadFile(@RequestParam("localFile") String localFile,
                                    @RequestParam("hdfsDir") String hdfsDir) {
        String detail = "", msg;
        Configuration conf = new Configuration();
        conf.set("fs.default.name", hdfsPath);
        try (FileSystem fs = FileSystem.get(new URI(hdfsPath), conf, hdfsUser)) {
            fs.copyFromLocalFile(new Path(localFile), new Path(hdfsDir));
            msg = "success";
        } catch (PathIsDirectoryException e) {
            msg = "error";
            detail = localFile + " 是一个文件夹！请选择一个文件进行上传！ ";
        } catch (Exception e) {
            msg = "error";
            detail = e.toString();
        }
        return new GetJsonResult(msg, detail).getResult();
    }


    private void showDir(FileStatus fs, FileSystemhdfs, List<Map<String, String>> list) throws IOException {
        Path path = fs.getPath();
        Map<String, String> map = new HashMap<>();
        map.put("pathName", path.toString().replace(hdfsPath, ""));
        map.put("type", fs.isDirectory() ? "文件夹" : "文件");
        list.add(map);
        if (fs.isDirectory()) {
            FileStatus[] f = hdfs.listStatus(path);
            if (f.length > 0) {
                for (FileStatus file : f) {
                    showDir(file, hdfs, list);
                }
            }
        }
    }


    @GetMapping("/scanDirs")
    public String scanDirs(@RequestParam("hdfsDir") String hdfsDir) throws IOException, URISyntax-
Exception, InterruptedException {
        List<Map<String, String>> list = new ArrayList<>();
        Configuration conf = new Configuration();
        conf.set("fs.default.name", hdfsPath);
        FileSystemhdfs = FileSystem.get(new URI(hdfsPath), conf, hdfsUser);
```

```java
        FileStatus[] fs = hdfs.listStatus(new Path(hdfsDir));
        if (fs.length > 0) {
            for (FileStatus f : fs) {
                    showDir(f, hdfs, list);
            }
        }
        hdfs.close();
        Map<String, Object> map = new HashMap<>();
        map.put("data", list);
        map.put("code", 0);
        return JSON.toJSONString(map);
    }


    @PostMapping("/deleteResource")
    public String deleteResource(@RequestParam("resourcePath") String resourcePath) {
        String detail = "", msg;
        Configuration conf = new Configuration();
        conf.set("fs.default.name", hdfsPath);
        try (FileSystem fs = FileSystem.get(new URI(hdfsPath), conf, hdfsUser)) {
            if (fs.deleteOnExit(new Path(resourcePath))) {
                msg = "success";
            } else {
                msg = "warning";
                detail = "资源 " + resourcePath + " 不存在！";
            }
        } catch (Exception e) {
            msg = "error";
            detail = e.toString();
        }
        return new GetJsonResult(msg, detail).getResult();
    }


    @PostMapping("/downloadResource")
    public String downloadResource(@RequestParam("resourcePath") String resourcePath) {
        String detail = "", msg;
        Configuration conf = new Configuration();
        conf.set("fs.default.name", hdfsPath);
        try (FileSystem fs = FileSystem.get(new URI(hdfsPath), conf, hdfsUser)) {
            fs.copyToLocalFile(false, new Path(resourcePath), new Path(desktopPath), true);
            msg = "success";
        } catch (IOException e) {
            msg = "warning";
            detail = "下载失败，桌面上已经有了一个名为" + resourcePath + "的文件夹！";
        } catch (Exception e) {
            msg = "warning";
            detail = e.toString();
        }
        return new GetJsonResult(msg, detail).getResult();
    }
}
```

（4）KafkaController

处理/kafka 页面发来的请求，实现了基本的 Kafka 操作以及调用 Scala 编写的 StreamingKafkaWord Count 程序。

StreamingKafkaWordCount 程序的启动和停止通过自定义的 utils 工具包中的 ScalaUtil 来实现（再进一步是通过 Runtime.getRuntime().exec()执行命令来实现的）。

清理数据库通过自定义的 utils 工具包中的 MysqlUtil 来实现，核心代码如下：

```java
@RequestMapping("/api/kafka")
@RestController
public class KafkaController {
    private static class GetJsonResult extends ResultMapToJson {
        public GetJsonResult(String msg, String detail) {
            super(msg, detail);
        }
    }

    private final SynchronousQueue<String>messageQueue = new SynchronousQueue<>();

    private final String topictest = "topictest", topictest2 = "topictest2";

    @Autowired
    ScalaUtilscalaUtil;

    @Autowired
    private MysqlUtil mysql;

    @Autowired
    private KafkaTemplate<String, String>kafkaTemplate;

    @PostMapping("/send")
    public String send(@RequestParam("topic") String topic,
                        @RequestParam("message") String message) {
        String detail = "", msg;
        try {
            kafkaTemplate.send(topic, message);
            msg = "success";
        } catch (Exception e) {
            msg = "error";
            detail = e.toString();
        }
        return new GetJsonResult(msg, detail).getResult();
    }

    @KafkaListener(topics = {topictest, topictest2})
    public void receiveMessage(ConsumerRecord<String, String>consumerRecord, Acknowledgment ack)
throws InterruptedException {
        try {
            String value = consumerRecord.value();
            String topic = consumerRecord.topic();
```

```
                long timestamp = consumerRecord.timestamp();
                long offset = consumerRecord.offset();
                messageQueue.put("value: " + value +"topic: " + topic + " timestamp: " + timestamp + "offset: " +
offset);
            } finally {
                ack.acknowledge();
            }
        }

        @PostMapping("/receive")
        public String receive() {
            return messageQueue.poll();
        }

        @PostMapping("/wordcount")
        public String wordCount() throws SQLException {
            List<String> result = new ArrayList<>();
            try (Connection connection = mysql.getConnection();
            Statement statement = connection.createStatement()) {
                ResultSet rs = statement.executeQuery("select word, max(count) from wordcount group by word");
                while (rs.next()) {
                    result.add("(" + rs.getString(1) + "," + rs.getInt(2) + ")");
                }
                if (result.size() == 0) {
                    return "";
                }
                return result.toString();
            }
        }

        @PostMapping("/cleardb")
        public String clearDB() {
            String detail = "", msg;
            try (Connection connection = mysql.getConnection();
            Statement statement = connection.createStatement()) {
                scalaUtil.stopStreamingKafkaWordCount();
                statement.executeUpdate("truncate table wordcount");
                msg = "success";
                scalaUtil.startStreamingKafkaWordCount();
            } catch (Exception e) {
                msg = "error";
                detail = e.toString();
            }
            return new GetJsonResult(msg, detail).getResult();
        }
    }
```

（5）MapReduceController

处理/mapreduce 页面发来的请求，执行单词计数，具体实现通过自定义的 utils 工具包中的 WordCount 来实现，核心代码如下：

```java
@RestController
@RequestMapping("/api/mapreduce")
public class MapReduceController {
    private static class GetJsonResult extends ResultMapToJson {
        public GetJsonResult(String msg, String detail) {
            super(msg, detail);
        }
    }

    @Autowired
    private WordCountwordCount;

    @Value("${hdfs.path}")
    private String hdfsPath;

    @Value("${hdfs.username}")
    private String hdfsUser;

    @PostMapping("/wordcount")
    public String doWordCount(@RequestParam("hdfsFile") String hdfsFile) {
        String detail , msg;
        Configuration conf = new Configuration();
        conf.set("fs.default.name", hdfsPath);
        try {
            String outputDir = "/output-" + System.currentTimeMillis();
            detail = wordCount.getWordCount(hdfsFile, outputDir);
            try (FileSystem fs = FileSystem.get(new URI(hdfsPath), conf, hdfsUser)) {
                if (fs.deleteOnExit(new Path(outputDir))) {
                    msg = "success";
                } else {
                    msg = "warning";
                    detail = "资源 " + outputDir + " 不存在！";
                }
            } catch (Exception e) {
                msg = "error";
                detail = e.toString();
            }
        } catch (Exception e) {
            msg = "error";
            detail = e.toString();
        }
        return new GetJsonResult(msg, detail).getResult();
    }
}
```

（6）HBaseController

处理/hbase 页面发来的请求，实现了一些基本的 HBase 操作，根据不同的请求来执行不同的任务，其中 HBase 连接 Connection 实例的基础配置通过自定义的 utils 工具包中的 HBaseUtil 来实现。核心代码如下：

```java
@RequestMapping("/api/hbase")
@RestController
public class HBaseController {
    private static class GetJsonResult extends ResultMapToJson {
        public GetJsonResult(String msg, String detail) {
            super(msg, detail);
        }
    }

    @Autowired
    private HBaseUtilhBaseUtil;

    @GetMapping("/tables")
    public String showTables() {
        Map<String, Object> result = new HashMap<>();
        List<Map<String, String>> list = new ArrayList<>();
        try (Connection connection = hBaseUtil.getConnection();
        Admin admin = connection.getAdmin()) {
            TableName[] tableNames = admin.listTableNames();
            for (TableNametableName : tableNames) {
                Map<String, String> map = new HashMap<>();
                map.put("tableName", tableName.getNameAsString());
                list.add(map);
            }
            result.put("data", list);
            result.put("code", 0);
        } catch (Exception e) {
            e.printStackTrace();
        }
        return JSON.toJSONString(result);
    }

    @PostMapping("/create-table")
    public String createTable(@RequestParam("tableName") String tableName,
                                @RequestParam("familyNames") String familyNames) {
        String detail = "", msg;
        try (Connection connection = hBaseUtil.getConnection();
        Admin admin = connection.getAdmin()) {
            HTableDescriptortableDescriptor = new HTableDescriptor(TableName.valueOf(tableName));
            for (Object familyName : JSON.parseArray(familyNames)) {
                tableDescriptor.addFamily(new HColumnDescriptor(familyName.toString()));
            }
            admin.createTable(tableDescriptor);
            msg = "success";
        } catch (Exception e) {
            msg = "error";
            detail = e.toString();
        }
        return new GetJsonResult(msg, detail).getResult();
    }
}
```

```java
@PostMapping("/delete-family")
public String deleteFamily(@RequestParam("tableName") String tableName,
                           @RequestParam("familyNames") String familyNames) {
    String detail = "", msg;
    try (Connection connection = hBaseUtil.getConnection();
    Admin admin = connection.getAdmin()) {
        for (Object familyName : JSON.parseArray(familyNames)) {
            String f = (String) familyName;
            admin.deleteColumn(TableName.valueOf(tableName), f.getBytes(StandardCharsets.UTF_8));
        }
        msg = "success";
    } catch (Exception e) {
        msg = "error";
        detail = e.toString();
    }
    return new GetJsonResult(msg, detail).getResult();
}

@PostMapping("/add-family")
public String addFamily(@RequestParam("rowKey") String rowKey,
                        @RequestParam("tableName") String tableName,
                        @RequestParam("familyName") String familyName,
                        @RequestParam("keys") String keys,
                        @RequestParam("values") String values) {
    String detail = "", msg;
    List<String>rowKeys = new ArrayList<>();
    try (Connection connection = hBaseUtil.getConnection();
    Admin admin = connection.getAdmin();
        Table table = connection.getTable(TableName.valueOf(tableName))) {
        Scan scan = new Scan();
        ResultScannerrss = table.getScanner(scan);
        for (Result r : rss) {
            rowKeys.add(new String(r.getRow()));
        }
        Object[] keyArray = JSON.parseArray(keys).toArray();
        Object[] valueArray = JSON.parseArray(values).toArray();
        admin.addColumn(TableName.valueOf(tableName), new HColumnDescriptor(familyName));
        assert JSON.parseArray(keys).size() == JSON.parseArray(values).size();
        if (!rowKey.equals("")) {
            Put put = new Put(Bytes.toBytes(rowKey));
            for (int i = 0; i < JSON.parseArray(keys).size(); i++) {
                put.addColumn(Bytes.toBytes(familyName),        Bytes.toBytes(keyArray[i].toString()),
Bytes.toBytes(valueArray[i].toString()));
                System.out.println(keyArray[i] + "   " + valueArray[i]);
            }
            table.put(put);
        } else {
            for (String r : rowKeys) {
                Put put = new Put(Bytes.toBytes(r));
```

```
                    for (int i = 0; i < JSON.parseArray(keys).size(); i++) {
                        put.addColumn(Bytes.toBytes(familyName),  Bytes.toBytes(keyArray[i].toString()),
Bytes.toBytes(valueArray[i].toString()));
                        System.out.println(keyArray[i] + "    " + valueArray[i]);
                    }
                    table.put(put);
                }
            }
            msg = "success";
        } catch (Exception e) {
            msg = "error";
            detail = e.toString();
        }
        return new GetJsonResult(msg, detail).getResult();
    }

    @PostMapping("/add-data")
    public String addData(@RequestParam("rowKey") String rowKey,
                          @RequestParam("tableName") String tableName,
                          @RequestParam("familyName") String familyName,
                          @RequestParam("keys") String keys,
                          @RequestParam("values") String values) {
        String detail = "", msg;
        List<String>rowKeys = new ArrayList<>();
        try (Connection connection = hBaseUtil.getConnection();
        Admin admin = connection.getAdmin();
            Table table = connection.getTable(TableName.valueOf(tableName))) {
            Scan scan = new Scan();
            ResultScannerrss = table.getScanner(scan);
            for (Result r : rss) {
                rowKeys.add(new String(r.getRow()));
            }
            Object[] keyArray = JSON.parseArray(keys).toArray();
            Object[] valueArray = JSON.parseArray(values).toArray();
            try {
                admin.addColumn(TableName.valueOf(tableName), new HColumnDescriptor(familyName));
            } catch (Exception ignored) {
            }
            assert JSON.parseArray(keys).size() == JSON.parseArray(values).size();
            if (!rowKey.equals("")) {
                Put put = new Put(Bytes.toBytes(rowKey));
                for (int i = 0; i < JSON.parseArray(keys).size(); i++) {
                    put.addColumn(Bytes.toBytes(familyName),       Bytes.toBytes(keyArray[i].toString()),
Bytes.toBytes(valueArray[i].toString()));
                    System.out.println(keyArray[i] + "    " + valueArray[i]);
                }
                table.put(put);
            } else {
                for (String r : rowKeys) {
                    Put put = new Put(Bytes.toBytes(r));
```

```
                        for (int i = 0; i < JSON.parseArray(keys).size(); i++) {
                            put.addColumn(Bytes.toBytes(familyName), Bytes.toBytes(keyArray[i].toString()),
Bytes.toBytes(valueArray[i].toString())));
                            System.out.println(keyArray[i] + "    " + valueArray[i]);
                        }
                        table.put(put);
                    }
                }
            msg = "success";
        } catch (Exception e) {
            msg = "error";
            detail = e.toString();
        }
        return new GetJsonResult(msg, detail).getResult();
    }


    @PostMapping("/delete-row")
    public String deleteRow(@RequestParam("rowKeys") String sRowKeys,
                                @RequestParam("tableName") String tableName) {
        String detail = "", msg;
        List<String>rowKeys = new ArrayList<>();
        try (Connection connection = hBaseUtil.getConnection();
        Table table = connection.getTable(TableName.valueOf(tableName))) {
            Scan scan = new Scan();
            ResultScannerrss = table.getScanner(scan);
            for (Result r : rss) {
                rowKeys.add(new String(r.getRow()));
            }
            if (sRowKeys.replace(" ", "").equals("[]")) {
                for (String rowKey : rowKeys) {
                    table.delete(new Delete(Bytes.toBytes(rowKey)));
                }
            } else {
                JSON.parseArray(sRowKeys).forEach((row) -> {
                    try {
                        table.delete(new Delete(Bytes.toBytes(row.toString())));
                    } catch (IOException e) {
                        e.printStackTrace();
                    }
                });
            }
            msg = "success";
        } catch (Exception e) {
            msg = "error";
            detail = e.toString();
        }
        return new GetJsonResult(msg, detail).getResult();
    }

    @PostMapping("/delete-table")
```

```
public String deleteTable(@RequestParam("tableName") String tableName) {
    String detail = "", msg;
    try (Connection connection = hBaseUtil.getConnection();
    Admin admin = connection.getAdmin()) {
        TableName t = TableName.valueOf(tableName);
        admin.disableTable(t);
        admin.deleteTable(t);
        msg = "success";
    } catch (Exception e) {
        msg = "error";
        detail = e.toString();
    }
    return new GetJsonResult(msg, detail).getResult();
}
}
```

5.3.2 构造系统所需工具包

1．配置文件包 InitConfig

通过配置静态变量 wordCountCmd、jpsCmd 并将其 getter 方法作为 Bean 进行注入，需要使用时将其自动装配即可，代码如下。

```
@Autowired
private InitConfig initConfig;

/* ... */
initConfig.getWordCountCmd()
initConfig.getJpsCmd()
/* ... */
```

这里不能通过 application.yml 配置文件进行注入，因为项目在启动时就需要启动 Streaming KafkaWordCount，而此时还不能通过@Value 注解来获取配置文件中的值，因此只能通过配置类中的静态变量来获取。

2．utils 工具包

utils 工具包中的所有类都添加了@Component 注解注入 spring 容器中。

（1）ShellConnectionSignal

ShellConnectionSignal 作为 Java 连接集群操作 Shell 脚本的单例类，供 ShellUtil 使用。它通过 com.jcraft.jsch 包实现 Java 连接远程 Linux 主机并操作 Shell 脚本。

ShellConnectionSignal 的私有属性 session、exec 及其 getter、setter 方法可供 ShellUtil 创建连接实例，核心代码如下：

```
@Component
public class ShellConnectionSignal {
    final private JSchjSch = new JSch();
    private Session session;
    private ChannelExec exec;

    public void setSession(String host, int port, String username, String password) throws JSchException {
```

```
        this.session = jSch.getSession(username, host, port);
        session.setPassword(password);
        session.setConfig("StrictHostKeyChecking", "no");
    }

    public Session getSession() {
        return session;
    }

    public void setExec(String command, Session session) throws JSchException {
        this.exec = (ChannelExec) session.openChannel("exec");
        exec.setCommand(command);
    }

    public ChannelExecgetExec() {
        return exec;
    }

    private ShellConnectionSignal() {
    }

    public volatile static ShellConnectionSignal instance = null;

    public static ShellConnectionSignal getInstance() {
        if (instance == null) {
            synchronized (ShellConnectionSignal.class) {
                if (instance == null) {
                    instance = new ShellConnectionSignal();
                }
            }
        }
        return instance;
    }
}
```

（2）ShellUtil

ShellUtil 是 Java 连接 Linux 服务器并操作 Shell 脚本的工具类。execCommand(String host, String command)方法用来在主机（host）上执行 command 命令，执行结果返回一个 String 类型的 List，调用者可将其转为 JSON 格式用作请求的返回值。

通过调用 ShellConnectionSignal 的 session、exec 属性的 setter、getter 方法创建实例后，调用该实例的 connect()方法创建连接，执行完毕后调用 close()方法关闭连接。核心代码如下：

```
@Component
public class ShellUtil {
    @Value("${shell.username}")
    private String username;

    @Value("${shell.password}")
    private String password;
```

```
@Value("${shell.port}")
private int port;

private final ShellConnectionSignal shell = ShellConnectionSignal.getInstance();

public ShellUtil() {
}

public List<String>execCommand(String host, String command) throws JSchException, IOException {
    List<String> list = new ArrayList<>();
    shell.setSession(host, port, username, password);
    Session session = shell.getSession();
    session.connect();
    shell.setExec(command, session);
    ChannelExec exec = shell.getExec();
    exec.connect();
    InputStreaminputStream = exec.getInputStream();
    BufferedReaderbufferedReader = new BufferedReader(new InputStreamReader(inputStream));
    String s;
    while ((s = bufferedReader.readLine()) != null) {
        list.add(s);
    }
    bufferedReader.close();
    exec.disconnect();
    session.disconnect();
    return list;
}
}
```

（3）MySQLConnectionSignal

MySQLConnectionSignal 作为 Java 连接本机 MySQL 数据库的单例类，供 MySqlUtil 使用。其私有属性 connection 及其 getter、setter 方法供 MysqlUtil 创建连接实例。核心代码如下：

```
@Component
public class MySQLConnectionSignal {
    private Connection connection;

    public void setConnection(String url, String user, String password) throws SQLException {
        connection = DriverManager.getConnection(url, user, password);
    }

    public Connection getConnection() {
        return connection;
    }

    private MySQLConnectionSignal() {
    }

    private volatile static MySQLConnectionSignal instance = null;
```

```
public static MySQLConnectionSignal getInstance() {
    if (instance == null) {
        synchronized (MySQLConnectionSignal.class) {
            if (instance == null) {
                instance = new MySQLConnectionSignal();
            }
        }
    }
    return instance;
}
}
```

（4）MysqlUtil

MysqlUtil 是私有 final 变量 mysql 为 MySQLConnectionSignal 的实例。其 getConnection()方法通过调用 mysql 的 setConnection()方法设置 mysql 连接对象所需属性后，返回一个 mysql 的 getConnection()方法的返回对象，进而获得一个 java.sql.Connection 连接对象去执行操作。核心代码如下：

```
@Component
public class MysqlUtil {
    @Autowired
    private final MySQLConnectionSignal mysql = MySQLConnectionSignal.getInstance();

    @Value("${mysql.url}")
    private String url;

    @Value("${mysql.user}")
    private String user;

    @Value("${mysql.password}")
    private String password;

    public MysqlUtil() {
    }

    public Connection getConnection() throws SQLException {
        mysql.setConnection(url, user, password);
        return mysql.getConnection();
    }
}
```

（5）WordCount

MapReduce 实现单词计数，返回 String 类型的结果，形如[(xxx, 1),(yyy, 2), ... , (String, int)]。核心代码如下：

```
@Component
public class WordCount {
    static Configuration conf = new Configuration();
    static {
        conf.setStrings("result", "");
```

```
            conf.set("fs.default.name", "hdfs://192.168.213.128:8020");
        }

    public static class Map extends Mapper<Object, Text, Text, IntWritable> {
        private final IntWritable one = new IntWritable(1);
        @Override
        protected void map(Object key, Text value, Mapper<Object, Text, Text, IntWritable>.Context context)
throws IOException, InterruptedException {
            StringTokenizer itr = new StringTokenizer(value.toString());
            while (itr.hasMoreTokens()) {
                context.write(new Text(itr.nextToken()), one);
            }
        }
    }

    static public class Reduce extends Reducer<Text, IntWritable, Text, IntWritable> {
        @Override
        protected void reduce(Text key, Iterable<IntWritable> values, Reducer<Text, IntWritable, Text,
IntWritable>.Context context) throws IOException, InterruptedException {
            int sum = 0;
            for (IntWritable val : values) {
                sum += val.get();
            }
            IntWritable writable = new IntWritable(sum);
            context.write(key, writable);
            String[] results = conf.getStrings("result");
            int length;
            if (results == null) {
                length = 0;
                String[] tmp = new String[length + 1];
                tmp[length] = "(" + key + "," + writable + ")";
                conf.setStrings("result", tmp);
            } else {
                length = results.length;
                String[] tmp = Arrays.copyOf(results, length + 1);
                tmp[length] = "(" + key + "," + writable + ")";
                conf.setStrings("result", tmp);
            }
        }
    }

    public String getWordCount(String inputFile, String outputDir) throws IOException, ClassNotFoundException,
InterruptedException {
        conf.setStrings("result", "");
        Job job = Job.getInstance(conf);
        job.setJarByClass(WordCount.class);
        job.setMapperClass(Map.class);
        job.setReducerClass(Reduce.class);
        job.setMapOutputKeyClass(Text.class);
        job.setOutputValueClass(IntWritable.class);
```

```
        FileInputFormat.addInputPath(job, new Path(inputFile));
        FileOutputFormat.setOutputPath(job, new Path(outputDir));
        job.waitForCompletion(true);
        return Arrays.toString(conf.getStrings("result"));
    }
}
```

（6）HBaseUtil

HBaseUtil 是 Java 操作 HBase 数据库的工具类。通过 getConnection()获得一个 org.apache.hadoop.hbase.client.Connection 对象的实例，再进行相应的操作。核心代码如下：

```
@Component
public class HBaseUtil {
    static private Connection connection;
    static private final Configuration conf = new Configuration();
    @Value("${zookeeper.quorum}")
    private String quorum;
    public Connection getConnection() throws IOException {
        conf.set("hbase.zookeeper.quorum", quorum);
        connection = ConnectionFactory.createConnection(conf);
        return connection;
    }

    public void close() throws IOException {
        connection.close();
    }
}
```

（7）ListUtil

ListUtil 目前只有一个静态方法 getCount(List<String> list, String s)，用来判断字符串 s 在列表 list 中出现的次数，返回值类型为 int。核心代码如下：

```
@Component
public class ListUtil {
    public static int getCount(List<String> list, String s) {
        int count = 0;
        for (String s1 : list) {
            if (s.equals(s1)) {
                count++;
            }
        }
        return count;
    }
}
```

（8）ResultMapToJson

ResultMapToJson 是个抽象类，对 com.alibaba.fastjson.JSON 的 toJSONString()方法做了进一步的封装，它的 getResult()方法返回形如{"msg":"success/error", "detail":"..."}的统一格式数据，供前端请求时进行响应；后端代码都包含在 try 语句中，若出现异常，则会通过 e.toString()赋值给 detail，前端则会显示报错而不会出现 500 服务器内部错误，如图 5-12 所示。

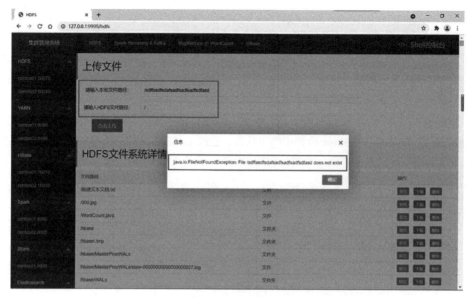

图 5-12 前端报错

核心代码如下：

```
public abstract class ResultMapToJson {
    private Map<String, Object> map = new HashMap<>();
    public ResultMapToJson(String msg, String detail) {
        map.put("msg", msg);
        map.put("detail", detail);
    }

    public ResultMapToJson(Map<String, Object> map) {
        this.map = map;
    }

    public String getResult() {
        return JSON.toJSONString(this.map);
    }
}
```

（9）ScalaUtil

ScalaUtil 是通过 Java 程序调用 Scala 程序`StreamingKafkaWordCount 的桥梁。

ScalaUtil 的两个方法 startStreamingKafkaWordCount()和 stopStreamingKafkaWordCount()分别用来启动和关闭`StreamingKafkaWordCount 程序。

启动是通过执行 InitConfig 的 wordCountCmd 命令；关闭则是先通过 InitConfig 的 jpsCmd 获取到 StreamingKafkaWordCount 的端口，然后通过 taskkill 命令将其"杀死"；两个方法的执行都是通过 Runtime. getRuntime().exec()实现的。

/kafka 页面的"清空"就是调用了 stopStreamingKafkaWordCount()方法先停止 StreamingKafkaWordCount 程序，清空 MySQL 数据库后再调用 startStreamingKafkaWordCount()程序启动 StreamingKafkaWordCount() 程序。

核心代码如下:

```
@Component
public class ScalaUtil {
    @Autowired
    private InitConfiginitConfig;
    public void startStreamingKafkaWordCount() throws IOException {
        Runtime.getRuntime().exec(initConfig.getWordCountCmd());
    }

    public void stopStreamingKafkaWordCount() throws IOException {
        try (BufferedReaderbufferedReader = new BufferedReader(new InputStreamReader(Runtime.
getRuntime().exec(initConfig.getJpsCmd()).getInputStream()))) {
            String s;
            while ((s = bufferedReader.readLine()) != null) {
                if (s.contains("StreamingKafkaWordCount")) {
                    Runtime.getRuntime().exec("taskkill /PID " + s.replace("StreamingKafkaWordCount", "") +
" /F");
                }
            }
        }
    }
}
```

5.3.3　核心类实现

（1）启动类 BigDataApplication

@SpringBootApplication 注解标志着这个类是程序的启动类。

"System.setProperty("HADOOP_USER_NAME", "hadoop");" 指明了该程序对 Hadoop 集群的一切操作的权限都是 hadoop 用户而非 root。

" Runtime.getRuntime().exec(initConfig.getWordCountCmd()); " 表示程序在启动之初就会执行 StreamingKafkaWordCount()程序。

核心代码如下:

```
@SpringBootApplication
public class BigDataApplication {
    public static void main(String[] args) throws IOException {
        System.setProperty("HADOOP_USER_NAME", "hadoop");
        ConfigurableApplicationContext applicationContext = SpringApplication.run (BigDataApplication.
class, args);
        InitConfiginitConfig = applicationContext.getBean(InitConfig.class);
        Runtime.getRuntime().exec(initConfig.getWordCountCmd());
    }
}
```

（2）Spark Streaming + Kafka 单词计数类 StreamingKafkaWordCount

StreamingKafkaWordCount 是由 Scala 编写的一个类,将单词计数结果写入 MySQL 数据库,每秒一次,被 ScalaUtil 调用执行。

核心代码如下：

```
object StreamingKafkaWordCount {
  def main(args: Array[String]): Unit = {
    System.setProperty("HADOOP_USER_NAME", "hadoop")
    // 创建 SparkConf
    val conf = new SparkConf().setMaster("local[*]").setAppName ("SparkStreamingKafkaWorkWord
Count"). set("spark.testing.memory", "2147480000")
    // 创建 Spark Streaming 上下文，设置批次间隔为 1 秒
    val ssc = new StreamingContext(conf, Seconds(1))
    // 设置检查点目录，因为需要用检查点记录历史批次处理的结果数据
    ssc.checkpoint("hdfs://centos01:8020/spark-ck")

    //设置输入流的 Kafka 主题，可以设置多个
    val kafkaTopics = Array("topictest", "topictest2")

    //Kafka 配置属性
    val kafkaParams = Map[String, Object](
      //Kafka Broker 服务器的连接地址
      "bootstrap.servers" -> "centos01:9092,centos02:9092,centos03:9092",
      //设置反序列化 key 的程序类，与生产者对应
      "key.deserializer" ->classOf[StringDeserializer],
      //设置反序列化 value 的程序类，与生产者对应
      "value.deserializer" ->classOf[StringDeserializer],
      //设置消费者组 ID，ID 相同的消费者属于同一个消费者组
      "group.id" -> "1",
      //Kafka 不提交自动偏移量（默认为 true），由 Spark 管理
      "enable.auto.commit" -> (false: java.lang.Boolean)
    )

    val inputStream: InputDStream[ConsumerRecord[String, String]] =
      KafkaUtils.createDirectStream[String, String](
      ssc,
      LocationStrategies.PreferConsistent,
      Subscribe[String, String](kafkaTopics, kafkaParams)
      )

    //对接收到的一个 DStream 进行解析，取出消息记录的 key 和 value
    val linesDStream = inputStream.map(record => (record.key, record.value))
    //默认情况下，消息内容存放在 value 中，取出 value 的值
    val wordDStream = linesDStream.map(_._2)
    val word = wordDStream.flatMap(_.split(" "))
    val pair = word.map(x => (x, 1))

    //更新每个单词的数量，实现按批次累加
    val result: DStream[(String, Int)] = pair.updateStateByKey(updateFunc)
    //打印 DStream 中的元素到控制台
    result.print()

    //把 DStream 保存到 MySQL 数据库中
```

```
/*
mysql> create database spark;
Query OK, 1 row affected (0.05 sec)

mysql> use spark;
Database changed
mysql> create table wordcount(word varchar(100),count int);
Query OK, 0 rows affected (0.05 sec)
 */

result.foreachRDD(rdd => {
   def func(records: Iterator[(String, Int)]) {
      var conn: Connection = null
      var stmt: PreparedStatement = null
      try {
         val url = "jdbc:mysql://localhost:3306/spark"
         val user = "hive"
         val password = "hive"
         conn = DriverManager.getConnection(url, user, password)
         records.foreach(p => {
            val sql = "insert into wordcount(word,count) values (?,?)"
            stmt = conn.prepareStatement(sql)
            stmt.setString(1, p._1.trim)
            stmt.setInt(2, p._2.toInt)
            stmt.executeUpdate()
         })
      } catch {
         case e: Exception => e.printStackTrace()
      } finally {
         if (stmt != null) {
            stmt.close()
         }
         if (conn != null) {
            conn.close()
         }
      }
   }

   val repartitionedRDD = rdd.repartition(3)
   repartitionedRDD.foreachPartition(func)
})

//启动计算
ssc.start()
//等待计算结束
ssc.awaitTermination()
}

/**
 * 定义状态更新函数，按批次累加单词数量
 *
 * @param values 当前批次单词出现的次数，相当于 Seq(1, 1, 1)
```

```
 * @param stats    上一批次累加的结果，因为有可能没有值，所以用 Option 类型
 */
val updateFunc: (Seq[Int], Option[Int]) => Some[Int] = (values: Seq[Int], state: Option[Int]) => {
//累加当前批次单词的数量
val currentCount = values.sum
//获取上一批单词的数量，默认值为 0
val previousCount = state.getOrElse(0)
//求和
Some(currentCount + previousCount)
    }
}
```

5.4 构造系统 UI 界面——基于 LayUI

UI 界面基于 layui-layout 构建，共包括五个页面：Shell 控制台首页、HDFS 操作页面、Spark Streaming & Kafka 操作页面、MapReduce&WordCount 操作界面和 HBase 操作界面。

Shell 控制台首页包括集群 jps 进程监控、简易 Shell 控制台，如图 5-13 所示。

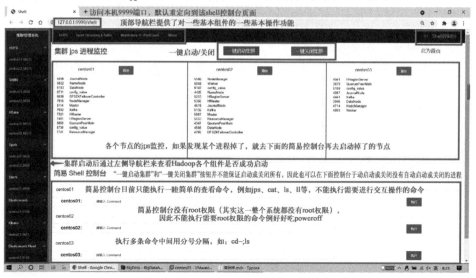

图 5-13　Shell 控制台首页

在页面中，用户可以一键启动/关闭集群，集群启动后通过左侧导航栏查看各组件是否成功启动，但并不能保证启动或关闭所有节点，因此在简易 Shell 控制台可以手动启动或关闭进程。

简易 Shell 控制台可以执行一些简单的查看命令等，如图 5-14 所示。

需要注意的是，简易 Shell 控制台不能执行需要交互的命令，并且没有 root 权限。

HDFS 操作页面包括上传文件、HDFS 文件系统详情，如图 5-15 所示。

在页面中，用户可以将本地文件或文件夹上传到 HDFS，也可以看到 HDFS 中的所有文件，并对文件进行预览、下载和删除。

Spark Streaming & Kafka 操作页面包括生产者和消费者的消息窗口、Spark Streaming 对生产者发送内容进行单词计数，如图 5-16 所示。

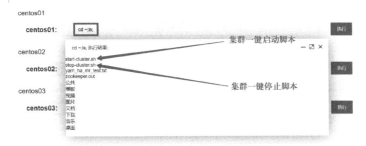

图 5-14　简易 Shell 控制台

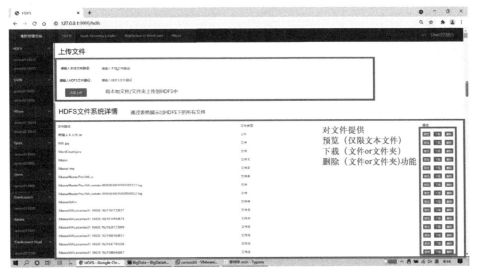

图 5-15　HDFS 操作页面

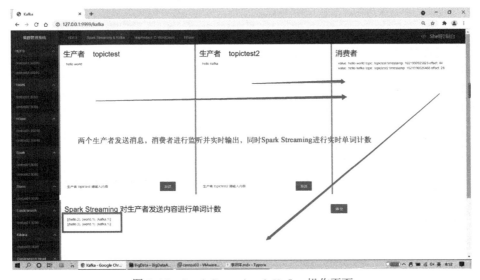

图 5-16　Spark Streaming & Kafka 操作页面

在图 5-16 所示的页面中，用户可以作为生产者发送消息，那么消费者实时接收的消息会展示在页面上，同时 Spark Streaming 对生产者发送的内容进行单词计数，并将结果展示在页面上。

MapReduce&WordCount 操作页面包括 HDFS 文件路径输入框、原始文件内容和 WordCount 结果展示，如图 5-17 所示。

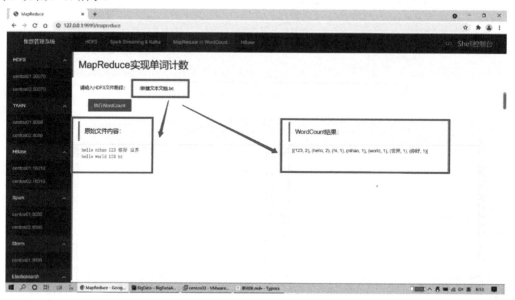

图 5-17　MapReduce&WordCount 操作页面

在图 5-17 所示的页面中，用户输入 HDFS 中需要进行单词计数的文件路径，执行程序后页面上会显示原始文件内容和计数结果。

HBase 操作页面包括 HBase 新建表和 HBase 数据库详情，如图 5-18 所示。

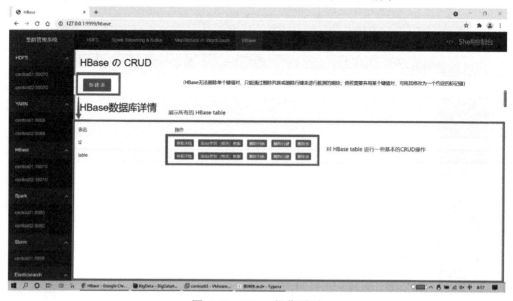

图 5-18　HBase 操作页面

新建表页面需要输入表名和列族名，列族名至少输入一个且不能重复，如图 5-19 所示。

图 5-19　HBase 新建表页面

查看详情页面显示 Hbase table 所有数据及表结构，可以看到所有的列族、行键、键值对数据，如图 5-20 所示。

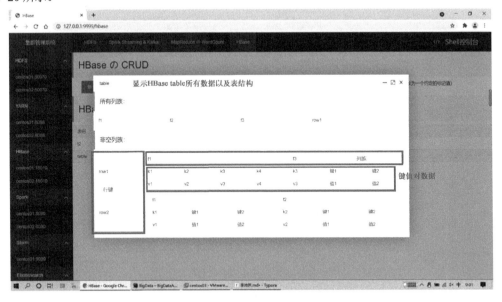

图 5-20　HBase 查看详情页面

添加/更新/修改数据页面需要输入列族名和行键名，可以增加行、删除行，如图 5-21 所示。

图 5-21　HBase 添加/更新/修改数据页面

　　删除列族页面需要输入列族名，可以进行增加、删除，如图 5-22 所示。

图 5-22　HBase 删除列族页面

　　删除行键页面可以增加一行、删除一行，如不输入行键名则默认删除所有行键，如图 5-23 所示。

　　删除表页面可以直接选中表名所在行并删除表，如图 5-24 所示。

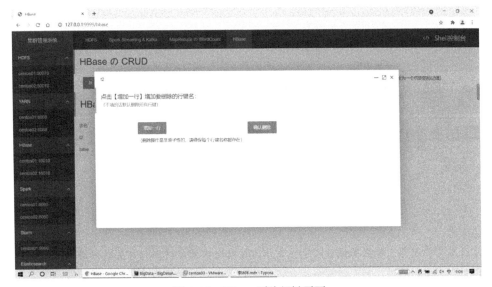

图 5-23　HBase 删除行键页面

图 5-24　HBase 删除表页面

　　集群管理系统大大简化了用户对于集群的管理，省去了在各节点间切换目录等操作，且更为直观地展示操作内容。

本章小结

　　本章介绍了一个集群管理系统的构建，主要包括项目本机和集群环境的配置、系统的代码实现，并结合 LayUI 技术实现了前端界面。本章的重点是掌握环境的配置和各组件的使用，要求读者能根据系统需求尝试开发并学会使用集群管理系统，亦可拓展系统功能。

第6章
基于 HBase 的大数据离线分析系统

本章内容

本章讲解企业征信大数据离线分析系统案例，该系统功能是对企业相关数据进行离线分析处理，并以图表的形式进行展示。首先讲解离线分析系统的需求分析和架构，然后讲解数据采集、存储和处理、可视化模块的具体实现。

本章要点

- 了解离线分析系统架构以及开发流程。
- 使用爬虫技术对某网站数据进行爬取。
- 熟悉 HBase 数据库的操作，掌握其 JavaAPI 操作，能够灵活存取、处理数据。
- 学会将前后端结合，使用 SpringBoot 搭建后端框架，使用开源可视化图表库 ECharts 绘制图表。

6.1 系统架构概述

本节主要从需求分析和技术架构进行分析，旨在帮助读者理解大数据离线分析系统的开发流程。

6.1.1 需求分析

企业征信大数据平台总体建设目标是构建以诚信文化为核心、以信用制度为载体、以信用记录为依托、以信用监管为手段的中小企业维护系统，以便归集、整合、披露和处理中小企业的信用信息。企业征信信息内容涉及公司概况、高管人员、股东信息以及财务指标；保障企业信用信息基础数据库和平台的安全、稳定运行。通过对源数据和实际需求的分析，将具体的功能需求划分如下。

（1）功能点：从目标网站爬取数据

功能描述：从企业征信相关网站爬取所需数据

网址：http://www.neeq.com.cn/

（2）功能点：显示某行业总股本数的公司排名

地址导航：证券品种—挂牌公司—公司代码—公司概况—总股本

网址：http://www.neeq.com.cn/nq/listedcompany.html

（3）功能点：显示某行业营业收入的公司排名

地址导航：证券品种—挂牌公司—公司代码—公司概况—营业收入

（4）功能点：显示某行业营业利润的公司排名

地址导航：证券品种—挂牌公司—公司代码—公司概况—营业利润

（5）功能点：显示某行业总资产的公司排名

地址导航：证券品种—挂牌公司—公司代码—公司概况—总资产

（6）功能点：搜索该公司十大股东信息

功能描述：包含截止时间、股东名称、持股数和持股比例（%）

地址导航：证券品种—挂牌公司—公司代码—十大股东

（7）功能点：搜索某公司财务指标

功能描述：包括营业收入、营业利润、净利润、未分配利润、总资产、总负债、净资产、每股收益、每股净资产和净资产收益率（%）

地址导航：证券品种—挂牌公司—公司代码—财务指标

该企业征信数据分析系统的总体架构如图 6-1 所示。其中，总体框架每一层的主要建设内容和职责如下。

- 第一层为外部数据源，目标网站为全国中小企业股份转让系统—证券品种—挂牌公司，其中，目标爬取的四类数据分别是公司概况、高管人员情况、十大股东情况以及公司财务指标。
- 第二层为数据采集层，利用 Python 编写爬虫程序，实现自动抓取上述网站中的相关信息。
- 第三层为数据存储层，将爬取到的 csv 数据文件中的数据存入列式存储数据库 HBase 中，实现前端数据应用的实时查询功能。
- 第四层为数据可视化层，集成 ECharts 组件，从数据可视化、指标可视化、数据关系可视化等角度，通过精准、友好、快速的可视化界面全方位展示给客户。

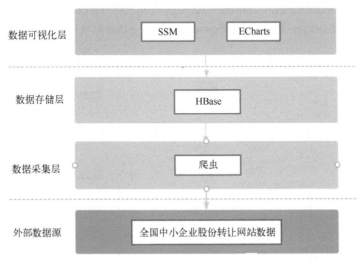

图 6-1　项目架构图

6.1.2　系统架构——HBase+SpringBoot+ECharts

HBase 是一种分布式、可扩展、支持海量数据存储的 NoSQL 数据库。HBase 的数据模型同关系型数据库很类似，数据存储在一张表中。HBase 逻辑模型包括行键、时间戳和列族。HBase 数据库是按列族进行存储的，键长度和值长度可区分当前存储数据键所在范围和值所在范围，行长度和行信息说明属于哪个行，列族长度和列族信息说明属于哪个列族，列信息说明是哪个列，时间戳说明是哪个版本，键类型说明键的类型，后面值信息就是值的内容。

系统后端采用 SpringBoot 框架，SpringBoot 的一大优点是能快速创建项目减少配置文件的配置并与其他框架完美的集成，SpringBoot 内嵌 Servlet、Tomcat、Jetty 等。SpringBoot 可直接运用 java-jar 指令将项目打包为 jar，同时进行自动依赖与版本控制，帮助开发者导入所用到的全部依赖，并自动控制版本，文中所有的配置都由 SpringBoot 完成，提高了开发效率。

本项目中，HBase 用于存储采集到的企业征信数据，HBase API 可以对数据进行存取和基本的统计计算。SpringBoot+ECharts 的架构可以实现数据可视化的展示，将 SpringBoot 作为项目后端框架，依次编写 Service 接口、实现类和控制器，同时使用 ECharts 绘制图表。

6.2 采集股份转让数据

本节主要讲解数据采集的思路和核心实现代码，首先使用 Python 爬虫技术爬取全国中小企业股份转让网站企业相关数据，将爬取到的数据存入 txt 文件，最后进行采集模块的测试。

6.2.1 使用爬虫抓取数据

项目需要获取的数据主要是中小企业股份数据，实现一个企业征信数据分析平台，征信数据又称信用信息，反映企业信用状况的称为企业信用信息，反映个人信用状况的称个人信用信息。

项目爬取的数据主要来自全国中小企业股份转让网站，网址为 http://www.neeq.com.cn/，http://www.neeq.com.cn/nqxxController/nqxx.do?callback=dsl&page=0&typejb=T&xxzqdm=&xxzrlx=&xxhyzl=&xxssdq=&sortfield=xxzqdm&sorttype=asc&dicXxzbqs=&xxfcbj=&_=1545434436501。网址分为二级网址，如图 6-2 所示。

图 6-2　爬取的信息页面

爬取前，需要先从页面中取出页数信息，然后拼接网址以及页数进行翻页操作。js 文件内容如图 6-3 所示。


```
dsl([{"content":
[{"fxssrq":"","xxbldw":1,"xxbnsy":0,"xxcfgbz":"","xxcqcx":"N","xxcyhbjq":"","xxdqr":"","xxdtjg":0.65,"xxdzdtjg":0,"xxdzztjg":99999.99,"xxfcbj":"0","xxfxsgb":50782984,"xxghfl":0,"xxgprq":"2006
用设备制造业","xxisin":"","xxjczq":"","xxjgdw":0.01,"xxjsfl":0.0005,"xxjsrq":"20211126","xxmbxl":1000000,"xxmgmz":1,"xxqtyw":"FF ","xxsbcs":0,"xxsldw":1,"xxsnsy":-0.4633,"xxssdq":"北京
市","xxtpbz":"F","xxwltp":"","xxxjxz":1,"xxyhsl":0.001,"xxywjc":"","xxzbqs":"国融证券股份有限公司","xxzgb":60424822,"xxzhbl":0,"xxzqdm":"430003","xxzqjb":"T","xxzqjc":"北京时
代","xxzqqxr":"","xxzrdw":1,"xxzrlx":"集合竞价","xxzrzt":"N","xxzsssl":0,"xxztjg":2.6,"xxzxsbsl":100},
{"fxssrq":"","xxbldw":1,"xxbnsy":0,"xxcfgbz":"","xxcqcx":"N","xxcyhbjq":"","xxdqr":"","xxdtjg":0.27,"xxdzdtjg":0,"xxdzztjg":99999.99,"xxfcbj":"0","xxfxsgb":93602906,"xxghfl":0,"xxgprq":"2006
用设备制造业","xxisin":"","xxjczq":"","xxjgdw":0.01,"xxjsfl":0.0005,"xxjsrq":"20211126","xxmbxl":1000000,"xxmgmz":1,"xxqtyw":"FF ","xxsbcs":0,"xxsldw":1,"xxsnsy":-0.0894,"xxssdq":"北京
市","xxtpbz":"F","xxwltp":"","xxxjxz":1,"xxyhsl":0.001,"xxywjc":"","xxzbqs":"广发证券股份有限公司","xxzgb":100067400,"xxzhbl":0,"xxzqdm":"430004","xxzqjb":"T","xxzqjc":"绿创设
备","xxzqqxr":"","xxzrdw":1,"xxzrlx":"集合竞价","xxzrzt":"N","xxzsssl":0,"xxztjg":1.08,"xxzxsbsl":100},
{"fxssrq":"","xxbldw":1,"xxbnsy":0,"xxcfgbz":"1","xxcqcx":"N","xxcyhbjq":"","xxdqr":"","xxdtjg":17.98,"xxdzdtjg":0,"xxdzztjg":99999.99,"xxfcbj":"1","xxfxsgb":161267337,"xxghfl":0,"xxgprq":"2
药制造业","xxisin":"","xxjczq":"","xxjgdw":0.01,"xxjsfl":0.0005,"xxjsrq":"20211126","xxmbxl":1000000,"xxmgmz":1,"xxqtyw":"FF ","xxsbcs":0,"xxsldw":1,"xxsnsy":1.3707,"xxssdq":"北京
市","xxtpbz":"F","xxwltp":"","xxxjxz":1,"xxyhsl":0.001,"xxywjc":"","xxzbqs":"广发证券股份有限公司","xxzgb":161784136,"xxzhbl":0,"xxzqdm":"430005","xxzqjb":"T","xxzqjc":"原子高
科","xxzqqxr":"","xxzrdw":1,"xxzrlx":"集合竞价","xxzrzt":"N","xxzsssl":0,"xxztjg":71.9,"xxzxsbsl":100},
{"fxssrq":"","xxbldw":1,"xxbnsy":0.289,"xxcfgbz":"1","xxcqcx":"N","xxcyhbjq":"","xxdqr":"","xxdtjg":1.46,"xxdzdtjg":0,"xxdzztjg":99999.99,"xxfcbj":"0","xxfxsgb":107902846,"xxghfl":0,"xxgprq"
算机、通信和其他电子设备制造业","xxisin":"","xxjczq":"","xxjgdw":0.01,"xxjsfl":0.0005,"xxjsrq":"20211126","xxmbxl":1000000,"xxmgmz":1,"xxqtyw":"FF
","xxsbcs":0,"xxsldw":1,"xxsnsy":0.0884,"xxssdq":"北京市","xxtpbz":"F","xxwltp":"","xxxjxz":1,"xxyhsl":0.001,"xxywjc":"","xxzbqs":"开源证券股份有限公
司","xxzgb":111575970,"xxzhbl":0,"xxzqdm":"430009","xxzqjb":"T","xxzqjc":"华环电子","xxzqqxr":"","xxzrdw":1,"xxzrlx":"集合竞价","xxzrzt":"N","xxzsssl":0,"xxztjg":5.84,"xxzxsbsl":100},
{"fxssrq":"","xxbldw":1,"xxbnsy":0,"xxcfgbz":"","xxcqcx":"N","xxcyhbjq":"","xxdqr":"","xxdtjg":0.45,"xxdzdtjg":0,"xxdzztjg":99999.99,"xxfcbj":"0","xxfxsgb":120000000,"xxghfl":0,"xxgprq":"200
用设备制造业","xxisin":"","xxjczq":"","xxjgdw":0.01,"xxjsfl":0.0005,"xxjsrq":"20211126","xxmbxl":1000000,"xxmgmz":1,"xxqtyw":"FF ","xxsbcs":0,"xxsldw":1,"xxsnsy":0.8023,"xxssdq":"北京
市","xxtpbz":"F","xxwltp":"","xxxjxz":1,"xxyhsl":0.001,"xxywjc":"","xxzbqs":"申万宏源证券承销保荐有限责任公司","xxzgb":120000000,"xxzhbl":0,"xxzqdm":"430010","xxzqjb":"T","xxzqjc":"ST现
代","xxzqqxr":"","xxzrdw":1,"xxzrlx":"集合竞价","xxzrzt":"N","xxzsssl":0,"xxztjg":1.8,"xxzxsbsl":100},
{"fxssrq":"","xxbldw":1,"xxbnsy":0.3007,"xxcfgbz":"1","xxcqcx":"N","xxcyhbjq":"","xxdqr":"","xxdtjg":2.43,"xxdzdtjg":0,"xxdzztjg":99999.99,"xxfcbj":"1","xxfxsgb":45325681,"xxghfl":0,"xxgprq"
用设备制造业","xxisin":"","xxjczq":"","xxjgdw":0.01,"xxjsfl":0.0005,"xxjsrq":"20211126","xxmbxl":1000000,"xxmgmz":1,"xxqtyw":"FF ","xxsbcs":0,"xxsldw":1,"xxsnsy":0.2954,"xxssdq":"北京
市","xxtpbz":"F","xxwltp":"","xxxjxz":1,"xxyhsl":0.001,"xxywjc":"","xxzbqs":"信达证券股份有限公司","xxzgb":94605064,"xxzhbl":0,"xxzqdm":"430014","xxzqjb":"T","xxzqjc":"恒业世
纪","xxzqqxr":"","xxzrdw":1,"xxzrlx":"集合竞价","xxzrzt":"N","xxzsssl":0,"xxztjg":9.7,"xxzxsbsl":100},
{"fxssrq":"","xxbldw":1,"xxbnsy":0,"xxcfgbz":"","xxcqcx":"N","xxcyhbjq":"","xxdqr":"","xxdtjg":0.35,"xxdzdtjg":0,"xxdzztjg":99999.99,"xxfcbj":"0","xxfxsgb":48258272,"xxghfl":0,"xxgprq":"2007
件和信息技术服务业","xxisin":"","xxjczq":"","xxjgdw":0.01,"xxjsfl":0.0005,"xxjsrq":"20211126","xxmbxl":1000000,"xxmgmz":1,"xxqtyw":"FF ","xxsbcs":0,"xxsldw":1,"xxsnsy":-0.0437,"xxssdq":"北
市","xxtpbz":"F","xxwltp":"","xxxjxz":1,"xxyhsl":0.001,"xxywjc":"","xxzbqs":"申万宏源证券承销保荐有限责任公司","xxzgb":49475286,"xxzhbl":0,"xxzqdm":"430015","xxzqjb":"T","xxzqjc":"ST智
城","xxzqqxr":"","xxzrdw":1,"xxzrlx":"集合竞价","xxzrzt":"N","xxzsssl":0,"xxztjg":1.38,"xxzxsbsl":100},
{"fxssrq":"","xxbldw":1,"xxbnsy":0,"xxcfgbz":"1","xxcqcx":"N","xxcyhbjq":"","xxdqr":"","xxdtjg":9.3,"xxdzdtjg":0,"xxdzztjg":99999.99,"xxfcbj":"1","xxfxsgb":49292874,"xxghfl":0,"xxgprq":"2007
药制造业","xxisin":"","xxjczq":"","xxjgdw":0.01,"xxjsfl":0.0005,"xxjsrq":"20211126","xxmbxl":1000000,"xxmgmz":1,"xxqtyw":"FF ","xxsbcs":0,"xxsldw":1,"xxsnsy":0.7572,"xxssdq":"北京
```


图 6-3　js 文件内容

其次，需要遍历 js 文件的 content 中的每个企业代号以及获取所有企业数据的页数，如图 6-4 和图 6-5 所示。


```
"xxtpbz":"F",
"xxwltp":"",
"xxxjxz":1,
"xxyhsl":0.001,
"xxywjc":"",
"xxzbqs":"国融证券股份有限公司",
"xxzgb":60424822,
"xxzhbl":0,
"xxzqdm":"430003",
"xxzqjb":"T",
"xxzqjc":"北京时代",
"xxzqqxr":"",
"xxzrdw":1,
"xxzrlx":"集合竞价",
"xxzrzt":"N",
"xxzsssl":0,
"xxztjg":2.6,
"xxzxsbsl":100
},
```


图 6-4　企业代号


```
⊟[
  ⊟{
    "content":⊞Array[20],
    "firstPage":true,
    "lastPage":false,
    "number":0,
    "numberOfElements":20,
    "size":20,
    "sort":null,
    "totalElements":7026,
    "totalPages":352
  }
]
```


图 6-5　企业数据页数

映射需要的字段信息，以公司基本属性为例，核心代码如下：

```
# 公司基本属性
class ProfileItem(scrapy.Item):
    company_code = scrapy.Field()
    company_full_name = scrapy.Field()
    english_name = scrapy.Field()
    company_short_name = scrapy.Field()
```

```
registered_address = scrapy.Field()
legal_representative = scrapy.Field()
company_chairman_secretary = scrapy.Field()
industry_classification = scrapy.Field()
listed_date = scrapy.Field()
total_equity = scrapy.Field()
postal_code = scrapy.Field()
company_phone = scrapy.Field()
company_fax = scrapy.Field()
company_website = scrapy.Field()
host_brokerage = scrapy.Field()
transfer_way = scrapy.Field()
```

获取网址中的企业编号信息以及总页数用于拼接 url，核心代码如下：

```
# 从入口 URL 中获取数据并解析
# @param response  传入需要解析的数据
def parse(self, response):
    page = self.jsonp_loads(response.body)
    for v in page['content']:
        url = 'http://www.neeq.com.cn/nqhqController/detailCompany.do?callback=dsl&zqdm='+
v['xxzqdm'] +'&_=1545392116582'
        yield scrapy.Request(url, callback=self.parseDetail)
        number = page['number'] + 1
        if number < page['totalPages']:
        url = 'http://www.neeq.com.cn/nqxxController/nqxx.do?callback=dsl&page='+str(number) +
'&typejb=T&xxzqdm=&xxzrlx=&xxhyzl=&xxssdq=&sortfield=xxzqdm&sorttype=asc&dicXxzbqs=&xxfcbj=&_=
1545434436501'
        yield scrapy.Request(url)
```

解析字段信息，核心代码如下：

```
def parseDetail(self, response):
        detail = self.jsonp_loads(response.body)
        # print(detail)
profileItem = items.ProfileItem()
profileItem['company_code'] = detail['baseinfo']['code'] if self.is_key(detail['baseinfo'], 'code') else ''
profileItem['company_full_name'] = detail['baseinfo']['name'] if self.is_key(detail['baseinfo'], 'name') else ''
profileItem['english_name'] = detail['baseinfo']['englishName'].replace("|", "") if self.is_key(detail['baseinfo'],
'englishName') else ''
profileItem['company_short_name'] = detail['baseinfo']['shortname'] if self.is_key(detail['baseinfo'], 'shortname')
else ''
profileItem['registered_address'] = detail['baseinfo']['address'] if self.is_key(detail['baseinfo'], 'address') else ''
profileItem['legal_representative'] = detail['baseinfo']['legalRepresentative'] if self.is_key(detail['baseinfo'],
'legalRepresentative') else ''
profileItem['company_chairman_secretary'] = detail['baseinfo']['secretaries'] if self.is_key(detail['baseinfo'],
'secretaries') else ''
profileItem['industry_classification'] = detail['baseinfo']['industry'] if self.is_key(detail['baseinfo'], 'industry')
else ''
profileItem['listed_date'] = detail['baseinfo']['listingDate'] if self.is_key(detail['baseinfo'], 'listingDate') else ''
profileItem['total_equity'] = detail['baseinfo']['totalStockEquity'] if self.is_key(detail['baseinfo'], 'totalStockEquity')
else ''
```

profileItem['postal_code'] = detail['baseinfo']['postcode'] if self.is_key(detail['baseinfo'], 'postcode') else ''
profileItem['company_phone'] = detail['baseinfo']['phone'] if self.is_key(detail['baseinfo'], 'phone') else ''
profileItem['company_fax'] = detail['baseinfo']['fax'] if self.is_key(detail['baseinfo'], 'fax') else ''
profileItem['company_website'] = detail['baseinfo']['website'] if self.is_key(detail['baseinfo'], 'website') else ''
profileItem['host_brokerage'] = detail['baseinfo']['broker'] if self.is_key(detail['baseinfo'], 'broker') else ''
profileItem['transfer_way'] = detail['baseinfo']['transferMode'] if self.is_key(detail['baseinfo'], 'transferMode') else ''
　　　　　　　yield profileItem

爬取到数据后，将数据存储在 txt 文件中，核心代码如下：

```
def save(self, item):
    table = item.get_table()  # 获取表名
    field = item.get_field_export() # 获取字段名，为了解决顺序问题
    fileName = self.path + '/'+ table +'.txt' # 设置文件存储路径
    with open(fileName, 'a') as f:
        res = []
        # 循环 item 中的数据并存储到文件中
        for k in field:
            res.append(item[k])
            #f.write(item[k].encode('utf-8') + '|||')
        f.write("|||".join(res))
        f.write('\n')
```

6.2.2　数据采集模块测试

　　数据采集模块测试包括公司高管人员信息、公司基本信息、十大股东信息和公司财务指标爬取四部分。代码实现完成后，对程序进行相应的调试。爬取企业信息结果如图 6-6～图 6-9 所示。

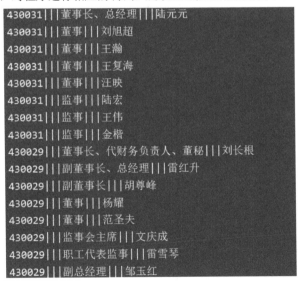

图 6-6　公司高管人员信息爬取结果

```
430208|||北京优炫软件股份有限公司|||null|||优炫软件|||北京市海淀区学院南路62号中关村资本大厦11层
430200|||武汉时代地智科技股份有限公司|||null|||时代地智|||湖北省武汉市东湖新技术开发区光谷大道77
430199|||北京了望投资顾问股份有限公司|||null|||了望股份|||北京市北京经济技术开发区景园北街2号50幢
430203|||兴和鹏能源技术（北京）股份有限公司|||null|||兴和鹏|||北京市海淀区西直门北大街街道32号2号
430197|||津伦（天津）精密机械股份有限公司|||null|||津伦股份|||天津新技术产业园区华苑产业区鑫茂科
430195|||北京欧泰克能源环保工程技术股份有限公司|||null|||欧泰克|||北京市海淀区中关村南大街六号中
430190|||北京新瑞理想软件股份有限公司|||null|||新瑞理想|||北京市海淀区西直门北大街甲43号15层1-27
430193|||微传播（北京）网络科技股份有限公司|||null|||微传播|||北京市海淀区上地十街1号院3号楼8层8
430163|||北京合创三众能源科技股份有限公司|||null|||三众能源|||北京市大兴区中关村科技园区大兴生物
430191|||北京波尔通信技术股份有限公司|||null|||波尔通信|||北京市海淀区东北旺西路8号9号楼3区204#
430188|||北京奥贝克电子股份有限公司|||null|||奥贝克|||北京北京市海淀区北三环中路31号泰思特大厦A6
430161|||武汉光谷信息技术股份有限公司|||null|||光谷信息|||湖北省武汉市东湖新技术开发区高新大道88
430244|||武汉颂大教育科技股份有限公司|||null|||颂大教育|||湖北省武汉市东湖新技术开发区武大园四路5
430246|||北京时代星盟科技股份有限公司|||null|||时代星盟|||北京市海淀区苏州街20号1号楼801|||黄玉
430247|||北京金日创科技股份有限公司|||null|||金日创|||北京市门头沟区石龙经济开发区永安路20号3幢B
430239|||北京信诺达泰思特科技股份有限公司|||null|||ST信诺达|||北京市东城区永恒胡同34号柴棒胡同59
430249|||北京慧峰仁和科技股份有限公司|||null|||慧峰仁和|||北京市经济技术开发区西环南路18号C座528
```

图 6-7　公司基本信息爬取结果

```
430031|||2021-06-30|||陆元元|||9090920|||0.4546
430031|||2021-06-30|||刘旭超|||3636360|||0.1818
430031|||2021-06-30|||孙义江|||3636360|||0.1818
430031|||2021-06-30|||尹权|||3636360|||0.1818
430029|||2020-06-30|||雷红升|||4574395|||0.1260
430029|||2020-06-30|||刘长根|||3417103|||0.0941
430029|||2020-06-30|||冯志平|||3234000|||0.0891
430029|||2020-06-30|||上海证券有限责任公司|||3231599|||0.0890
430029|||2020-06-30|||深圳市百协投资发展有限公司|||3063692|||0.0844
430029|||2020-06-30|||北京成大华亿信息咨询有限公司|||2784000|||0.0767
430029|||2020-06-30|||苏州海崟信息科技集团有限公司|||2400000|||0.0661
430029|||2020-06-30|||文庆成|||1773815|||0.0489
430029|||2020-06-30|||崔羽|||901845|||0.0248
430029|||2020-06-30|||梁运祥|||792653|||0.0218
430032|||2021-06-30|||贾立东|||17802000|||0.3847
430032|||2021-06-30|||张怀清|||5050000|||0.1091
430032|||2021-06-30|||石晓燕|||5050000|||0.1091
```

图 6-8　十大股东信息爬取结果

```
430031|||11009822.72|||2079085.34|||2001332.10|||2100658.70|||44201107.53|||11707240.51|||3249
430029|||8605919.09|||-1206224.42|||-4358330.86|||-40610741.60|||20246810.88|||15900179.90|||4
430032|||1628370.65|||-10284663.26|||-10284663.26|||-86021137.35|||87284852.89|||76255602.37|||
430028|||165701239.44|||770894.42|||692536.02|||-33582497.72|||307665781.85|||216973339.67|||8
430034|||1533320890.59|||83465734.57|||65720835.71|||245287377.05|||1480615230.60|||575054168.
430033|||20697581.34|||-4343392.51|||307979.84|||-60596204.64|||13189186.52|||8762014.86|||442
430027|||6071640.61|||-5108211.31|||-5108211.25|||-34683272.06|||107576915.09|||14919267.14|||
430022|||22792956.04|||1967673.56|||1973252.07|||2087012.82|||72958943.06|||4185681.32|||68839
430021|||160700863.99|||-47817699.12|||-53021565.99|||-412635385.22|||809720394.05|||413429907
430025|||61138132.04|||2208275.78|||1922047.10|||43002649.49|||157639525.97|||20861062.82|||11
430019|||52616720.02|||-591431.17|||193609.74|||124587114.58|||212804225.70|||45356187.65|||16
430015|||4246988.32|||-654458.33|||-656419.04|||-56112266.54|||28464561.15|||26312134.20|||315
430020|||1884401.51|||-5918338.48|||-5952772.36|||-77643143.71|||94928753.84|||33207978.61|||5
430014|||103000484.27|||9045751.76|||8463384.31|||66155247.31|||383308543.30|||147972573.54|||
430017|||34892616.04|||1492067.81|||29017998.06|||454823546.78|||1315285815.23|||326949300.20
430010|||62782864.15|||-23652800.47|||-9193761.18|||-704118550.91|||465040962.35|||592913606.0
430009|||103556009.86|||4823731.23|||4826704.12|||57706483.86|||274065146.10|||68209046.26|||3
430003|||89502155.39|||-11678096.97|||-11727113.60|||81246172.19|||584948723.72|||306977995.81
430004|||7664893.28|||-821470.41|||null|||-85671844.25|||79840931.06|||48300855.68|||31540075.
430005|||609905392.92|||160948956.17|||137935625.77|||1052441700.64|||3155936541.33|||9365226
```

图 6-9　公司财务指标爬取结果

由上面四张图可见，公司高管人员信息、公司基本信息、十大股东信息和公司财务指标均已成功爬取。

6.3　数据存储和处理模块实现

本节主要讲述数据库设计、数据存储和处理详细设计部分。首先，对数据库表进行设计；通过网络爬虫得到原始数据后，读取原始的 txt 数据文件，将数据存至 HBase 数据库。

6.3.1　数据库设计

系统共建立三张表，分别是高管人员表 crawler_company_executives、公司股东表 crawler_company_shareholders 和公司概况及财务指标表 crawler_company_profile_indicators。

高管人员表有 1 个列簇、3 个列族。高管人员表字段如表 6-1 所示。

表 6-1　高管人员表

序号	列簇名称	列族名称	含义
1	executives	company_code	公司代号
2	executives	company_posion	高管职务
3	executives	posion_name	高管名字

公司股东表有 1 个列簇、5 个列族。公司股东表字段如表 6-2 所示。

表 6-2　公司股东表

序号	列簇名称	列族名称	含义
1	shareholders	company_code	公司代号
2	shareholders	end_date	截止日期
3	shareholders	shareholders_name	股东名字
4	shareholders	share_number	股票代号
5	shareholders	share_proportion	股份

公司概况及财务指标表有两个列簇：profile（财务指标）和 indicators（公司概况），列簇 profile 下有 16 个列族，列簇 indicators 下有 11 个列族。公司概况及财务指标表字段如表 6-3 所示。

表 6-3　公司概况及财务指标表

序号	列簇名称	列族名称	含义
1	profile	company_code	公司代号
2	profile	company_full_name	公司全称
3	profile	english_name	公司英文名
4	profile	company_short_name	公司简称
5	profile	registered_address	注册地址
6	profile	legal_representative	法人
7	profile	company_chairman_secretary	公司董事长秘书

（续）

序号	列簇名称	列族名称	含义
8	profile	industry_classification	行业类型
9	profile	listed_date	挂牌时间
10	profile	total_equity	总股本
11	profile	postal_code	邮编
12	profile	company_phone	公司电话
13	profile	company_fax	公司传真
14	profile	company_website	公司网站
15	profile	host_brokerage	手续费
16	profile	transfer_way	转让方式
17	indicators	company_code	公司代号
18	indicators	operating_income	营业收益
19	indicators	operating_profit	营业利润
20	indicators	net_profit	净利润
21	indicators	undistributed_profit	未分配利润
22	indicators	total_assets	总资产
23	indicators	total_liabilities	负债总额
24	indicators	net_worth	资本净值
25	indicators	earnings_per_share	单股股利
26	indicators	net_assets_per_share	每股净资产
27	indicators	return_on_equity	高管名字

6.3.2 使用 HBase 存储并处理数据

根据数据爬取模块爬取的数据，在集群中用 HBase 数据库存储，然后用 HBase 的 Java API 对表进行存取和查找操作。

首先，创建 HBase 数据库连接，核心代码如下：

```
public class HBaseUtils {
    public static Connection getConn() throws IOException {
        //创建数据库连接
        Configuration conf = HBaseConfiguration.create();
        conf.set("hbase.zookeeper.quorum","192.168.91.133:2181,192.168.91.134:2181,192.168.91.135:2181");
        Connection conn = ConnectionFactory.createConnection(conf);
        return conn;
    }
    public void close(Connection conn) throws IOException {
        if(!conn.isClosed())
            conn.close();
    }
}
```

其次，创建 HBase 数据库数据表，核心代码如下：

```java
public class HBaseCreateTable {
//创建连接
    private Connection conn;
    public HBaseCreateTable(Connection conn) {
        this.conn = conn;
    }
public void close() throws IOException {
        if(conn!=null){
            conn.close();
        }
    }
public void creatTable() throws IOException {
        Admin admin = conn.getAdmin();
        //创建 crawler_company_executives
        admin.createTable(new  HTableDescriptor(TableName.valueOf ("crawler_company_executives")).
addFamily(
                new HColumnDescriptor("executives")
        ));
        System.out.println("create crawler_company_executives table success");
//        //创建 crawler_company_shareholders
//        admin.createTable(new  HTableDescriptor(TableName.valueOf("crawler_company_shareholders")).
addFamily(
//                new HColumnDescriptor("shareholders")
//        ));
//        System.out.println("create crawler_company_shareholders table success");
//
//        //创建 crawler_company_profile_indicators
//         HTableDescriptor des = new HTableDescriptor(TableName.valueOf("crawler_company_profile_
indicators"));
//        des.addFamily(new HColumnDescriptor("profile"));
//        des.addFamily(new HColumnDescriptor("indicators"));
//        admin.createTable(des);
//        System.out.println("create crawler_company_profile_indicators table success");
    }
```

向表中添加簇列及数据，核心代码如下：

```java
public class HBasePutData {
    //表数据段参数
    private String crawler_company_profile[] = new String[]{
            "company_code","company_full_name","english_name",
            "company_short_name","registered_address","legal_representative",
            "company_chairman_secretary","industry_classification","listed_date",
            "total_equity","postal_code","company_phone","company_fax",
            "company_website","host_brokerage","transfer_way"
    };
    private String crawler_company_executives[] = new String[]{
            "company_code","company_posion","posion_name"
    };
    private String crawler_company_shareholders[] = new String[]{
            "company_code","end_date","shareholders_name",
```

```
                    "share_number","share_proportion"
             };
             private String crawler_financial_indicators[] = new String[]{
                    "company_code","operating_income","operating_profit",
                    "net_profit","undistributed_profit","total_assets",
                    "total_liabilities","net_worth","earnings_per_share",
                    "net_assets_per_share","return_on_equity"
             };
             private Connection conn;
             public HBasePutData(Connection conn) {
                 this.conn = conn;
             }
             public void close() throws IOException {
                 if(!conn.isClosed())
                     conn.close();
             }
             /**
              *存数据
              * @paramtableName 表名
              * @param fileName  文件路径
              * @throws IOException
              */
             public void putData(String tableName,String fileName) throws IOException {
                 Table table = conn.getTable(TableName.valueOf(tableName));
                 BufferedReader reader = null;
                 try {
                     reader = new BufferedReader(new InputStreamReader(
                             new FileInputStream(fileName),"GBK"));
                     String tempString = null;
                     int line = 1;
                     String str = fileName.split("\\.")[1].split("/")[2];
                     System.out.println(str);
                     // 一次读入一行，直到读入 null 为文件结束
                     while ((tempString = reader.readLine()) != null) {
                         String S[] = tempString.split("\\\\\\|");
                         //处理数据集数据格式小错误
                         if (str.equals("crawler_company_shareholders")) {
                             if (S[S.length - 1].split("\\.")[0].equals("")) {
                                 S[S.length - 1] = "0" + S[S.length - 1];
                                 System.out.println(S[S.length - 1]);
                             }
                         } else if (str.equals("crawler_financial_indicators")) {
                             for (int i = 6; i < S.length; i++) {
                                 System.out.println("yuan:" + S[i]);
                                 if (S[i].split("\\.")[0].equals("")) {
                                     S[i] = "0" + S[i];
                                     System.out.println(S[i]);
                                 } else if (S[i].split("\\.")[0].equals("-")) {
                                     S[i] = "-0." + S[i].split("\\.")[1];
                                     System.out.println("---:" + S[i]);
                                 }
                             }
```

```
                    }
                }
            }
            Put put;
            if (tableName.equals("crawler_company_executives")) {
                put = new Put(Bytes.toBytes(Integer.toString(line)));
                for (int i = 0; i < S.length; i++) {
                    put.addColumn(Bytes.toBytes("executives"),
                            Bytes.toBytes(crawler_company_executives[i]),
                            Bytes.toBytes(S[i]));
                    table.put(put);
                }
            } else if (tableName.equals("crawler_company_shareholders")) {
                put = new Put(Bytes.toBytes(Integer.toString(line)));
                for (int i = 0; i < S.length; i++) {
                    put.addColumn(Bytes.toBytes("shareholders"),
                            Bytes.toBytes(crawler_company_shareholders[i]),
                            Bytes.toBytes(S[i]));
                    table.put(put);
                }
            } else if (tableName.equals("crawler_company_profile_indicators")) {
                put = new Put(Bytes.toBytes(S[0]));
                if (fileName.contains("profile")){
                    for (int i = 1; i < S.length; i++) {
                        put.addColumn(Bytes.toBytes("profile"),//簇 profile
                                Bytes.toBytes(crawler_company_profile[i]),
                                Bytes.toBytes(S[i]));
                    }
                }
                else {
                    for (int i = 1; i < S.length; i++) {
                        put.addColumn(Bytes.toBytes("indicators"),//簇 indicators
                                Bytes.toBytes(crawler_financial_indicators[i]),
                                Bytes.toBytes(S[i]));
                    }
                }
                table.put(put);
            }
            line++;
        }
        reader.close();
    } catch (IOException e) {
        e.printStackTrace();
    } finally {
        if (reader != null) {
            try {
                reader.close();
            } catch (IOException e1) {
            }
        }
    }
```

```
            }
        }
    }
```

从表中按行列值查询数据，核心代码如下：

```java
public class HBaseGetData {
    private  Connection conn;
    public HBaseGetData(Connection conn) {
        this.conn = conn;
    }
    public void close() throws IOException {
        if(!conn.isClosed())
            conn.close();
    }
    /**
     * 按行键查询数据
     * @paramtableName 表名
     * @param row  行关键值
     * @throws IOException
     */
    public Result get_row_data(String tableName,String row) throws IOException {
        System.out.println(tableName+":按行查询信息:"+row);
        Table table = conn.getTable(TableName.valueOf(tableName));
        Get get = new Get(row.getBytes());
        Result r = table.get(get);
        for (Cell cell : r.rawCells()){
            //取得当前单元格所属的列族名称
            String family =new String(CellUtil.cloneFamily(cell));
            //取得当前单元格所属的列名称
            String qualifier =new String(CellUtil.cloneQualifier(cell));
            //取得当前单元格所属的列值
            String value =new String(CellUtil.cloneValue(cell));
//          System.out.println("列：  "+family+":"+qualifier+"————值:"+value);
        }
        return r;
    }
    /**
     * 按值查询数据
     * @paramtableName 表名
     * @param key  关键值
     * @throws IOException
     */
    public List<Result> get_key_data(String tableName,String key) throws IOException {
        System.out.println(tableName+":按值查询数据:"+key);
        Table table = conn.getTable(TableName.valueOf(tableName));
        Scan scan = new Scan();
        Filter filter = new ValueFilter(CompareFilter.CompareOp.EQUAL, new SubstringComparator(key));
        scan.setFilter(filter);
        ResultScanner scanner = table.getScanner(scan);
        Iterator<Result> results = scanner.iterator();
```

```
            List<Result> list = new ArrayList<>();
            while (results.hasNext()) {
                // Result result = results.next();
                String temp = new String(results.next().getRow());
                System.out.println(tableName+"------"+temp);
                list.add(get_row_data(tableName,temp));
            }
            return list;
        }
        /**
         * 按列查询数据
         * @paramtableName 表名
         * @param col  列值名
         * @throws IOException
         */
        public List<Result> get_col_data(String tableName,String col) throws IOException {
            System.out.println(tableName+":按列查询数据:"+col);
            Table table = conn.getTable(TableName.valueOf(tableName));
            Scan scan = new Scan();
            QualifierFilter filter = new QualifierFilter(CompareFilter.CompareOp.EQUAL, new BinaryComparator
(Bytes.toBytes(col)));
            scan.setFilter(filter);
            ResultScanner scanner = table.getScanner(scan);
            Iterator<Result> results = scanner.iterator();
            List<Result> list = new ArrayList<>();
            while (results.hasNext()) {
                list.add(results.next());
            }
            return list;
        }
    }
```

6.3.3　数据存储和处理模块测试

数据存储和处理模块测试主要包括测试数据能否正常存储至 HBase，测试是否可以从 HBase 中正常读取数据。

运行建表程序（即 hbaseCreateTable 方法）创建数据表，运行结果如图 6-10 所示。

```
hbase(main):002:0> list
TABLE
crawler_company_executives
crawler_company_profile_indicators
crawler_company_shareholders
t1
4 row(s) in 0.0230 seconds
```

图 6-10　建表结果

从图 6-10 可以看出，三张表均已成功创建。

运行存数据程序（即 hbasePutData 方法），将爬取的数据写入 HBase 数据库，以高管人员表为例，运行结果如图 6-11 所示。

```
hbase(main):003:0> get 'crawler_company_executives','430031'
COLUMN                                          CELL
0 row(s) in 0.0950 seconds

hbase(main):004:0> get 'crawler_company_executives','1'
COLUMN                                          CELL
 executives:company_code                        timestamp=1638005373566, value=430031
 executives:company_posion                      timestamp=1638005373566, value=\xE8\x91
 executives:posion_name                         timestamp=1638005373566, value=\xE9\x99
```

图 6-11　存数据程序运行结果

从图 6-11 可以看出，数据已成功存入 HBase 数据库高管人员表中。

6.4　数据可视化模块实现

本节阐述前后端结合的具体实现，以实现企业征信大数据平台。项目使用 SpringBoot 作为后端框架，使用 ECharts 绘制企业不同信息的图表。HTML 前端展示分为两个页面：一个页面为企业征信分析平台，展示企业的具体信息；另一个页面为企业数据分析可视化大屏，展示企业数据分析的结果。

6.4.1　数据可视化模块后端设计——基于 SpringBoot

项目后端使用 SpringBoot 框架，后端设计分为两部分：企业分析平台设计和企业数据分析可视化大屏设计。

1．企业分析平台设计

企业分析平台设计主要展示企业的具体信息，包括企业的高管人员、十大股东、公司基本信息和财务指标。当前端输入搜索信息后，将输入内容直接传入后端 Controller 层，Controller 层代码调用 Service 层的对应方法。以十大股东为例，核心代码如下：

```
-----------------------------------------------------------------
Controller 层核心代码：
List<Shareholder> shareholders  = shareholderService.list(pName)
-----------------------------------------------------------------
Service 层核心代码：
// Service 层的具体实现在 ShareholderServiceImpl 对应的实现中
public List<Shareholder> list(String key) {
        List<Shareholder> list = new ArrayList<>();
        try {
            //查询
            HBaseGetDatahgd = new HBaseGetData(HBaseUtils.getConn());
            List<Result> results = hgd.get_key_data("crawler_company_shareholders", key);
```

```
for(int i=0;i<results.size();i++){
        Shareholder shareholder = new Shareholder();
        for (Cell cell : results.get(i).rawCells()){
            //取得当前单元格所属的列族名称
            String family =new String(CellUtil.cloneFamily(cell));
            //取得当前单元格所属的列名称
            String qualifier =new String(CellUtil.cloneQualifier(cell));
            //取得当前单元格所属的列值
            String value =new String(CellUtil.cloneValue(cell));
            if (qualifier.equals("company_code")){
                shareholder.setCompany_code(value);
            }else if (qualifier.equals("end_date")){
                shareholder.setEnd_date(value);
            }else if(qualifier.equals("shareholders_name")){
                shareholder.setShareholders_name(value);
            }else if(qualifier.equals("share_number")){
                shareholder.setShare_number(value);
            }else if(qualifier.equals("share_proportion")){
                shareholder.setShare_proportion(String.valueOf(Double.valueOf(value)
.doubleValue()*100));
            }
//              System.out.println("列："+family+":"+qualifier+"————值:"+value);
        }
        list.add(shareholder);
    }
    hgd.close();
} catch (IOException e) {
    e.printStackTrace();
}
return list;
}
```

2. 企业数据分析可视化大屏

企业数据分析可视化大屏使用 ECharts 绘制图表，展示企业的数据分析结果。在企业征信分析平台单击数据分析后，将公司代码直接传入后端 Controller 层，并进行数据处理，Controller 层代码调用 Service 层的对应方法。以股东持股比例分布为例，核心代码如下：

```
-----------------------------------------------------------------------------
Controller 层核心代码:
List<Shareholder> shareholders    = shareholderService.list(pName);
-----------------------------------------------------------------------------
Service 层核心代码:
//得到数据后，进行数据分析及数据格式处理
List list = new ArrayList();
for (int i=0;i<shareholders.size();i++){
    Map<String, Object> name = new LinkedHashMap<>();
    name.put("name",shareholders.get(i).getShareholders_name());
    name.put("value",shareholders.get(i).getShare_proportion());
```

```
        list.add(name);
    }
```

6.4.2 数据可视化模块前端设计——基于 ECharts

项目前端采用 ECharts 实现，前端设计分为两个页面：企业分析平台页面和企业数据分析可视化大屏页面。

对企业分析平台前端页面进行设计，核心代码如下：

```html
<div class="alltitle">十大股东</div>
<div class="navboxall" id="t2">
<table class="table1" width="100%" border="0" cellspacing="0" cellpadding="0">
<tbody>
<tr>
<th scope="col">公司代码</th>
<th scope="col">截止日期</th>
<th scope="col">股东名称</th>
<th scope="col">持股比例(%)</th>
</tr>
<tr th:each="shareholder :${shareholders}">
<td th:text="${shareholder.company_code}"></td>
<td th:text="${shareholder.end_date}"><br></td>
<td th:text="${shareholder.shareholders_name}"><br></td>
<td th:text="${shareholder.share_proportion}"><br></td>
</tr>
</tbody>
</div>
var option = {
    tooltip: {
        formatter: function(param, ticket, callback) {
        return param.name + '<br/>' + param.data+"万元";
        }
    },
     grid: {
        top: '10%', //距上边距
        left: '15%', //距左边距
        right: '10%', //距右边距
        bottom: '18%', //距下边距
    },
    xAxis: {
        axisTick: {
            show: false
        },
        splitLine: {
            show: false
        },
        splitArea: {
            show: false
        },
```

```
            data: xdata,
            axisLabel: {
                interval: 0,
                fontSize: 14,
                fontWeight: 100,
                textStyle: {
                    color: '#9faeb5',
                }
            },
            axisLine: {
                lineStyle: {
                    color: '#4d4d4d'
                }
            }
        },
        yAxis: {
            axisTick: {
                show: false
            },
            splitLine: {
                show: true,
                lineStyle: {
                    color: '#4d4d4d',
                    type: 'dotted'
            }}
            splitArea: {
                show: false
            },
            axisLabel: {
                textStyle: {
                    color: '#9faeb5',
                    fontSize: 14,
                }
            },
            axisLine: {
                show:false,
                lineStyle: {
                    color: '#4d4d4d'
                }
            }
        },
        series: {
            type:"bar",
            barWidth: 30,
            itemStyle: {
                normal: {
                    color: {
                        type: 'linear',
```

```
                    x: 0,
                    y: 0,
                    x2: 0,
                    y2: 1,
                    colorStops: [{
                        offset: 0,
                        color: '#22D5AD' // 0% 处颜色
                    }, {
                        offset: 1,
                        color: '#12322b' // 100% 处颜色
                    }],
                    globalCoord: false // 默认为 false
                },
                opacity: 0.9
            }
        },
        // barWidth: 7,
        data: ydata
    }
    };
    return option;
}
```

对企业数据分析可视化大屏前端页面进行设计，核心代码如下：

```html
<div class="boxall" style="height:500px">
<div class="alltitle">股东持股比例分布</div>
<div class="navboxall" id="t_shareholders" th:value="${shareholders}"></div>
</div>
<script th:inline="javascript">
        var shareholders = [[${shareholders}]];
        var chart = echarts.init(
            document.getElementById('t_shareholders'), 'white', {renderer: 'canvas'});
        var option = {
            tooltip: {
                trigger: 'item'
            },
            legend: {
                top: '5%',
                left: 'center',
                backgroundColor:'#4f50c2',
            },
            series: [
                {
                    name: 'Access From',
                    type: 'pie',
                    radius: ['40%', '70%'],
                    avoidLabelOverlap: false,
                    itemStyle: {
```

```
                        borderRadius: 10,
                        borderColor: '#fff',
                        borderWidth: 2
                    },
                    label: {
                        show: false,
                        position: 'center'
                    },
                    emphasis: {
                        label: {
                            show: true,
                            fontSize: '40',
                            fontWeight: 'bold'
                        }
                    },
                    labelLine: {
                        show: false
                    },
                    data:shareholders
                }
            ]
        };
        chart.setOption(option);
</script>
```

6.4.3　数据可视化页面展示

运行程序，成功跳转至企业征信分析平台页面。企业征信分析平台如图 6-12 所示。从图中可以看出所有公司的信息、公司排名和公司股东信息等，可以搜索相应的信息。

图 6-12　企业征信分析平台

　　企业数据分析可视化大屏如图 6-13 所示。从图中可以看到公司代码、公司全称以及股东持股比例等信息的图表，这些信息有助于归整和披露中小企业的信用信息，帮助企业进行决策。

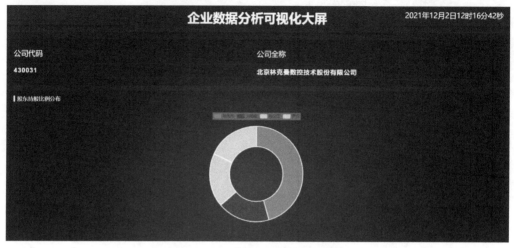

图 6-13　企业数据分析可视化大屏

本章小结

　　本章主要介绍了企业征信大数据离线分析系统搭建的过程，主要包括数据采集、数据存储和处理、数据可视化，用到了 HBase、SpringBoot、ECharts 等技术，从公司股东、财务指标等多方面对企业数据进行了展示。本章的重点是在熟悉系统架构和业务流程的前提下，读者自己动手开发大数据系统。

第 7 章
基于 Hive+Hadoop+Spark 的大数据离线分析系统

本章内容

本章讲解的大数据多维度离线分析系统案例，可从不同维度对旅游景点的数据进行离线分析处理，并以图表的形式进行展示。首先讲解离线分析系统的需求分析和架构，然后讲解数据采集、存储、分析处理和可视化模块的具体实现。

本章要点

● 了解离线分析系统架构以及开发流程。

● 使用爬虫技术对携程旅游网站数据进行爬取。

● 掌握向 HDFS 文件系统上传数据的方法以及 Hive 数据库的基本操作。

● 结合 Spark SQL 技术处理旅游数据，并将处理结果存入 MySQL 数据库。

● 学会将前后端结合，使用 SSM 搭建后端框架，使用开源可视化图表库 ECharts 绘制图表。

7.1 系统架构概述

本节主要从需求分析和技术架构进行分析，旨在帮助读者理解旅游多维度离线分析系统的开发流程。

7.1.1 需求分析

本项目通过对旅游大数据进行多维度的分析，结合众源旅游数据采集、信息可视化等技术，以旅游 App 如携程、飞猪等平台的数据为依据，在广泛搜集现有网络旅游平台中用户自发上传的点评、路线等旅游信息数据的基础上，实现一个直观的旅游信息可视化平台，包括国内热门旅游省份和城市的热力图展示、各个城市的旅游景点的门票分析、不同季节热门旅游景点的人流统计、游客旅游景点及旅游关注点的情感分析图等，改变了传统旅游信息单一的展示方式，提升了用户体验，能够满足用户的实际应用需求。通过对源数据和实际需求的分析，将具体的功能需求划分如下。

（1）功能点：城市热门景点搜索

功能描述：用户进入网站首页，在搜索框中输入自己关注的城市名称，系统会从数据库中搜索目标城市，并向用户展示检索城市的热门景点，从而对用户提供一个该目标城市的旅游景点简单推荐。

（2）功能点：旅游热门城市分析

功能描述：获取城市名称、城市 id、景点 id、景点名称、景点的评分、景点的评论数量、景点的排名、城市景点平均门票和每季节最热景点等信息；以评论数为考量依据，进行景点热度的统计分析；根据分析结果对热门景点分布以及各个省份热门景点数进行统计分析。

（3）功能点：旅游门票分析

旅游景点分模块对各个城市中各个景点平均门票数据进行了分析。通过对门票数据数理分析和处理，做出旅游景点平均门票分布统计饼图，制作出各个景点及门票在全国的分布热力图，同时做出旅游景点平均门票离散回归分析图，展示平均门票价格的集中分布情况。

（4）功能点：旅游热门城市分析

系统需要实现不同季节的景点推荐。从携程、飞猪旅游等相关旅游平台上爬取各个景点的"去过人数"和"想去人数"。综合"去过人数""想去人数"统计情况分别制作出春、夏、秋、冬四季景点推荐的统计柱状图和推荐占比玫瑰图。

（5）功能点：旅游热门城市分析

舆情分析模块，以各个景点的评论数据为数据源，对海量的评论数据进行中文分词处理和分析，做出评论词云图，总体展示大众的舆论导向。还需要对评论数据进行情感分析，计算出情感值，并据此做出旅游类型情感分析图以及旅游考虑因素情感分析图。

本项目的总体架构如图 7-1 所示。总体架构每一层的主要建设内容和职责如下。

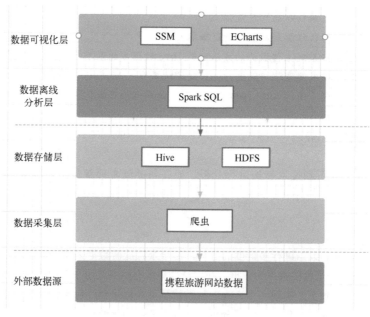

图 7-1　项目架构图

- 第一层为外部数据源，数据来源于携程旅游网站。
- 第二层为数据采集层，采用网络爬虫技术从网站中爬取旅游景点的相关信息。
- 第三层为数据存储层，将采集到的数据上传至 HDFS，再转存至 Hive 数据库。

- 第四层为数据离线分析层，使用 Spark SQL 进行离线数据分析。
- 第五层为数据可视化层，后端 SSM 框架与前端 ECharts 技术结合，实现可视化图表的展示。

7.1.2　数据存储——Hive+Hadoop

Hive 是一个数据仓库基础工具，在 Hadoop 中用来处理结构化数据。其架构在 Hadoop 之上，使得查询和分析非常方便，并提供简单的 SQL 查询功能，可以将 SQL 语句转换为 MapReduce 任务进行运行。Hive 查询操作过程严格遵守 HadoopMapReduce 的作业执行模型，Hive 将用户的 HiveQL 语句通过解释器转换为 MapReduce 作业提交到 Hadoop 集群上，Hadoop 监控作业执行过程，然后返回作业执行结果给用户。Hive 构建在基于静态批处理的 Hadoop 上，Hadoop 通常都有较高的延迟并且在作业提交和调度的时候需要大量的开销。Hive 并非为联机事务处理而设计的，并不提供实时的查询和基于行级的数据更新操作。Hive 不适用于在线事务处理，最适用于传统的数据仓库任务，最佳使用场合是大数据集的批处理作业，例如网络日志分析。Hive 没有专门的数据格式。

大数据系统中最常用的分布式存储技术是 HDFS，为多个节点共同存储数据，由于数据量逐渐增多，节点也就形成一个大规模集群。也就是说，HDFS 支持上万的节点，能够存储很大规模的数据。HDFS 具有处理超大数据、流式处理，以及可以运行在廉价商用服务器上等优点。

本项目中，Hive 和 HDFS 主要用于存储采集到的旅游景点数据，也就是将原始的 Excel 数据文件转换成 csv 格式文件，并将数据文件上传至 HDFS，再转存至 Hive 数据库。

7.1.3　数据处理与可视化——Spark+SSM+ECharts

Spark 为结构化数据处理引入了一个称为 Spark SQL 的编程模块，提供了一个称为 DataFrame 的编程抽象。Spark SQL 的功能主要如下。

（1）集成

无缝地将 SQL 查询与 Spark 程序混合。Spark SQL 允许将结构化数据作为 Spark 中的分布式数据集（RDD）进行查询，并且在 Python、Scala 和 Java 中集成了 API。这些集成的 API 可以轻松地运行 SQL 查询以及复杂的分析算法。

（2）统一数据访问

加载和查询各种来源的数据，数据既可以来自 RDD，也可以是 Hive、HDFS、Cassandra 等外部数据源，还可以是 JSON 格式的数据。Spark SQL 增加了 DataFrame（即带有 Schema 信息的 RDD），使用户可以在 Spark SQL 中执行 SQL 语句。Spark SQL 目前支持 Scala、Java、Python 三种语言，支持 SQL-92 规范，从而实现统一数据访问。

（3）Hive 兼容性

在现有仓库上运行未修改的 Hive 查询。Spark SQL 重用了 Hive 前端和 MetaStore，既支持 SQL 方式开发，也支持 HQL 开发，还支持函数式编程（DSL）实现 SQL 语句。要做到这些，只需将 Spark SQL 与 Hive 一起安装即可。

（4）标准连接

通过 JDBC 或 ODBC 连接。Spark SQL 具有 JDBC 和 ODBC 连接的服务器模式。

（5）可扩展性

对交互式查询和长查询使用相同的引擎。Spark SQL 利用 RDD 模型来支持中查询容错，使其能够扩展到大型作业，还可以充当分布式 SQL 查询引擎。

SSM 是项目开发常用的 Web 框架，由 Spring、MyBatis 两个开源框架整合而成。ECharts 是一个使用 JavaScript 实现的开源可视化库，是图表丰富、兼容性强的前端框架。

本项目中，Spark SQL 用于对采集到的旅游数据进行离线统计分析。基于 SSM+ECharts 的架构用于实现数据可视化的展示，SSM 作为项目后端框架，依次编写 Dao 接口、Service 接口及实现类和控制器，最后使用 ECharts 绘制图表。

7.2　采集旅游相关数据

数据采集模块使用 Python 语言开发，首先使用第三方模块，如 beautifulsoup，request，json 库等对携程旅游网站进行数据的提取，并且在原网页进行源数据的查找，找到所需数据所在位置。随后使用 select 语句定位所需要的数据，并且使用 get_text()方法和正则表达式提取网页标签中的文本和数字，最后利用 pandas 库写入文件中。

7.2.1　使用爬虫采集城市、景点数据

爬虫模块分为两大模块的设计，分别是城市字典的数据爬取和景点评论数、季节热门景点数据、景区门票数据的数据爬取。

对城市字典的数据爬取分为两种情况，如果是爬取城市是直辖市，则先爬取直辖市的城市id，再根据城市 id 循环遍历每个景点的详细数据。如果是除直辖市的省份，则会首先遍历各省份 id，再根据省份 id 遍历各省的城市 id，最后使用城市 id 遍历循环每个城市详细的景点数据和其他的详细信息。

对景点评论数、季节热门景点数据、景区门票数据的爬取，是在已经爬取城市字典的情况下，使用城市字典中的城市 id 与景区 id，爬取对应景区的评论、门票、各季节推荐景点等详细数据。

首先传入 url 网页地址，利用 request 方法对网页进行请求，得到响应后，转换为 txt 形式的树结构，再利用第三方模块 beautifulsoup 进行数据的提取，对不符合的数据来源格式进行替换、分片等，以便得到需要的数据。不断地循环上面的过程，即可得到数据。数据采集模块的核心代码如下：

```
#获取城市 id 核心代码：
def get_info_1(url):#获取城市 id
    headers = {
        "user-agent": "Mozilla/5.0 (Windows NT 10.0; Win64; x64) AppleWebKit/537.36 (KHTML, like Gecko) Chrome/92.0.4515.107 Safari/537.36"
    }
    response = requests.get(url=url, headers=headers)
    html = response.text
    soup = BeautifulSoup(html, 'html.parser')
      #print(soup)
    soup1=soup.select('.seojscon .cf a[href^="/place"]')
      #print(soup1)
    return soup1
------------------------------------------------------------------------
#获取城市字典核心代码：
for i in range(0,5):
```

```
        city_id=id_ca[i]["href"].replace('.','/').split('/')[2]
        url_1='https://you.ctrip.com/sight/'+city_id+'.html'
        get_id(url_1)
        url_2="https://you.ctrip.com/sight/"+city_id+"/s0-p2.html"
        get_id(url_2)
for i in range(7,34):
        city_id1 = id_ca[i]["href"].replace('.', '/').split('/')[2]
        url_3 = 'https://you.ctrip.com/sight/' + city_id1 + '.html'
        id_ca2 = get_info_2(url_3)
        # print(id_ca2)
        city_id2 = []
        for j in range(len(id_ca2)):
            # print(j))P:)
            city_id2.append(id_ca2[j]["href"].replace('.','/').split('/')[2])
            city_id2=list(set(city_id2))
        # print(city_id2)
        for city_id3 in city_id2:
            # print(city_id3)
            url_4='https://you.ctrip.com/sight/' + city_id3 + '.html'
            get_id(url_4)
            url_5 = "https://you.ctrip.com/sight/" + city_id3 + "/s0-p2.html"
```

```
#获取景点 id 核心代码:
def get_id(url):
    response = requests.get(url=url, headers=headers)#请求网页
    html = response.text
    soup = BeautifulSoup(html, 'html.parser')
    soup1=soup.select('.rdetailbox dl dt a')#选择带有详细数据的集合，形成数组
    # print(soup1)
    city_name=soup.select('.f_left h1 a')[0].get_text()#得到城市名字
    # print(city_name)
    for i in range (len(soup1)):
        city_id=soup1[i]["href"].replace('.','/').split('/')[6]#获取城市 id
        sight_id=soup1[i]["href"].replace('.','/').split('/')[7]#获取景点 id
        sight_name=soup1[i].get_text()#获取景点名字
        print(city_name,city_id,sight_name,sight_id)
        with open(r'../data/sight_info.csv', 'a+', encoding='utf-8-sig') as f:
            f.write(city_name + ',' + city_id + ',' + sight_name+ ',' + sight_id + ' '+'\n')#写入文件
    time.sleep(0.1)
```

```
#获取景点详细信息核心代码:
def get_info(url,city_id,provice_name):
    #url ='https://you.ctrip.com/sight/'+city_id+'.html'
    response = requests.get(url=url, headers=headers)
    html = response.text
    soup = BeautifulSoup(html, 'html.parser')
    # print(soup)
    infor=soup.select('.list_mod2')
    # print(infor)
    for i in range (len(infor)):
```

```
            sight_id=infor[i].select('.rdetailbox dl dt a')[0]["href"].replace('.','/').split('/')[7]#获取景点 id
            name=infor[i].select('.rdetailbox dl dt a')[0]["title"]#获取景点名字
            rank_1=infor[i].select('.rdetailbox dl dt s')[0].get_text()#获取排名信息
            rank=re.sub('\D','',rank_1)#利用正则表达式
            score_1=infor[i].select('.score')[0].get_text()
            if score_1 == '暂无评分':
                score = str(-1)
            else:
                score=str(int(re.sub('\D','',score_1))/10)
            comm_1=infor[i].select('.recomment')[0].get_text()
            comm=re.sub('\D','',comm_1)
            print(provice_name,city_id,sight_id,name,score,comm,rank)
            with open(r'../data/sight_detail_info.csv', 'a+', encoding='utf-8-sig') as f:
                f.write(provice_name+','+city_id + ',' + sight_id + ',' +name+ ',' + score +','+comm +','+rank +
'\n')#写入文件
            time.sleep(0.1)
--------------------------------------------------------------------------------
#获取门票价格核心代码:
def get_price(city_name):
    global sum
    sum = 0
    url='https://travelsearch.fliggy.com/index.htm?searchType=product&keyword='+urllib.request.quote(city_
name)+ '&category=SCENIC&pagenum=1'
    response = requests.get(url=url, headers=headers)
    html = response.text
    soup = BeautifulSoup(html, 'html.parser')
    soup1 = soup.select(".price")
    for i  in range(len(soup1)):
        soup2 = soup1[i].get_text()[1:]
        # print(float(soup2))
        sum += float(soup2)
        avg = sum/len(soup1)
        with open(r'../data/sight_price.csv', 'a+', encoding='utf-8-sig') as f:
            f.write(city_name + ',' + str(avg) +   '\n')   # 写入文件
--------------------------------------------------------------------------------
#获取季节推荐景点核心代码:
    for i in range(13,17):
    url = 'https://you.ctrip.com/months/'+str(i)+'.html'
    response = requests.get(url=url, headers=headers)
    html = response.text
    soup = BeautifulSoup(html, 'html.parser')
    soup1=soup.select('.city-name')
    soup2=soup.select('.opts > .been')
    soup3=soup.select('.opts > .want')
    season_1=season[i-13]
    for i in range(len(soup1)):
        recommend_name=soup1[i].next_element
        recommend_opts=soup2[i].next_element
```

```
        recommend_want=soup3[i].next_element
        print(recommend_name,recommend_opts,recommend_want)
        with open(r'../data/recommed_data.csv', 'a+', encoding='utf-8-sig') as f:
            f.write(season_1+','+recommend_name + ',' + recommend_opts + ',' +recommend_want+ '\n')#写
入文件
```

```
#获取评论核心代码:
    def get_comment(city_id,sight_id):
        headers = {
            "user-agent": "Mozilla/5.0 (Windows NT 10.0; Win64; x64) AppleWebKit/537.36 (KHTML, like
Gecko) Chrome/92.0.4515.107 Safari/537.36"
        }
        url = 'https://you.ctrip.com/sight/'+city_id+'/'+sight_id+'.html'
        print(url)
        response = requests.get(url=url, headers=headers)
        html = response.text
        soup = BeautifulSoup(html, 'html.parser')
        soup1 = soup.select('.heightbox')
        print(soup1)
        for i in range(len(soup1)):
            soup2    = soup1[i].get_text()
            print(soup2)
            with open(r'../data/sight_comment.csv', 'a+', encoding='utf-8-sig') as f:
                f.write(city_id + ',' + sight_id + ',' + soup2+ '\n'+'\n')#写入文件
```

7.2.2　数据采集模块测试

数据采集模块测试包括景点详细信息爬取、城市字典爬取、评论爬取、价格爬取和季节推荐爬取五部分的测试。

在景点详细信息爬取结果中，会出现所有城市 id 出现两次的情况，需要对数据进行简单的去重，爬取结果如图 7-2 所示。

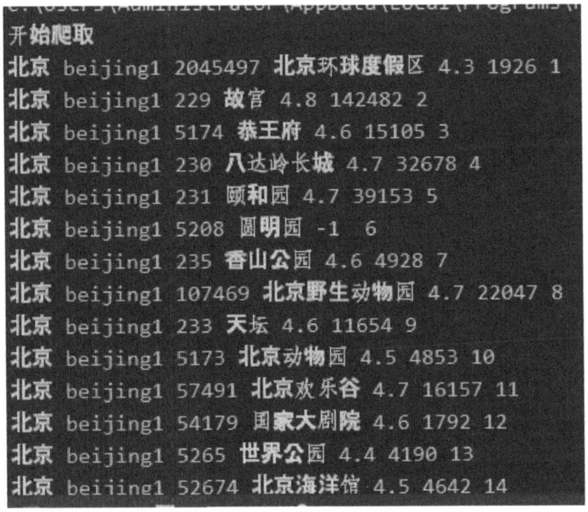

图 7-2　景点详细信息爬取

由图 7-2 可以说明程序能够爬取到景点数据，而且每条数据包含城市名称、景区名等信息。

在爬取城市字典数据的过程中，出现数据重复爬取的情况，检查后发现，运用 select 语句以后，要仔细分辨 html 之中各个标签的包含关系、正确的语法等。调试以后爬取结果如图 7-3 所示。

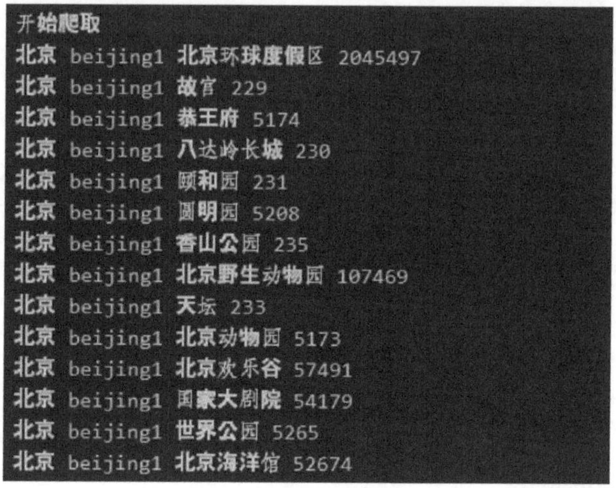

图 7-3　城市字典爬取

由图 7-3 可以说明程序能够爬取到城市字典数据，每条数据包含城市名称、景区名等信息。

在爬取评论的过程中发现，爬取的网页 html 格式发生了更改，使得之前的爬虫无法使用，通过对新 html 的解析，修改爬虫代码，成功爬取出评论信息结果，如图 7-4 所示。

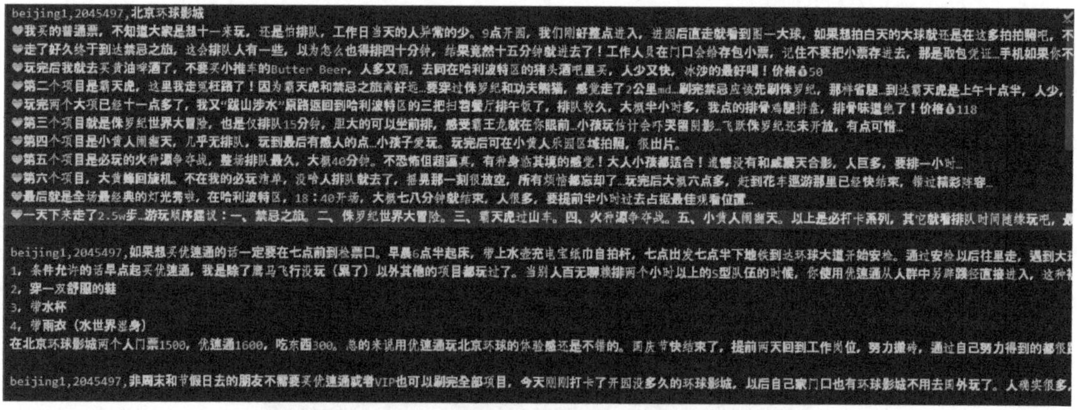

图 7-4　评论爬取

由图 7-4 可以说明程序能够爬取到评论数据，每条数据包含城市 id、评论详情等信息。

在爬取价格时，发现原本爬取的携程网在爬取门票信息时比较困难，所以选择在飞猪网爬取对应景点的门票信息，并取平均值。爬取结果如图 7-5 所示。

由图 7-5 可以说明程序能够爬取到价格数据，每条数据包含城市名称、平均门票价格。

季节推荐景点的爬取结果如图 7-6 所示。

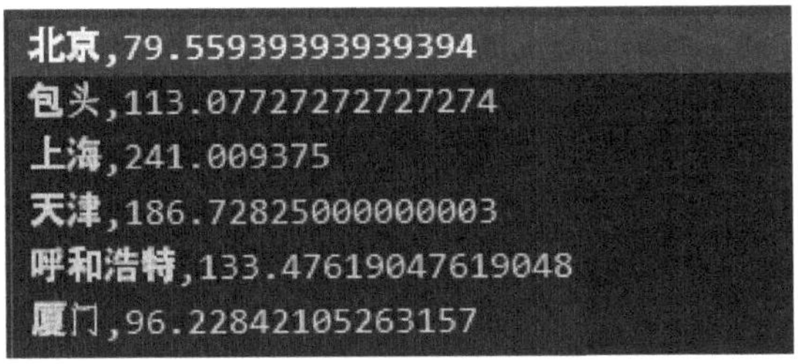

图 7-5　价格爬取 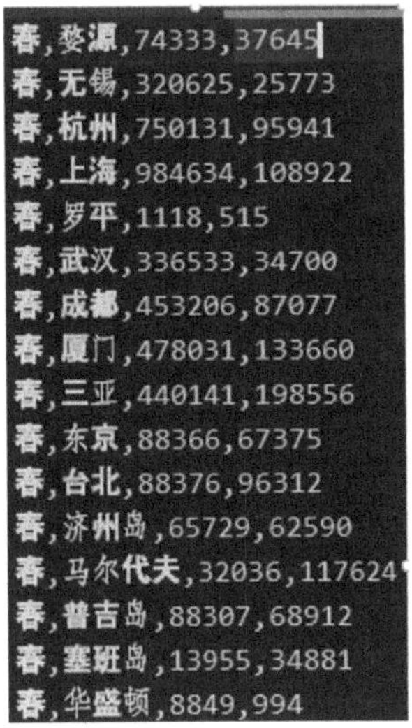　　　　　　　　　　　图 7-6　季节推荐景点信息爬取

由图 7-6 可以说明程序能够爬取到季节推荐景点数据，每条数据包含季节、景点名等信息。

7.3　数据存储模块实现

本节主要讲述数据库设计以及数据存储详细设计。首先，对数据库表进行设计；其次，通过网络爬虫得到原始数据后，将原始的 Excel 数据转换成 csv 格式文件，并将数据文件上传至 HDFS，再转存至 Hive 数据库，经过 Spark SQL 处理后转存至 MySQL 数据库中。

7.3.1　数据库设计

整个系统共建立九张表，分别是景点详细数据表、城市字典表、季节推荐表、评论信息表、平均价格表、词条信息表、情感分析表、热门景点信息表和城市经纬度表。

景点详细数据表对应的字段信息有行数（rowid）、城市 id（city_id）、景点 id（sight_id）、景点名称（sight_name）、评分（score）、评论数（comment_num）、排名（rank）。rowid 是自增长的，为主键。景点详细数据表字段如表 7-1 所示。

表 7-1　景点详细数据表

序号	字段名称	字段类型	是否为主键	是否为外键	含义
1	rowid	int	是	否	行数
2	city_id	text	否	否	城市 id
3	sight_id	text	否	否	景点 id
4	sight_name	text	否	否	景点名称
5	score	float	否	否	评分
6	comment_num	int	否	否	评论数
7	rank	int	否	否	排名

城市字典表对应的字段信息有行数（rowid）、城市名称、城市 id、景点名称和景点 id。rowid 是自增长的，为主键。城市字典表如表 7-2 所示。

表 7-2　城市字典表

序号	字段名称	字段类型	是否为主键	是否为外键	含义
1	rowid	int	是	否	行数
2	city_name	text	否	否	城市名称
3	city_id	text	否	否	城市 id
4	sight_name	text	否	否	景点名称
5	sight_id	text	否	是	景点 id

季节推荐表对应的字段信息有季节名称、景点名、去过人数和想要去人数。季节推荐表如表 7-3 所示。

表 7-3　季节推荐表

序号	字段名称	字段类型	是否为主键	是否为外键	含义
1	season	text	否	否	季节名称
2	sight	text	否	是	景点名
3	gone	int	否	否	去过人数
4	wanto	int	否	否	想要去人数

评论信息表对应的字段信息有城市 id、景点 id 和评论。评论信息表如表 7-4 所示。

表 7-4　评论信息表

序号	字段名称	字段类型	是否为主键	是否为外键	含义
1	city_id	text	否	否	城市 id
2	sight_id	text	否	是	景点 id
3	comments	text	否	否	评论

平均价格表对应的字段信息有城市名、平均门票价格。平均价格表如表 7-5 所示。

表 7-5　平均价格表

序号	字段名称	字段类型	是否为主键	是否为外键	含义
1	city	text	否	是	城市名
2	avg_price	float	否	否	平均门票价格

词条信息表对应的字段信息有索引、词条和词条数。index 为自增长，为主键。词条信息表如表 7-6 所示。

表 7-6　词条信息表

序号	字段名称	字段类型	是否为主键	是否为外键	含义
1	index	int	是	否	索引
2	word	text	否	是	词条
3	count	int	否	否	词条数

　　情感分析表对应的字段信息有评论、积极词数、中性词数和消极词数。评论是外键，用来连接情感分析表和词条信息表。情感分析表如表 7-7 所示。

表 7-7　情感分析表

序号	字段名称	字段类型	是否为主键	是否为外键	含义
1	comments	text	否	是	评论
2	positive	int	否	否	积极词数
3	neutral	int	否	否	中性词数
4	negative	int	否	否	消极词数

　　热门景点信息表对应的字段信息有省份和热门景点数。热门景点信息表如表 7-8 所示。

表 7-8　热门景点信息表

序号	字段名称	字段类型	是否为主键	是否为外键	含义
1	province	text	否	否	省份
2	hotspot	int	否	否	热门景点数

　　城市经纬度表对应的字段信息有城市名、经度和纬度。城市名为外键，用来连接城市经纬度表和平均价格表。城市经纬度表如表 7-9 所示。

表 7-9　城市经纬度表

序号	字段名称	字段类型	是否为主键	是否为外键	含义
1	city	text	否	是	城市名
2	lng	float	否	否	经度
3	lat	float	否	否	纬度

7.3.2　使用 HDFS 和 Hive 存储数据

　　采集好的数据首先以 csv 格式进行存储，接着上传至 HDFS，在 Hive 数据库中创建对应的数据表，将 HDFS 中的数据导入 Hive 数据库。以景点信息表，sight_detail 的处理过程为例，核心命令如下所示。

```
-- 1、存入将 csv 数据上传至 HDFS
hadoop fs -put /home/quinn/data/sight_detail.csv /data
--------------------------------------------------------------------------------
-- 2、在 Hive 数据库中创建 sight_detail 数据表
create table sight_detail(city_id string,sight_id string,sight_name string,score float,comment_num int,rank int)
row format delimited fields terminated by ',';
```

-- 3、将 HDFS 文件系统中的数据导入 Hive 数据库中的 sight_detail 表中
load data   inpath '/data/result.csv' overwrite into table sight_detail;

7.3.3 数据存储模块测试

针对数据存储部分进行测试，将 csv 数据文件上传至 HDFS，HDFS 目录图如图 7-7 所示。

Permission	Owner	Group	Size	Last Modified	Replication	Block Size	Name
-rw-r--r--	root	supergroup	3.27 MB	2021/4/16 上午9:22:36	2	128 MB	adult.csv
drwxr-xr-x	root	supergroup	0 B	2021/4/19 下午3:50:18	0	0 B	aqiinput
-rw-r--r--	root	supergroup	166.96 KB	2021/4/19 下午3:12:25	2	128 MB	beijing.txt
-rw-r--r--	root	supergroup	88 B	2021/4/6 上午10:26:18	2	128 MB	in.txt
drwxr-xr-x	root	supergroup	0 B	2021/4/16 下午2:30:33	0	0 B	movie
drwxr-xr-x	root	supergroup	0 B	2021/4/17 下午1:05:24	0	0 B	platerecog
-rw-r--r--	root	supergroup	68 B	2021/4/20 下午7:19:52	2	128 MB	sample_fpgrowth.txt
-rw-r--r--	root	supergroup	72 B	2021/4/20 下午9:20:26	2	128 MB	sample_kmeans_data.txt
-rw-r--r--	root	supergroup	102.28 KB	2021/4/20 下午1:00:55	2	128 MB	sample_libsvm_data.txt
-rw-r--r--	root	supergroup	459.73 KB	2021/12/3 下午10:04:39	2	128 MB	sight_detail_info.csv
drwxr-xr-x	root	supergroup	0 B	2021/5/26 上午10:32:12	0	0 B	spark
-rw-r--r--	root	supergroup	108 B	2021/4/9 下午11:41:47	2	128 MB	weather.dat

图 7-7 HDFS 目录图

由图 7-7 可见，数据文件已成功上传至 HDFS。

在 Hive 数据库中创建表，并导入数据。Hive 数据库中的数据表如图 7-8 所示。

Permission	Owner	Group	Size	Last Modified	Replication	Block Size	Name
drwxr-xr-x	root	supergroup	0 B	2021/11/25 下午6:13:27	0	0 B	city
drwxr-xr-x	root	supergroup	0 B	2021/11/25 下午6:18:08	0	0 B	recommend_data
drwxr-xr-x	root	supergroup	0 B	2021/11/25 下午9:13:07	0	0 B	sight_comments
drwxr-xr-x	root	supergroup	0 B	2021/11/19 下午12:05:10	0	0 B	sight_detail
drwxr-xr-x	root	supergroup	0 B	2021/11/25 下午6:08:33	0	0 B	sight_detail_info
drwxr-xr-x	root	supergroup	0 B	2021/11/19 上午10:53:19	0	0 B	sight_info
drwxr-xr-x	root	supergroup	0 B	2021/11/20 上午11:58:02	0	0 B	sight_price

图 7-8 Hive 数据库中的数据表

由图 7-8 可见，Hive 表成功创建，成功导入数据。

7.4　数据分析处理模块实现

本节阐述使用 Spark SQL 进行离线分析处理以及使用第三方库 SnowNLP 进行情感分析的具体实现过程。

7.4.1　Spark 处理数据

使用 Scala 语言、采用 Spark SQL 技术对数据进行简单的处理，并将处理结果存入 MySQL 数据库中。下面以景点信息表 sight_detail 的处理过程为例进行介绍。

使用 JDBC 连接 Hive 数据库，使用 Spark SQL 去除评分为-1 和评论数为 null 的脏数据，并将处理好的数据导入 MySQL 数据库中，核心代码如下：

```
val sight_detail:DataFrame = spark.sql("select distinct *   from travel.sight_detail where comment_num is
not null and score <> -1.0")
    sight_detail.write.format("jdbc")
        .option("url","jdbc:mysql://192.168.140.226:3306/travel_db?createDatabaseIfNotExist=true&useUnicode=
true&characterEncoding=utf8")
        .option("dbtable","sight_detail")
        .option("user","root")
        .option("password","123456")
        .save()
```

7.4.2　分词处理和情感分析——基于 jieba+SnowNLP 库

本项目使用 jieba 库进行旅游评论数据的分词处理。jieba 分词综合了基于字符串匹配的算法和基于统计的算法，其分词步骤如下。

1）初始化。加载词典文件，获取每个词语和它出现的词数。

2）切分短语。利用正则表达式，将文本切分为一个个语句，之后对语句进行分词。

3）构建 DAG。通过字符串匹配，构建所有可能的分词情况的有向无环图，也就是 DAG 构建节点最大路径概率，以及结束位置。计算每个汉字节点到语句结尾的所有路径中的最大概率，并记下最大概率时在 DAG 中对应的该汉字成词的结束位置。

4）构建切分组合。根据节点路径，得到词语切分的结果，也就是分词结果。

5）HMM 新词处理：对于新词，也就是 dict.txt 中没有的词语，可通过统计方法来处理，jieba 中采用了 HMM 隐马尔可夫模型来处理。

6）返回分词结果：通过 yield 将上面步骤中切分好的词语逐个返回。yield 相对于 list，可以节约存储空间。

实现评论数据分词处理，需要从数据库中读取原始评论数据，再使用 jieba 库实现分词处理。之后，还需要进一步处理才能得到纯净的分词数据。对于一些非重点的冗余数据（包括语气词、修饰词和标点符号等）需要使用停词表进行剔除，得到纯净数据后转存至 MySQL 数据库中。核心代码如下：

```
import pandas as pd
```

```
from sqlalchemy import create_engine
import jieba
------------------------------------------------------------------------
# 1、建立数据库连接，读取数据并存储数据为 DataFrame 形式
conn = create_engine('mysql+pymysql://root:123456@192.168.140.226:3306/travel_db')
sql="select comments from sight_comments"
df1=pd.read_sql(sql,conn)
comments = df1.comments.values.tolist()
------------------------------------------------------------------------
# 2、使用 jieba 精确模式进行分词处理
comment_s = []
for line in comments:
    ls = str(line)
    comment_cut = jieba.lcut(ls)
    comment_s.append(comment_cut)
------------------------------------------------------------------------
# 3、剔除不需要的单词，使用停用表
stopwords = pd.read_excel("stopwords0.xlsx")
baidu = 'baidu_stopwords.txt'
cn = 'cn_stopwords.txt'
hit  = 'hit_stopwords.txt'
scu = 'scu_stopwords.txt'
# 将所有的停词表都转换成 list
stopwords = stopwords.stopword.values.tolist()
baidu_stopwords = [line.strip() for line in open(baidu, 'r', encoding='utf-8').readlines()]
cn_stopwords = [line.strip() for line in open(cn, 'r', encoding='utf-8').readlines()]
hit_stopwords = [line.strip() for line in open(hit, 'r', encoding='utf-8').readlines()]
scu_stopwords = [line.strip() for line in open(scu, 'r', encoding='utf-8').readlines()]
# 使用切片将各个停词表的 list 连接起来，组成一个 list
stopwords[0:0] = baidu_stopwords
stopwords[0:0] = cn_stopwords
stopwords[0:0] = hit_stopwords
stopwords[0:0] = scu_stopwords
------------------------------------------------------------------------
# 使用停词表处理评论分词
comment_clean = []
for line in comment_s:
    line_clean = []
    for word in line:
        if word not in stopwords:
            line_clean.append(word)
            comment_clean.append(line_clean)
------------------------------------------------------------------------
# 4、统计每个词语的个数，先去重
title_clean_dist = []
for line in comment_clean:
    line_dist = []
    for word in line:
        if word not in line_dist:
            line_dist.append(word)
```

```
title_clean_dist.append(line_dist)
----------------------------------------------------------------------------
#5、将所有词转换为一个 list
allwords_clean_dist = []
for line in title_clean_dist:
    for word in line:
        allwords_clean_dist.append(word)
----------------------------------------------------------------------------
# 将所有词语转换数据框，并将分词数据存入数据库中
df_allwords_clean_dist = pd.DataFrame({
    'allwords': allwords_clean_dist
})
word_count = df_allwords_clean_dist.allwords.value_counts().reset_index()
word_count.columns = ['word', 'count']
word_count.to_sql("word_count",con=conn)
```

本项目使用 SnowNLP 库来完成情感分析。情感分析使用情感字典进行分析，调用 SnowNLP 对每条评论进行情感打分，并规定一个评分标准，最后将评论分为积极、消极、中性三类。本文的评分标准为：score<= 0.3 为消极，0.3 < score < 0.7 为中性，score >=0.7 为积极。核心代码如下：

```
#1、从数据库读取评论数据
engine = create_engine("mysql+pymysql://root:123456@192.168.140.226:3306/travel_db")
sql = "select comments from sight_comments"
comment = pd.read_sql(sql, con=engine)
reader = comment['comments']
----------------------------------------------------------------------------
#2、获取含有目标词的评论语句
xjb = [],mp = [],ms = []
    for line in reader:
        content = str(line)
        if '性价比' in content:
            xjb.append(content)
        if '门票' in content:
            mp.append(content)
        if '民宿' in content:
            ms.append(content)
        values = [],values.append(xjb),values.append(mp),values.append(ms)
----------------------------------------------------------------------------
#3、计算情感值并存入列表
    j_value = [],z_value = [],x_value = []
    for v in values:
        j = 0,z = 0,x = 0
        for i in v:
            score = SnowNLP(i).sentiments
            if score <= 0.3:
                x += 1
            elif 0.3 < score < 0.7:
                z += 1
            else:
                j += 1
```

```
        j_value.append(j),z_value.append(z),x_value.append(x)
----------------------------------------------------------------------------
#4、将情感值列表及目标词列表合并为DataFrame，并存入数据库
    words =["性价比", "门票", "民宿"]
    c = {"words": words, "positive": j_value, "neutral": z_value, "negative": x_value}
    d = pd.DataFrame(c)
    d.to_sql(name='emotion', con=engine, if_exists='append', index=False)
```

7.4.3 数据分析处理模块测试

SparkSQL 连接 Hive 数据库，将数据处理后导出到 MySQL 数据库，Hive 中未处理的脏数据如图 7-9 所示。

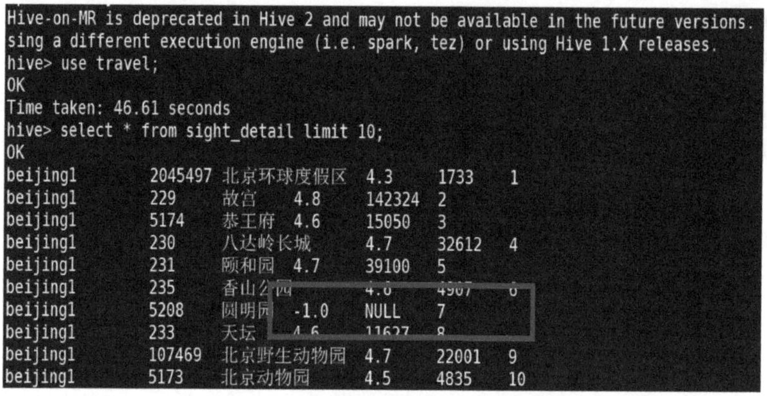

图 7-9　Hive 中未处理的脏数据

由图 7-9 可见，SparkSQL 能够成功连接 Hive 数据库，并查看数据库中的数据。

MySQL 数据库中已处理的纯净数据如图 7-10 所示。

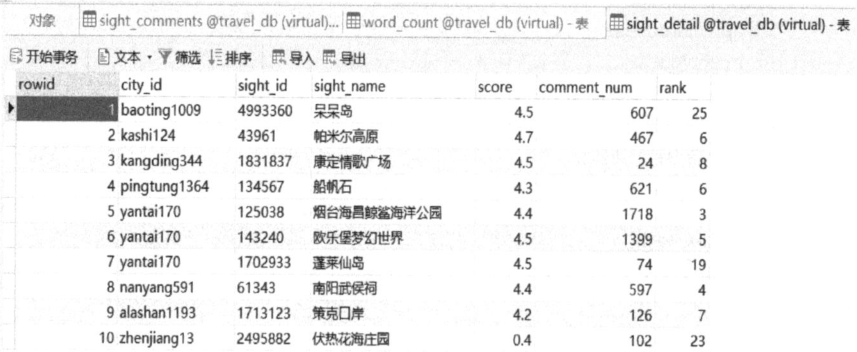

rowid	city_id	sight_id	sight_name	score	comment_num	rank
1	baoting1009	4993360	呆呆岛	4.5	607	25
2	kashi124	43961	帕米尔高原	4.7	467	6
3	kangding344	1831837	康定情歌广场	4.5	24	8
4	pingtung1364	134567	船帆石	4.3	621	6
5	yantai170	125038	烟台海昌鲸鲨海洋公园	4.4	1718	3
6	yantai170	143240	欧乐堡梦幻世界	4.5	1399	5
7	yantai170	1702933	蓬莱仙岛	4.5	74	19
8	nanyang591	61343	南阳武侯祠	4.4	597	4
9	alashan1193	1713123	策克口岸	4.2	126	7
10	zhenjiang13	2495882	伏热花海庄园	0.4	102	23

图 7-10　MySQL 数据库中已处理的纯净数据

由图 7-10 可见，SparkSQL 能够成功连接 Hive 数据库，并查看数据库中的数据。

使用 jieba 库进行分词处理，分词处理结果如图 7-11 所示。

由图 7-11 可见，jieba 库能够成功对评论进行分词，并成功将结果存入 MySQL 数据库。

使用 SnowNLP 库对目标词的情感值进行计算并分类统计结果，目标词情感值统计如图 7-12 所示。

对象	🔲 sight_comments @travel_db (virtual)...	
🔲开始事务　🗎文本 ▾　▽筛选　↓排序　🔳导入 🔳		
index	word	count
79	月	1627
80	参观	1616
81	总体	1580
82	自然	1558
83	休闲	1554
84	设施	1547
85	开心	1545
86	游览	1543
87	服务	1541
88	旅行	1530
89	漂亮	1521
90	来到	1511
91	自驾	1505

图 7-11　分词处理结果图

对象	🔲 emotion @travel_db (localhost 330...		
🔲开始事务　🗎文本 ▾　▽筛选　↓排序　🔳导入 🔳导出			
words	positive	neutral	negative
性价比	2916	55	183
门票	3478	250	919
民宿	583	14	83
交通	2076	69	209
文化	3571	48	101
生态	1308	32	47
季节	732	33	51
路线	665	19	68
体验	3365	127	282
趣味性	519	6	23
古城	1105	91	229
博物馆	2042	37	59
遗址	527	20	29
乐园	907	60	125
建筑	4048	124	200
岛	1863	99	194
沙漠	473	24	52
雪山	818	28	62
大海	432	10	21
森林	1891	30	63
沙滩	708	16	62

图 7-12　目标词情感值统计图

由图 7-12 可见，SnowNLP 库能够成功计算评论的情感值，并将结果存入 MySQL 数据库。根据情感值的大小可以判断词性。

7.5　数据可视化模块实现

数据可视化模块使用 Java 语言开发，后端利用 SSM 框架，前端采用开源可视化图表库 ECharts，从城市热门景点、景点门票分析等多个维度对可视化图表进行绘制和展示。

7.5.1　数据可视化模块后端设计——基于 SSM

1．城市热门景点搜索

（1）城市热门景点展示表格

在系统首页，会将数据库中存在的城市名称显示在城市搜索下拉列表框中。用户进入系统，选中所关注的城市名称，首页就会以表格的形式展示该城市中最热门的旅游景点。

加载首页时，后端服务器接收到加载请求，依次调用 Controller 层、Service 层、Dao 层从 MySQL 数据库中查询城市景点数据[city_name1, city_name2, ...]，并将其存入 Model 对象，返回前端页面，展示在下拉列表框中。

```
-----------------------------------------------------------------------------------
//Controller 层核心代码：
@RequestMapping("/search")
public String search(Model model,String city_name){
// 从 sight_details 查询出所有省份，用来展示在首页搜索下拉列表框中
    String sql = "select distinct city_name from sight_details";
```

```
        List<SightDetails> cities = sightDetailsService.listBySqlReturnEntity(sql);
        List<String> city = new ArrayList<>();
        for (SightDetails sight: cities) {
            city.add(sight.getCity_name());
        }
        model.addAttribute("type",city);
        return "hotspot/tj";
}
```

```
//Service 层核心代码:
public class SightDetailsServiceImpl implements SightDetailsService {
    @Autowired
    private SightDetailsMappersightDetailsMapper;
    @Override
    public List<SightDetails> listBySqlReturnEntity(String sql) {
        return sightDetailsMapper.listBySqlReturnEntity(sql);
    }
}
```

```
//Dao 层核心代码:
<!-- 查询列表返回实体-->
<select id="listBySqlReturnEntity" resultMap="ResultMapSight">${sql}</select>
```

```
//View 层核心代码:
<select  id="city_name"  class="input  w50"  onchange="self.location.href=options[selectedIndex].value"
style="height: 20px ">
<c:forEach items="${type}" var="data" varStatus="l">
<option value="/hotspot/search?city_name=${data}">${data}</option>
</c:forEach>
</select>
```

（2）用户可以根据下拉列表框中展示的城市名称进行城市景点搜索

用户选中下拉列表框中的某个城市，前端就会发送 Get 请求到后端，同时将 city_name 作为参数传回后台。后台会根据返回的 city_name 查询其对应的 15 个旅游景点及其对应的用户评分，后台会将该数据封装成[{sight:'景点名 1', score: 评分 1 } , {sight:'景点名 2', score: 评分 2 } , ...]保存到 Model 中，返回前端，前端据此数据展示城市景点数据表。

```
//Controller 层核心代码:
//根据前端传回的 city_name，在 sight_details 数据表中查询对应城市的景点
        String sql1 = "select * from sight_details ";
        if(isEmpty(city_name)){
            sql1 += "where city_name = '北京' limit 15";// 默认展示的是北京的景点
        }else {
            sql1 += "where city_name like '%" + city_name + "%' limit 15";
        }
        List<SightDetails> sights = sightDetailsService.listBySqlReturnEntity(sql1);
// 提取查询结果中的景点名称和评分传回前端用于展示
        List<Map>sightList = new ArrayList<>();
```

```
                    for (SightDetails sight: sights) {
                        Map<String,Object> map = new HashMap<>();
                        map.put("sight",sight.getSight_name());
                        map.put("score",sight.getScore());
                        sightList.add(map);
                    }
                    model.addAttribute("sightList",sightList);
```

```
//View 层核心代码:
<table class="fl-table" >
<tr>
<th>景点名称</th><th>评分</th>
</tr>
<c:forEach items="${sightList}" var="row" varStatus="b">
<c:if test="${b.index+1 == fn:length(sightList)}">
<tr>
<td>${row.sight}</td>
<td>${row.score}</td>
</tr>
</c:if>
<c:if test="${b.index+1 != fn:length(sightList)}">
<tr>
<td>${row.sight}</td>
<td>${row.score}</td>
</tr>
</c:if>
</c:forEach>
</table>
```

2. 热门景点分析

（1）中国各省热门旅游景点分布热力图

根据所采集的各个省的景点数据，以各个景点的评论数为依据，累加各省所有景点的评论数作为该省旅游热度值，使用 ECharts 做出各省旅游热度热力图，展示全国各省的旅游热度情况。

加载热门景点分析模块时，浏览器就会向后台服务器发送 Get 请求，请求作图所需要的数据。后端服务器接收到加载请求，依次调用 Controller 层、Service 层、Dao 层从 MySQL 数据库中查询省份旅游热度景点数据[{name:province1,value: hotspot1}, {name:province2,value: hotspot2},...]，并将其存入 Model 对象，返回前端页面。

```
//Controller 层核心代码:
@RequestMapping("/hotspot")
    public String getProvinceHot(Model model){
//从 provinceHot 表中查询所有省份和旅游热度传送到前端，作为各省旅游热度分布热力图的数据源
        List<ProvinceHot>provinceHotList = provinceHotService.listAll();
        List<Map> dataList = new ArrayList<>();
        for (ProvinceHotprovinceHot :provinceHotList) {
            Map<String,Object>provinceHotMap = new HashMap<>();
            provinceHotMap.put("name",provinceHot.getProvince());
            provinceHotMap.put("value",provinceHot.getHotspot());
```

```
                    dataList.add(provinceHotMap);      }
            model.addAttribute("datalist",dataList);
            return "hotspot/hotspot";
        }
-----------------------------------------------------------------------
//Service 层核心代码:
@Override
public List<ProvinceHot>listAll() {          return provinceHotMapper.listAll();      }
-----------------------------------------------------------------------
//Dao 层核心代码:
<!-- 查询整个表 -->
<select id="listAll" resultMap="ResultMapProvinceHot">
    select <include refid="ProvinceHot_field"/>
    from province_hot
</select>
-----------------------------------------------------------------------
//View 层核心代码:
data: [
<c:forEach items="${datalist}" var="row" varStatus="b">
<c:if test="${b.index+1 == fn:length(datalist)}">
                { name: '${row.name}', value: ${row.value}}
</c:if>
<c:if test="${b.index+1 != fn:length(datalist)}">
                { name: '${row.name}', value: ${row.value}},
</c:if>
</c:forEach>]
```

（2）中国各城市热门景点数统计柱状图

根据所采集的各个省的景点数据，规定判断景点是否热门的划分标准为：评论数量>500。据此标准，统计各个城市的热门景点数量，做出城市热门景点数量统计柱状图，展示各省热门景点数量分布情况。

加载热门景点分析模块时，浏览器就会向后台服务器发送 Get 请求，请求作图所需要的数据。后端服务器接收到加载请求，依次调用 Controller 层、Service 层、Dao 层从 MySQL 数据库中查询省份旅游景点数量数据。后台会首先查询所有的城市，然后遍历所有城市，根据城市名称查询该城市包含的所有热门景点（评论数大于 500 视为热门），最后将目标城市名称和其包含的热门景点数量：[{name: city_name1,value: 热门景点数 1}, {name:city_name2,value: 热门景点数 2},...]传到前端，用于城市热门景点数量统计柱状图的绘制。

```
-----------------------------------------------------------------------
//Controller 层核心代码:
//查询所有的城市
        String sql = "select distinct city_name from sight_details";
        List<SightDetails>sightDetails = sightDetailsService.listBySqlReturnEntity(sql);
        List<Map<String,Object>> maps = new ArrayList<>();
//遍历所有城市，根据城市名称查询该城市下的所有热门景点（评论数大于 500 视为热门）
        if (!CollectionUtils.isEmpty(sightDetails)){
            for (SightDetails c : sightDetails){
                List<SightDetails>  listBySqlReturnEntity  = sightDetailsService.listBySqlReturnEntity
```

```
("SELECT * FROM sight_details WHERE comment_num > 500 and city_name= '"+c.getCity_name()+"'");
    //将目标城市名称和其包含的热门景点数量传到前端，用于城市热门景点数量统计柱状图的绘制
                    Map<String,Object> map = new HashMap<>();
                    map.put("name", c.getCity_name());
                    map.put("value", listBySqlReturnEntity.size());
                    maps.add(map);
                }
            }
            model.addAttribute("maps", maps);
------------------------------------------------------------------------
//View 层核心代码：
data:[
<c:forEach items="${maps}" var="row" varStatus="b">
<c:if test="${b.index+1 == fn:length(maps)}">
<c:if test="${row.value >=16}">
            '${row.name}',
</c:if>
</c:if>
<c:if test="${b.index+1 != fn:length(maps)}">
<c:if test="${row.value >=16}">
            '${row.name}',
</c:if>
</c:if>
</c:forEach>]
```

3．景点门票分析

（1）中国各个城市旅游景点平均门票价格分布区间统计饼图

将各个城市旅游景点平均门票进行分类统计，分别统计价格区间为：0～50，50～100，100～200，200～300 和 300 以上的景点数量，并据此做出饼图，分析出国内旅游景点平均门票的分布情况。

加载旅游门票分析模块时，浏览器会向后台服务器发送 Get 请求，请求作图所需要的数据。后端服务器接收到加载请求，依次调用 Controller 层、Service 层、Dao 层从 MySQL 数据库中查询各个城市旅游门票平均价格数据。后台会首先查询根据价格区间进行统计查询不同价格区间的景点数量，最后将目标数据：[{name:'0-50',value: 景点数 1}, {name:'50-100',value: 景点数 2},...]传到前端，用于各个城市旅游景点平均门票价格分布区间统计饼图的绘制。

```
------------------------------------------------------------------------
//Controller 层核心代码：
//价格区间统计数据
        String sql2 = "select count(city) from sight_price where avg_price<=50";
        int count1 = sightPriceService.getCount(sql2);
        String sql3 ="select count(city) from sight_price where avg_price >50 and avg_price<=100";
        int count2 = sightPriceService.getCount(sql3);
        String sql4 ="select count(city) from sight_price where avg_price >100 and avg_price<=200";
        int count3 = sightPriceService.getCount(sql4);
        String sql5 = "select count(city) from sight_price where avg_price >200 and avg_price<=300";
        int count4 = sightPriceService.getCount(sql5);
        String sql6 ="select count(city) from sight_price where avg_price >300";
        int count5 = sightPriceService.getCount(sql6);
```

```
        List<Map>countList = new ArrayList<>();
        String[] tag = new String[]{"0-50","50-100","100-200","200-300","300- "};
        Integer[] count = new Integer[]{count1,count2,count3,count4,count5};
        for(int i=0 ;i<count.length && i<tag.length;i++){
            Map<String,Object>countMap = new HashMap<>();
            countMap.put("name",tag[i]);
            countMap.put("value",count[i]);
            countList.add(countMap);
        }
        model.addAttribute("countList",countList);
```

```
//Service 层核心代码：
@Override
public int getCount(String sql) {    return sightPriceMapper.getCount(sql);}
```

```
//Dao 层核心代码：
<select id="getCount" parameterType="string" resultType="java.lang.Integer">${sql}
</select>
```

```
//View 层核心代码：
data: [
<c:forEach items="${countList}" var="row" varStatus="b">
<c:if test="${b.index+1 == fn:length(countList)}">
            { name: '${row.name}￥', value: ${row.value}}
</c:if>
<c:if test="${b.index+1 != fn:length(countList)}">
            { name: '${row.name}￥', value: ${row.value}},
</c:if>
</c:forEach>]
```

（2）中国热门旅游城市平均旅游门票的分布热力图

综合各省的旅游热度值和各个城市平均价格数据，采用热力图和散点图相结合的作图方式，做出中国热门旅游城市平均旅游门票的分布热力图，既能展示城市的旅游热度，又能看出对应景点的旅游门票。

加载旅游门票分析模块时，浏览器会向后台服务器发送 Get 请求，请求作图所需要的数据。后端服务器接收到加载请求，依次调用 Controller 层、Service 层、Dao 层从 MySQL 数据库中查询各个城市旅游门票平均价格数据、景点对应地理信息和城市旅游热度信息。目标数据如下：

景点价格数据 prices：[{name:city_name1,value:价格 1}, {name:city_name2,value:价格 2},...]

景点地理位置信息：{cityname1:[经度 1，纬度 1]， city_name2:[经度 2，纬度 2],...}

景点热度信息 dataList:[{name:province1,value: hotspot1}, {name:province2,value: hotspot2},...]

后台最后将数据传到前端，用于热门旅游城市平均旅游门票的分布热力图的绘制。

```
//Controller 层核心代码：
        List<SightPrice> priceList =sightPriceService.listAll();
        //处理景点价格数据传递
        List<Map> prices = new ArrayList<>();
        for (SightPricesightPrice :priceList) {
            Map<String,Object>priceMap = new HashMap<>();
```

```
        priceMap.put("name",sightPrice.getCity());
        priceMap.put("value",sightPrice.getAvg_price());
        prices.add(priceMap);        }
//处理城市地理位置传递
List<City>cityList = cityService.listAll();
Map<String,List<Float>>cityMap = new HashMap<>();
for (City city: cityList) {
    List<Float> loc = new ArrayList<>();
    loc.add(0,city.getLng());
    loc.add(1,city.getLat());
    cityMap.put(city.getCity(),loc);        }
    JSONObjectcityJson = new JSONObject(cityMap);
//景点热度信息传递
List<ProvinceHot>provinceHotList = provinceHotService.listAll();
List<Map> dataList = new ArrayList<>();
for (ProvinceHotprovinceHot :provinceHotList) {
    Map<String,Object>provinceHotMap = new HashMap<>();
    provinceHotMap.put("name",provinceHot.getProvince());
    provinceHotMap.put("value",provinceHot.getHotspot());
    dataList.add(provinceHotMap);        }
model.addAttribute("datalist",dataList);
model.addAttribute("cityJson",cityJson);
model.addAttribute("prices",prices);
```

（3）中国热门旅游城市平均旅游门票价格分布散点图

对各个城市的旅游平均门票进行回归分析，做出中国热门旅游城市平均旅游门票价格分布散点图，可以直观体现国内旅游景点平均门票价格的集中分布情况。

加载旅游门票分析模块时，浏览器就会向后台服务器发送 Get 请求，请求作图所需要的数据。后端服务器接收到加载请求，依次调用 Controller 层、Service 层、Dao 层从 MySQL 数据库中查询各个城市旅游门票平均价格数据。后台直接查询所有的平均门票数据，最后将目标数据：[price1，price2，...]传到前端，用于热门旅游城市平均旅游门票价格分布散点图的绘制。

```
-----------------------------------------------------------------------
//Controller 层核心代码：
    String sql1 = "select avg_price from sight_price where city <> '山南'";
    List<Double>priceNum = sightPriceService.getBySqlReturnPrice(sql1);
    model.addAttribute("priceNum",priceNum);
-----------------------------------------------------------------------
//View 层核心代码：
data: [
<c:forEach items="${priceNum}" var="row" varStatus="b">
<c:if test="${b.index+1 == fn:length(priceNum)}">
            [${row.avg_price},${row.avg_price}],
</c:if>
<c:if test="${b.index+1 != fn:length(priceNum)}">
            [${row.avg_price},${row.avg_price}],

</c:if>
</c:forEach>]
```

4. 旅游景点推荐

（1）四季热门旅游景点推荐柱状图

根据采集的四季旅游景点数据，分别对春、夏、秋、冬四季不同景点的"去过人数"进行排序统计，并以此为依据为用户选出"去过人数"最多的 16 个城市景点进行柱状图可视化展示。

加载旅游景点推荐模块时，用户单击"春季推荐""夏季推荐""秋季推荐""冬季推荐"选项时，浏览器就会向后台服务器发送 Get 请求，请求作图所需要的数据。后端服务器接收到加载请求，依次调用 Controller 层、Service 层、Dao 层从 MySQL 数据库中查询各个城市旅游季节推荐景点数据。后台直接查询不同季节对应的旅游推荐景点，最后将目标数据[（春）[{name：景点 1，value：去过人数 1}，{name：景点 2，value：去过人数 2},...]，（夏）[...]，（秋）[...]，（冬）[...]]传到前端，用于四季热门旅游景点推荐柱状图的绘制。

```
//Controller 层核心代码:
//传递季节推荐柱状图参数
        List<RecommendBySeason> springs = recommendBySeasonService.listBySeason("春");
        List<RecommendBySeason> summers = recommendBySeasonService.listBySeason("夏");
        List<RecommendBySeason> autumns = recommendBySeasonService.listBySeason("秋");
        List<RecommendBySeason> winters = recommendBySeasonService.listBySeason("冬");
        List<Map>springGone = new ArrayList<>();
        List<Map>summerGone = new ArrayList<>();
        List<Map>autumnGone = new ArrayList<>();
        List<Map>winterGone = new ArrayList<>();
        List<RecommendBySeason>[] s1 = new List[]{springs,summers,autumns,winters};
        List<Map>[] gone= new List[]{springGone,summerGone,autumnGone,winterGone};
        for(int i = 0;i<s1.length && i<gone.length && i<want.length ;i++){
            for (RecommendBySeason season :s1[i]) {
                Map<String,Object> gone0= new HashMap<>();
                gone0.put("name",season.getSight());
                gone0.put("value",season.getGone());
                gone[i].add(gone0);      }           }
        model.addAttribute("gone",gone);
        return "/recommend/recommend";
-------------------------------------------------------------------------------
//Service 层核心代码:
@Override
public List<RecommendBySeason>listBySeason(String season) {
    return recommendBySeasonMapper.listBySeason(season);      }
-------------------------------------------------------------------------------
//Dao 层核心代码:
<!-- 根据季节查询整个表 -->
<select id="listBySeason" resultMap="ResultMapSeason" parameterType="string">
    select <include refid="Season_field"/>
    from recommend_by_season where season = #{season}
</select>
-------------------------------------------------------------------------------
//View 层核心代码:
data: [
<c:forEach items="${gone[1]}" var="row" varStatus="b">
<c:if test="${b.index+1 == fn:length(gone[1])}">
```

```
            '${row.name}',
</c:if>
<c:if test="${b.index+1 != fn:length(gone[1])}">
            '${row.name}',
</c:if>
</c:forEach>        ]
```

（2）四季热门旅游景点推荐玫瑰图

根据采集的四季旅游景点数据，分别对春、夏、秋、冬四季不同景点的"想去人数"进行排序统计，并以此为依据为用户选出"想去人数"最多的 16 个城市景点进行玫瑰图可视化展示。

加载旅游景点推荐模块时，用户单击"春季推荐""夏季推荐""秋季推荐""冬季推荐"选项时，浏览器就会使用 Ajax 技术向后台服务器发送 Post 请求，请求作图所需要的数据。后端服务器接收到加载请求，依次调用 Controller 层、Service 层、Dao 层从 MySQL 数据库中查询各个城市旅游季节推荐景点数据。后台直接查询不同季节对应的旅游推荐景点，封装好后，转换成 JSON 数据，最后将目标数据：[（春）[{name：景点 1，value：去过人数 1}，{name：景点 2，value：去过人数 2}，...]，（夏）[...]，（秋）[...]，（冬）[...]]传到前端，用于四季热门旅游景点推荐玫瑰图的绘制。

```
--------------------------------------------------------------------------------
//Controller 层核心代码:
//转换为 JSON 数据
   Gsongson = new Gson();
   resp.setContentType("application/json;charset=UTF-8");
   PrintWriter out = resp.getWriter();
   out.print(gson.toJson(want));
   System.out.println(gson.toJson(want));
   out.flush();
   out.close();
--------------------------------------------------------------------------------
//View 层核心代码:
$.ajax({
     type : "post",
     async : false, //异步请求（同步请求将会锁住浏览器，用户其他操作必须等待请求完成才可执行）
     data:{},
     url : "/recommend/getData",      //请求发送
     dataType: "json",                //返回数据形式为 JSON
     success : function(result) {
          //请求成功时执行该函数内容，result 即为服务器返回的 JSON 对象
          if (result) {
               var series = [];
               var datas = result[0];
               for(var i = 0;i<datas.length;i++){
                    var s = datas[i];
                    series.push({
                         value: s['value'],
                         name: s['name']
                    });    }
               chart2.hideLoading();        //隐藏加载动画
               chart2.setOption({           //加载数据图表
```

```
                    series: [{
                        name: '春季想去人数',
                        type: 'pie',          //这个类型不能少,否则 js 会报错
                        data: series
                    }]
                });
            }
        },
        // 没做出错处理
        error : function(errorMsg) {
            //请求失败时执行该函数
            for(var info in errorMsg)
                console.log(info + " = " + errorMsg[info]);
            alert("图表请求数据失败!");
            chart2.hideLoading();
        },
    });
```

5. 旅游舆情分析

(1) 旅游评论数据词云图

以各个景点的评论数据为数据源,使用 jieba 中文分词库进行分词处理后的数据作为统计数据,做出旅游评论数据词云分析图,直观展现大众的关注点和舆情走向。

加载旅游景点情感分析模块时,浏览器就会使用向后台服务器发送 Get 请求,请求作图所需要的数据。后端服务器接收到加载请求,依次调用 Controller 层、Service 层、Dao 层从 MySQL 数据库中查询各个城市旅游景点评论分词数据。后台最后将目标数据:[{name:word1,value:count1},{name:word2,value:count2},...]传到前端,用于旅游评论数据词云图的绘制。

```
------------------------------------------------------------------------------
//Controller 层核心代码:
//词云图数据
List<WordCount>wordCountList = wordCountService.listAll();
List<Map> dataList = new ArrayList<>();
for (WordCountwordCount :wordCountList) {
    Map<String,Object>wordCountMap = new HashMap<>();
    wordCountMap.put("name",wordCount.getWord());
    wordCountMap.put("value",wordCount.getCount());
    dataList.add(wordCountMap);                    }
model.addAttribute("datalist",dataList);

------------------------------------------------------------------------------
//View 层核心代码:
data:[
<c:forEach items="${datalist}" var="row" varStatus="b">
<c:if test="${b.index+1 == fn:length(datalist)}">
            { name: '${row.name}', value: ${row.value}}
</c:if>
<c:if test="${b.index+1 != fn:length(datalist)}">
            { name: '${row.name}', value: ${row.value}},
</c:if>
</c:forEach>         ]
```

（2）旅游景点类型情感分析图

以各个景点的评论数据为数据源，使用 SnowNLP 中文分词库进行分词处理和分词情感值的计算，分别对代表旅游类型的分词进行情感值计算，包括"沙滩""古城""博物馆""遗址""乐园""建筑""岛""沙漠""雪山""大海""森林"。将得出的"积极""中性""消极"的情感进行分类统计，并据此作出旅游景点类型情感分析图，以直观地向用户展示人们对各个类型旅游景点的看法和评价。

（3）旅游考虑因素情感分析图

以各个景点的评论数据为数据源，使用 SnowNLP 中文分词库进行分词处理，以及分词情感值的计算，分别对代表旅游考虑因素的分词进行情感值计算，包括"性价比""门票""民宿""交通""文化""生态""季节""路线""体验""趣味性"。将得出的"积极""中性""消极"的情感进行分类统计，并据此作出旅游决策考虑因素情感分析图，以直观地向用户展示人们旅游时对各个因素的看法和评价。

加载旅游景点情感分析模块时，浏览器会向后台服务器发送 Get 请求，请求作图所需的数据。后端服务器接收到加载请求，依次调用 Controller 层、Service 层、Dao 层从 MySQL 数据库中查询各个城市旅游景点评论分词情感值统计数据。目标数据如下：

目标词：[word1,word2, ...]

Positive 分数：[value1,value2, ...]

Neutral 分数：[value1,value2，...]

Negative 分数：[value1,value2，...]

后台最后将目标数据传到前端，用于旅游舆论情感分析图的绘制。

```
--------------------------------------------------------------------------------
//Controller 层核心代码：
//情感分析数据
List<Emotion> emotions = emotionService.listAll();
List<String> words = new ArrayList<>();
List<Integer> positive = new ArrayList<>();
List<Integer> neutral = new ArrayList<>();
List<Integer> negative = new ArrayList<>();
for (Emotion emotion:emotions) {
        words.add(emotion.getWords());
        positive.add(emotion.getPositive());
        neutral.add(emotion.getNeutral());
        negative.add(emotion.getNegative());}
model.addAttribute("words",words);
model.addAttribute("positive",positive);
model.addAttribute("neutral",neutral);
model.addAttribute("negative",negative);
return "/emotion/emotion";
--------------------------------------------------------------------------------
//View 层核心代码：
data: [
<c:forEach items="${positive}" var="row" varStatus="b">
<c:if test="${b.index+1 <= 10}">
                ${row},
</c:if>
</c:forEach>                ]
```

7.5.2 数据可视化模块前端设计——基于 ECharts

为使数据更加形象、直观和具体，将数据利用 ECharts 进行可视化，根据选取的数据不同，既可以画出基础的散点图、柱状图和饼图等，还可以画出更具有对比性的玫瑰图、地理热力图、堆叠柱状图等，并可以根据可视化图的意义不同将其分为热门景点分析、景点门票分析、旅游景点推荐和旅游舆情分析四个模块。

1. 热门景点分析

（1）中国各省热门旅游景点分布热力图

将爬取数据中的各省评论数量分别相加得到 comment_number，并将 comment_number 导入相应的省份中，随后利用 ECharts 的地理热力图中的中国地图（China）画图，根据评论数量所在的区间不同，各省份区域地图显示的颜色不同，并根据图旁边的颜色对照大约得知该省份评论数所在区间。

（2）中国各城市热门景点数统计柱状图

统计爬取数据中各景点的评论数量，将评论数量总和大于 500 的景点列为热门景点，并将每个城市热门景点的数量相加，将排名热门景点数靠前的城市利用 ECharts 的柱状图 Bar 表现出来，其中 Y 轴为排名靠前的城市名，X 轴为城市旅游热度。

热门景点分析模块的核心代码如下：

```
-------------------------------------------------------------------------------
//1. 中国各省热门旅游景点分布热力图
var myChartFjHfl = echarts.init(document.getElementById('thscfx'));
    var option1 = {
        title: { text: '中国各省旅游热度热力图',
            subtext: 'China\'s provincial tourism heat map',
            },
        tooltip: {
            formatter: function (params) {
                var info = '<p style="font-size:18px">' + params.data.name+
                    '</p><p style="font-size:14px">'+params.data.value+'</p>'
                return info;
            }, },
//左侧小导航图标
visualMap: {
splitList: [
                {start: 600000, end:900000},{start: 500000, end: 700000},
                {start: 300000, end: 500000},{start: 200000, end: 300000},
                {start: 100000, end: 200000},{start: 10000, end: 100000},
                ],
                color: ['#5475f5', '#9feaa5', '#85daef','#74e2ca', '#e6ac53', '#9fb5ea']
            },
        series: [
            {name: '中国',
                type: 'map',
                mapType: 'china',
                data: [
<c:forEach items="${datalist}" var="row" varStatus="b">
<c:if test="${b.index+1 == fn:length(datalist)}">
```

```
                                        { name: '${row.name}', value: ${row.value}}
</c:if>
<c:if test="${b.index+1 != fn:length(datalist)}">
                                        { name: '${row.name}', value: ${row.value}},
</c:if>
</c:forEach>          ]
                   }   ]  };
```

----

2. 中国各城市热门景点数统计柱状图

```
var    option2 = {
            title: {text: '国内城市热门景点数柱状图',
                subtext: 'Bar chart of popular scenic spots in Chinese cities',
            },
            yAxis: {
                type: 'category',
                data:[
<c:forEach items="${maps}" var="row" varStatus="b">
<c:if test="${b.index+1 == fn:length(maps)}">
<c:if test="${row.value >=16}">
                                '${row.name}',
</c:if>
</c:if>
<c:if test="${b.index+1 != fn:length(maps)}">
<c:if test="${row.value >=16}">
                                '${row.name}',
</c:if>
</c:if>
</c:forEach>]
            },
            series: [
                {   name: '2011',
                    type: 'bar',
                    data:[
<c:forEach items="${maps}" var="row" varStatus="b">
<c:if test="${b.index+1 == fn:length(maps)}">
<c:if test="${row.value >=16}">
                                ${row.value},
</c:if>
</c:if>
<c:if test="${b.index+1 !=   fn:length(maps)}">
<c:if test="${row.value >=16}">
                                ${row.value},
</c:if>
</c:if>
</c:forEach> ]
            }   ]          };
```

2. 景点门票分析

（1）中国各个城市旅游景点平均门票价格分布区间统计饼图

将爬取数据中各城市旅游景点平均门票分区域统计，将价格区间划分为：0～50，50～100，100～

200，200～300，300 及以上，随后分别统计在各个区间的城市数，并利用 ECharts 的饼图，将统计结果可视化，可以更加直观地看出价格区间所占比例。

（2）中国热门旅游城市平均旅游门票的分布热力图

利用 ECharts 的地理热力图中的中国地图，将爬取到的城市经纬度数据结合热门旅游城市名在中国地图（China）做点，并将热门旅游城市平均门票价格传入点中，可点击城市查看该城市门票平均价格。

（3）中国热门旅游城市平均旅游门票价格分布散点图

利用 ECharts 的 scatter 散点图展示中国热门旅游城市平均旅游门票价格分布。scatter 中的 X 与 Y 轴数据均为景区平均价格。可根据 scatter 图中点位疏密程度推测价格区间所占比例。

景点门票分析模块的核心代码如下：

```
--------------------------------------------------------------------
//1. 中国各个城市旅游景点平均门票价格分布区间统计饼图
var option1 = {
        title: {text: '中国旅游景点平均门票占比饼图',
                subtext: 'Pie chart of average ticket share of Tourist attractions in China',
        },
        series: [
                {    name: '平均票价',
                     type: 'pie',
                     radius: '50%',
                     data: [
<c:forEach items="${countList}" var="row" varStatus="b">
<c:if test="${b.index+1 == fn:length(countList)}">
                                        { name: '${row.name}￥', value: ${row.value}}
</c:if>
<c:if test="${b.index+1 != fn:length(countList)}">
                                        { name: '${row.name}￥', value: ${row.value}},
</c:if>
</c:forEach>
                ],}
        }]};
--------------------------------------------------------------------
//2. 中国热门旅游城市平均旅游门票的分布热力图
var myChartFjHfl2 = echarts.init(document.getElementById('thscfx2'));
var getdata = {
        value:[
<c:forEach items="${prices}" var="row" varStatus="b">
<c:if test="${b.index+1 == fn:length(prices)}">
                        { name: '${row.name}', value: ${row.value}}
</c:if>
<c:if test="${b.index+1 != fn:length(prices)}">
                        { name: '${row.name}', value: ${row.value}},
</c:if>
</c:forEach>]
};
var geoCoordMap = ${cityJson};
function convertData(data) {
        var res = [];
```

```
    for (var i = 0; i < data.length; i++) {
        var geoCoord = geoCoordMap[data[i].name];
        if (geoCoord) {
            res.push({
                name: data[i].name,
                value: geoCoord.concat(data[i].value)
            });
        }}
    return res;
};
option2 = {
    title: { text: '中国热门旅游城市平均旅游门票热力图',
        subtext: 'Average ticket heat map of popular tourist cities in China',
    },
    geo: {
        map: 'china',
        roam: true,
        series : [
        {type: 'scatter',
            coordinateSystem: 'geo',
            data: convertData(getdata.value),
            },
        {   name: 'categoryA',
            type: 'map',
            geoIndex: 0,
            tooltip: {show: false},
            data: [
<c:forEach items="${datalist}" var="row" varStatus="b">
<c:if test="${b.index+1 == fn:length(datalist)}">
                    { name: '${row.name}', value: ${row.value}}
</c:if>
<c:if test="${b.index+1 != fn:length(datalist)}">
                    { name: '${row.name}', value: ${row.value}},
</c:if>
</c:forEach>]
        }]};
myChartFjHfl2.setOption(option2);
-----------------------------------------------------------------------------------------
//3. 中国热门旅游城市平均旅游门票价格分布散点图
option3 = {
    title: {
        text: '中国热门旅游城市平均旅游门票散点图',
            },
tooltip: {
showDelay: 0,
        formatter: function (params) {
            if (params.value.length > 1) {
                return (params.value[1] +'￥ ');
            } else {
                return (params.value +'￥ ');
```

```
            }},
        },
      series: [
        { name: '平均票价',
            type: 'scatter',
            data: [
<c:forEach items="${priceNum}" var="row" varStatus="b">
<c:if test="${b.index+1 == fn:length(priceNum)}">
                    [${row.avg_price},${row.avg_price}],
</c:if>
<c:if test="${b.index+1 != fn:length(priceNum)}">
                        [${row.avg_price},${row.avg_price}],
</c:if>
</c:forEach>
        ] }      ]                };
```

3. 旅游景点推荐

（1）四季热门旅游景点推荐柱状图

根据爬取到的四季推荐旅游景点数据，分别将春夏秋冬四季所推荐景点的"去过人数"进行排序统计，并利用 ECharts 的柱状图 bar 将排名最高的 16 个城市进行可视化。

（2）四季热门旅游景点推荐玫瑰图

根据爬取到的四季推荐旅游景点数据，分别将春夏秋冬四季所推荐景点的"想去人数"进行排序统计，并利用 ECharts 的玫瑰图 pie 将排名最高的 16 个城市进行可视化。

旅游景点推荐模块的核心代码如下：

```
--------------------------------------------------------------------------------
//1. 四季热门旅游景点推荐柱状图
var chart1 = echarts.init(
    document.getElementById('01'), 'white', {renderer: 'canvas'});
var option1 = {
    title: {text: '春季旅游景点推荐柱状图',
        subtext: 'Bar chart of recommended spring tourist attractions',
    },
    xAxis: {
        type: 'category',
        data: [
<c:forEach items="${gone[0]}" var="row" varStatus="b">
<c:if test="${b.index+1 == fn:length(gone[0])}">
            '${row.name}',
</c:if>
<c:if test="${b.index+1 != fn:length(gone[0])}">
            '${row.name}',
</c:if>
</c:forEach>]
    },
    series: [
        {name:'春季',
            data: [
<c:forEach items="${gone[0]}" var="row" varStatus="b">
```

```
<c:if test="${b.index+1 == fn:length(gone[0])}">
                    ${row.value},
</c:if>
<c:if test="${b.index+1 != fn:length(gone[0])}">
                    ${row.value},
</c:if>
</c:forEach>],
            type: 'bar',
        }]};
```

```
//2. 四季热门旅游景点推荐玫瑰图
chart2.setOption({
    title: {text: '春季旅游景点推荐玫瑰图',
        subtext: 'Recommended roses for spring attractions',
    },
        series: [{type: 'pie',
                radius: [50, 250],
                center: ['50%', '50%'],
                roseType: 'area',
                data: []
        }]});
```

4．旅游舆情分析

（1）旅游评论数据词云图

将各个景点评论用分词库 jieba 将中文评论分词，并根据词汇出现次数进行排序，后使用 ECharts 的 wordcloud 词云图将词云结果可视化。

（2）旅游景点类型情感分析图

将各个景点评论用 SnowNLP 库将中文评论分词，并根据所得词汇的情感分析得分将目标词利用堆叠柱状图 bar 将"积极""中性"和"消极"情况可视化展示。

旅游舆情分析的核心代码如下：

```
//1. 旅游评论数据词云图
getdata = {
    value:[
<c:forEach items="${datalist}" var="row" varStatus="b">
<c:if test="${b.index+1 == fn:length(datalist)}">
                    { name: '${row.name}', value: ${row.value}}
</c:if>
<c:if test="${b.index+1 != fn:length(datalist)}">
                    { name: '${row.name}', value: ${row.value}},
</c:if>
</c:forEach>]
};
var    option1 = {
    title: {
        text: '旅游评论数据词云图',
        subtext: 'Tourism review data word cloud',},
        series: [ {
```

```
                    type: 'wordCloud',
                    shape:"star",
                    data: getdata.value,
            } ]};
----------------------------------------------------------------------------------
//2. 旅游景点类型情感分析图
var myChartFjHfl3 = echarts.init(document.getElementById('thscfx2'));
var    option = {
        title: {text: '旅游景点类型情感分析图',
                subtext: 'Tourism review data word cloud',
        },
        xAxis: {
                type: 'category',
                    data: [
<c:forEach items="${words}" var="row" varStatus="b">
<c:if test="${b.index+1 > 10}">
                    '${row}',
</c:if>
</c:forEach>]
        },
        series: [
                {    name: '积极',
                    type: 'bar',
                    stack: 'total',
                },
                data: [
<c:forEach items="${positive}" var="row" varStatus="b">
<c:if test="${b.index+1 > 10}">
                        ${row},
</c:if>
</c:forEach> ]
        },
                { name: '中性',
                    type: 'bar',
                    data: [
<c:forEach items="${neutral}" var="row" varStatus="b">
<c:if test="${b.index+1 > 10}">
                        ${row},
</c:if>
</c:forEach>]
        },
                {name: '消极',
                    type: 'bar',
                    stack: 'total',
                    data: [
<c:forEach items="${negative}" var="row" varStatus="b">
<c:if test="${b.index+1 > 10}">
                        ${row},
</c:if>
</c:forEach>]
        }]};
```

160

7.5.3　数据可视化页面展示

1. 项目的页面布局

项目的页面布局如图 7-13 所示。用户可以通过左上角的下拉菜单选择想要查询的城市，左侧列表会出现对应城市中综合评分前 16 的景点名称。

图 7-13　项目的页面布局

2. 热门景点分析

国内热门景点数柱状图如图 7-14 所示。将评论数超过 500 条的景点定义为热门景点，统计每个城市的热门景点数，选出热门景点数前 25 的城市，结果如图 7-14 所示。

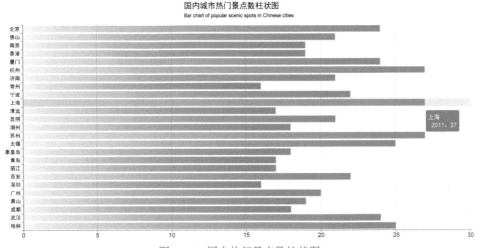

图 7-14　国内热门景点数柱状图

由图 7-14 可以看出，上海、杭州、苏州为热门景点数最多的三个城市，且大部分城市皆为南方城市，可见南方城市的旅游热度比北方城市高。

3. 景点门票分析

中国旅游景点平均门票散点图以及占比饼图如图 7-15 和图 7-16 所示。

由两图可以看出门票在 50～200 这个区间的景点数最多，可见大家可以接受的门票区间大致为 50～200。由此可以建议景区的门票价格可以参考这个价格区间。

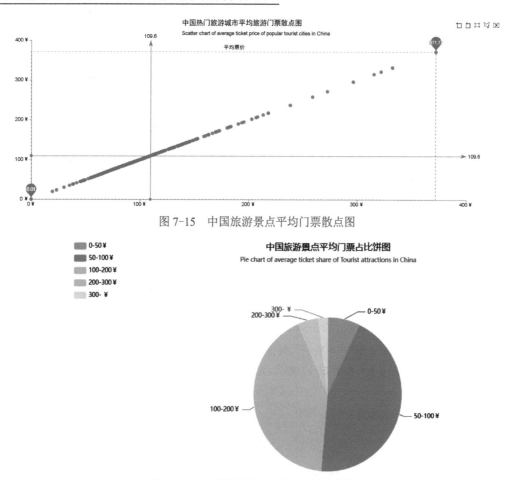

图 7-15　中国旅游景点平均门票散点图

图 7-16　中国旅游景点平均门票占比饼图

4. 旅游景点推荐

各季节旅游景点推荐柱状图和玫瑰图如图 7-17～图 7-24 所示。

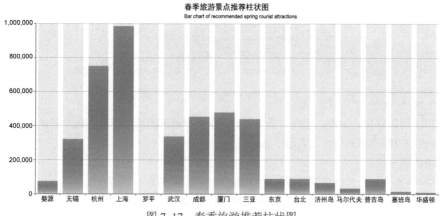

图 7-17　春季旅游推荐柱状图

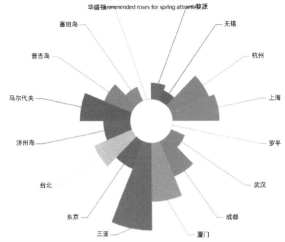

图 7-18　春季旅游推荐玫瑰图

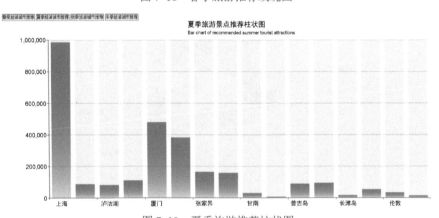

图 7-19　夏季旅游推荐柱状图

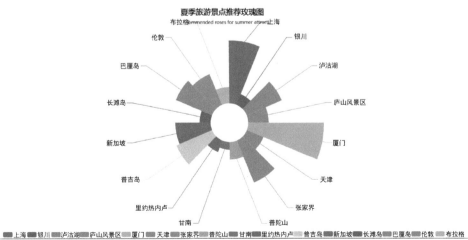

图 7-20　夏季旅游推荐玫瑰图

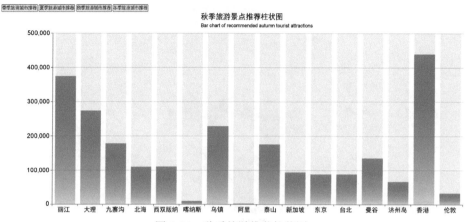

图 7-21　秋季旅游推荐柱状图

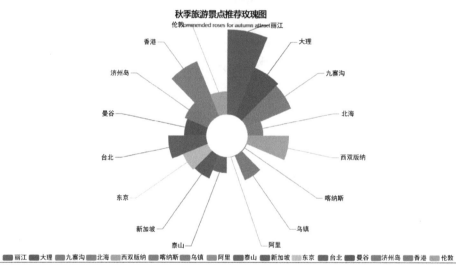

图 7-22　秋季旅游推荐玫瑰图

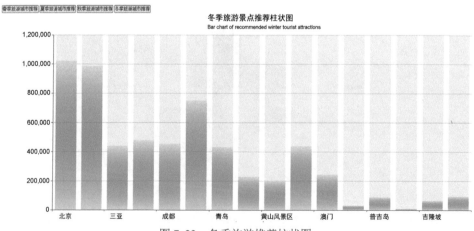

图 7-23　冬季旅游推荐柱状图

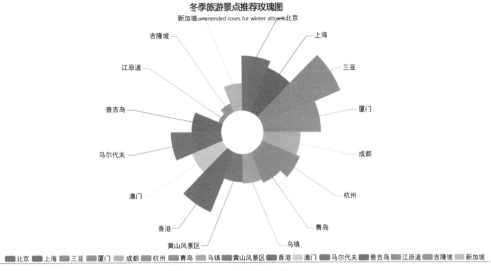

图 7-24　冬季旅游推荐玫瑰图

由上面的八张图可以看出各季节的推荐景点以及各景点的热度,可以以此作为旅游者选择旅游目的地的一个参考。

5. 景区评论情感分析

旅游评论数据词云图如图 7-25 所示。这是对几个景点的评论进行 jieba 中文分词后,统计词频得到的词云图。词云图中越靠近中间、字体越大的词语在评论中出现的次数越多。

图 7-25　旅游评论数据词云图

由图 7-25 可见,评论的大多数还是赞美之词,可见大多数游客对景点还是满意的。

旅游景点类型情感分析图如图 7-26 所示。使用的是极坐标柱状堆叠图来绘制不同景点类型的情感分布状况。蓝色部分表示积极评论的数量,绿色部分代表中性感情色彩的评论数量,黄色代表消极感情色彩的评论数量。

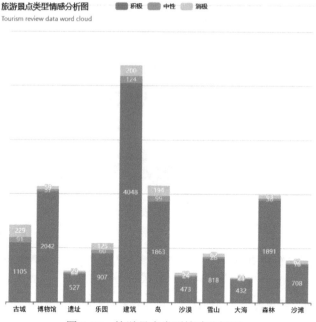

图 7-26　旅游景点类型情感分析图

从图 7-26 中可以看出，积极的感情色彩是占绝大多数的，中性和消极的感情色彩是占一小部分的，说明游客对这些景点的满意度和认可度还是比较高的。

旅游考虑因素情感分析图如图 7-27 所示。使用的是极坐标条状堆叠图来绘制不同关键字的情感分布状况。红色部分表示积极评论的数量，黑色部分代表中性感情色彩的评论数量，青色代表消极感情色彩的评论数量。

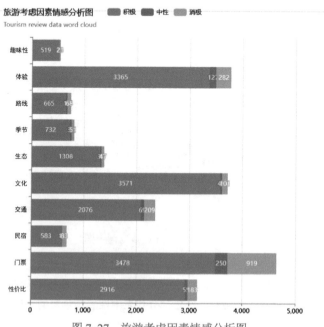

图 7-27　旅游考虑因素情感分析图

从图 7-27 中可以看出，游客比较注重体验、文化、门票、性价比这几个方面，同时在门票、体验、交通等方面消极评论也比较多，景点可以在这几个方面多加改进。

本章小结

本章主要介绍了旅游大数据多维度离线分析系统搭建的过程，主要包括数据采集、数据存储、数据离线分析处理和情感分析、处理结果的可视化，用到了 Hive、HDFS、Spark、SSM、ECharts 等技术，从热门景点、景点门票等多维度对源数据进行了分析展示。本章的重点是在熟悉系统架构和业务流程的前提下，读者自己动手开发大数据系统。

第 8 章
基于 MySQL+Spark 的大数据离线
分析系统

本章内容

本章讲解离线电商大数据分析平台，该系统的功能是从不同维度对电商数据进行分析，并以图表的形式展示出来。首先讲解 Hadoop 离线分析系统的需求分析和架构，然后讲解数据采集、分析处理、存储和可视化模块的具体实现。

本章要点

- 熟悉 Hadoop 离线系统架构以及业务流程。
- 使用爬虫技术对京东/淘宝数据进行爬取。
- 掌握向 Kafka 集群发送数据的方法。
- 结合 Spark SQL 技术将数据处理结果存入 MySQL 数据库。
- 学会使用 Superset 连接数据库对数据进行可视化展示。

8.1 系统架构概述

本节主要从需求分析和技术架构进行分析，旨在帮助读者理解基于电商数据的 Hadoop 离线分析系统的开发流程。

8.1.1 需求分析

本案例旨在实现一个电商大数据分析平台，即实现电商网站手机属性、评论等数据的爬取与存储，结合 Spark 对数据进行离线分析处理，将处理结果存储在 MySQL 数据库中，最终结合 Apache Superset 以图表的形式展示数据，具体的功能需求如下。

（1）功能点：从目标网站爬取数据

功能描述：访问目标网站 https://www.jd.com/。

（2）功能点：查询手机列表信息

功能描述：地址导航：在搜索框中输入"手机"，再点击查询。

网址入口：https://search.jd.com/Search?keyword=%E6%89%8B%E6%9C%BA&enc=utf-8&wq=

%E6 %89%8B%E6%9C%BA&pvid=9149a588e66e477dbf9a6c2706faaa22。

目的：统计所抓取的电商平台总数、手机品牌数量、系统数据量和商品售后评价等数据。

（3）功能点：查询某个手机的详细属性

功能描述：地址导航：点击手机列表中的任一手机跳转到手机详细信息界面。

网址入口：https://item.jd.com/5089253.html。

目的：获取手机属性、包括支持国产、通话质量、功能、性价比、电池耐用度、系统流畅度、外观、屏幕尺寸、手机灵敏度等。

（4）功能点：查询某个手机的评论信息

功能描述：地址导航：点击手机列表中的任一手机跳转到手机详细信息界面。

网址入口：https://sclub.jd.com/comment/productPageComments.action?callback=fetchJSON_comment98vv112617&productId=5089253&score=0&sortType=5&page=1&pageSize=10&isShadowSku=0&rid=0&fold=1。

目的：通过对评论分词来展示手机评论的主要情感信息，统计会员等级价格区间销量。

本项目架构采用模块化设计，分为外部数据源、数据采集、数据离线分析、数据存储和数据可视化模块，将大数据落实到应用中。项目架构图如图 8-1 所示，其中每一层的主要建设内容和职责如下。

- 第一层为外部数据源，数据来源于淘宝和京东两大电商网站。
- 第二层为数据采集层，采用网络爬虫技术从网站中爬取手机产品的相关信息。
- 第三层为数据离线分析层，使用 Spark SQL 进行离线数据分析。
- 第四层为数据存储层，将上一层的统计结果存入 MySQL 数据库中。
- 第五层为数据可视化层，集成 Apache Superset 图形，从数据可视化、指标可视化、数据关系可视化等角度，通过精准、友好、快速的可视化界面全方位地展示给用户。

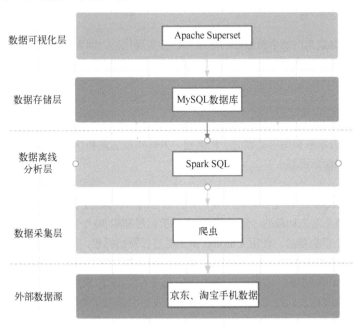

图 8-1　项目架构图

8.1.2 数据存储——MySQL

MySQL 是一个开源的关系型数据库管理系统，可以处理拥有上千万条记录的大型数据库，将数据保存在不同的表中，而不是将所有数据放在一个大仓库内，这样就提高了速度和灵活性。MySQL 是一个关系型数据库，由一个或数个表格组成，其中，一个表格包括表头、行、列、键和值。MySQL 使用标准的 SQL 数据语言形式。

本项目中，MySQL 主要用于存储 Spark 处理之后的数据。数据进行可视化时，从 MySQL 数据库中查询相应数据传到 Apache Superset 即可直接绘图。

8.1.3 数据处理与可视化——Spark Streaming +Apache Superset

Spark Streaming 是 Spark 四大组件之一，是一个流式处理框架，支持可扩展、高吞吐量、容错的实时数据流处理，实时数据的来源可以是 Kafka、Flume 等，并且可以使用高级功能的复杂算子来处理流数据。

Apache Superset 是一款可用于数据展示与数据可视化的开源软件，在处理大量数据方面效果显著。它是一款快速直观的轻量级工具，具有丰富的功能选项，从简单的折线图到高度详细的地理空间图，用户可以轻松地以可视化的方式浏览数据，提供了精美的可视化效果。此外，它支持多种数据库，如 MySQL、SQLServer、Oracle、Druid 等。

本项目中，Spark Streaming 用于离线分析处理电商数据理。Apache Superset 组件用于实现数据可视化的展示，连接 MySQL 数据库，绘制多维图表。

8.2 采集电商数据

本节主要讲解爬取京东网站手机数据的思路和核心实现代码，即首先使用 Python 爬虫技术爬取京东手机属性信息和用户评论数据，将爬取到的数据存入不同的 csv 文件，最后进行京东手机信息采集模块的测试。

8.2.1 使用爬虫爬取商品信息

商品信息主要选自京东和淘宝商城的手机类别，具体实现思路和核心代码如下。

1. 京东手机列表信息爬取

（1）设计思路

使用 Python 的 requests 库进行数据爬取。分析京东的手机页面，可以发现一页中有 60 个手机信息，后 30 个手机信息是动态加载的，所以前 30 个手机信息和后 30 个手机信息要分开获取。

首先获取前 30 个手机信息，使用 Chrome 浏览器进行网络抓包，找到包含手机信息的响应，观察不同页数的 url，发现规律并构造 url。接着是构造 headers，需要先登录京东网站，然后在 headers 中加入 cookies、user.agent 等的值，这样可以模拟浏览器进行页面访问也不易被察觉。浏览器响应的是HTML，所以使用 xpath 定位，按照 id 或者 class 来提取相应标签下的属性或者文本信息，边爬取边处理数据。在爬取完一条手机数据后使用 csv 库中的 writer 写入指定的 csv 文件。如果是将手机信息存储在列表或其他容器中，在全部爬取结束以后一次性写入 csv 文件，则很容易出现中间出错而导致程序终止，之前的数据全部丢失的情况。

因为每一页的后 30 个手机信息是动态加载的，只有当鼠标滑动到后 30 个手机的位置，手机的信息才会被加载出来。依然使用 Chrome 浏览器的 Network 抓包，选中 XHR 选项，当鼠标滑动到页面的下半部分，就会发现出现一个新的数据响应，通过观察多个页面的 url，发现规律，使用规律来构造 url。设置 headers 变量，在里面添加 cookie、user.agent 等信息模拟浏览器发送请求。响应的是 HTML 字符串，使用 xpath 定位，按照 id 或者 class 来提取相应标签下的属性或者文本信息，边爬取边处理数据。在爬取完一条手机数据后使用 csv 库中的 writer 写入指定的 csv 文件。

在爬取的时候需要爬取评论数，评论数需要请求手机的详情页面进行获取，响应的是 JSON 字符串，将 JSON 字符串处理成 Python 中字典的键值对形式，使用 json.loads 方法转换成字典，提取出评论数的数据。

爬取时京东一共有 50 页数据，相当于 3000 个左右的手机信息，数量较多，所以在发送请求时使用 time 库的 sleep 函数让程序隔一段时间发送一次请求，这样不易于被服务器识别为爬虫程序，可以爬取到更多的数据。

（2）核心代码

1）获取前 30 个手机信息。

```
def crow_first(page):
    url =
"https://search.jd.com/Search?keyword=%E6%89%8B%E6%9C%BA&wq=%E6%89%8B%E6%9C%
BA&page={}&s={}&click=0".format(2 * page - 1, (page - 1) * 60 + 1)
    response = requests.get(url, headers=headers)
    response.encoding = "utf-8"
    time.sleep(random.randint(1, 5))
    html = etree.HTML(response.text)
    li_list = html.xpath('//div[@id="J_goodsList"]/ul/li')
    id_list = []
    with open("./data/JD_phone.csv", "a", encoding="utf-8", newline="") as f:
        writer = csv.writer(f)
        for li in li_list:
            p_id = li.xpath("@data-sku")[0]
            id_list.append(p_id)
            p_price = li.xpath('div/div[@class="p-price"]/strong/i/text()')[0]
            p_detail = 'https:' + li.xpath('div/div[@class="p-name p-name-type-2"]/a/@href')[0].replace('https:', '')
            p_comment = comment(p_detail)
            p_name = li.xpath('div/div[@class="p-name p-name-type-2"]/a/em/text()')[0].strip()
            try:
                p_shop = li.xpath('div/div[@class="p-shop"]/span/a/text()')[0]
            except:
                p_shop = 'null'
            try:
                p_model    =    li.xpath('div/div[@class="p-icons"]/i[@class="goods-icons    J-picon-tips    J-picon-
fix"]/text()')[0]
            except:
                p_model = 'null'
            writer.writerow([p_name, p_id, p_price, p_comment, p_shop, p_detail, p_model])
            print("商品名称：" + p_name, "商品 ID：" + p_id, "价格：" + p_price, "评论数：" +
p_comment, "店铺名称:" + p_shop, "详情链接:" + p_detail, "是否自营:" + p_model)
```

2）获取后 30 个手机信息。

```
def crow_last(page):
    url =
    "https://search.jd.com/s_new.php?keyword=%E6%89%8B%E6%9C%BA&page={}&s={}&scrolling=
y&log_id={}".format(page * 2, 48 * page - 20, '%.5f' % time.time())
    r = requests.get(url, headers=headers)
    r.encoding = "utf-8"
    time.sleep(5)
    html = etree.HTML(r.text)
    li_list = html.xpath('//li[@data-sku]')
    with open("./data/JD_phone.csv", "a", encoding="utf-8", newline="") as f:
        writer = csv.writer(f)
        for li in li_list:
            p_id = li.xpath("@data-sku")[0]
            p_price = li.xpath("div/div[@class='p-price']/strong/i/text()")[0]
            p_detail = 'https:' + li.xpath('div/div[@class="p-name  p-name-type-2"]/a/@href')[0].replace
('https:', '')
            p_comment = comment(p_detail)
            p_name = li.xpath("div/div[@class='p-name p-name-type-2']/a/em/text()")[0].strip()
            try:
                p_shop = li.xpath("div/div[@class='p-shop']/span/a/@title")[0]
            except:
                p_shop = "null"
            try:
                p_model = li.xpath("div/div[@class='p-icons']/i[@class='goods-icons J-picon-tips J-picon-
fix']/text()")[0]
            except:
                p_model = 'null'
            writer.writerow([p_name, p_id, p_price, p_comment, p_shop, p_detail, p_model])
            print("商品名称：" + p_name, "商品 ID：" + p_id, "价格：" + p_price, "评论数：" +
p_comment, "店铺名称:" + p_shop, "详情链接:" + p_detail, "是否自营:" + p_model)
```

3）获取评论数。

```
def comment(p_detail):
    url =
    "https://club.jd.com/comment/productCommentSummaries.action?referenceIds={}&_={}" \
    .format(re.findall('//item.jd.com/(.*?).html', p_detail)[0], ('%.3f' % time.time()).replace('.', ''))
    content =
        requests.get(url, headers=headers).text.replace('{"CommentsCount":[', '').replace(')}', '')
    dict_content = json.loads(content)
    return dict_content.get('CommentCountStr', 'null')
```

2. 京东手机详情信息爬取

（1）设计思路

该部分的设计是建立在已经把手机的基本信息爬取成功并存入 csv 文件的基础上。请求详情页的 url 在爬取手机基本信息时已经保存到了 csv 文件中，所以需要使用 csv 库中的 reader 方法读取出相应的列的内容。除了读取出详情页链接那一列的内容之外，还要将商品 ID 那一列读取出来，用来构造 headers 中 path 的值。

使用从 csv 文件中读取出来的 url 和构造的 headers 模拟浏览器发送请求，获取响应，返回的是 HTML 字符串，使用 xpath 定位，按照 id 或者 class 来提取相应标签下的属性或者文本信息。手机的详情信息全部都在<li>标签下，也没有特别的标记表明这个<li>标签中的内容是运行内存还是屏幕分辨率等，所以需要写 if 语句进行判断，再使用 replace 函数把多余部分替换掉，然后提取出有用的部分写入 csv 文件中。

（2）核心代码

1）读取 csv 文件中的内容。

```python
def read(filename):
urldata = []
    with open(filename, encoding="utf-8") as f:
        csv_reader = csv.reader(f)
        next(csv_reader)
        for row in csv_reader:
            urldata.append({"productId": row[1], "url": row[5]})
        return urldata
```

2）提取<li>标签下的内容。

```python
def getResult(patternStr, text):
    result = ""
    try:
        if (patternStr in text):
            result = text.replace(patternStr, "")
    except:
        result = "null"
    if result == "":
        result = "null"
    return result
```

3）爬取详情页的手机详细信息并存入 csv 文件。

```python
def scrap(urldata, outFilename):
    for index in range(len(urldata)):
        data = urldata[index]
        url = data["url"]
        print("正在爬取第{}个网页,url={}".format(index + 1, url))
        r = requests.get(url, headers=headers)
        r.encoding = "utf-8"
        html = etree.HTML(r.text)
        try:
            brand = html.xpath('//*[@id="parameter-brand"]/li/@title')[0]
        except:
            brand = "null"
        print("brand = ", brand)
        datas = html.xpath('//*[@id="detail"]/div[2]/div[1]/div[1]/ul[3]')
        if len(datas) == 0:
            datas = html.xpath('//*[@id="detail"]/div[2]/div[1]/div[1]/ul[2]')
        print(len(datas))
        with open(outFilename, "a", encoding="utf-8",newline="") as f:
```

```
                    writer = csv.writer(f)
                    for data in datas:
                        productName = "null"
                        productId = "null"
                        productWeight = "null"
                        productHome = "null"
                        system = "null"
                        productThickness = "null"
                        camera = "null"
                        battery = "null"
                        screen = "null"
                        function = "null"
                        runningMemory = "null"
                        frontCameraElement = "null"
                        backCameraElement = "null"
                        systemMemory = "null"
                        for lidata in data:
                            txt = lidata.text
                            if productName == "null":
                                productName = getResult("商品名称：", txt)
                            if productId == "null":
                                productId = getResult("商品编号：", txt)
                            if productWeight == "null":
                                productWeight = getResult("商品毛重：", txt)
                            if productHome == "null":
                                productHome = getResult("商品产地：", txt)
                            if system == "null":
                                system = getResult("操作系统：", txt)
                            if productThickness == "null":
                                productThickness = getResult("机身厚度：", txt)
                            if camera == "null":
                                camera = getResult("摄像头数量：", txt)
                            if battery == "null":
                                battery = getResult("充电器：", txt)
                            if screen == "null":
                                screen = getResult("分辨率：", txt)
                            if function == "null":
                                function = getResult("热点：", txt)
                            if runningMemory == "null":
                                runningMemory = getResult("运行内存：", txt)
                            if frontCameraElement == "null":
                                frontCameraElement = getResult("前摄主摄像素：", txt)
                            if backCameraElement == "null":
                                backCameraElement = getResult("后摄主摄像素：", txt)
                            if systemMemory == "null":
                                systemMemory = getResult("机身存储：", txt)
                        data = [brand, productName, productId, productWeight, productHome, system,
productThickness, camera, battery, screen, function, runningMemory, frontCameraElement, backCameraElement,
systemMemory]
                        print(data)
```

```
        writer.writerow(data)
    f.close()
    time.sleep(random.randint(1,3))
```

3．京东手机评论信息爬取

（1）设计思路

该部分的设计是建立在已经把手机的基本信息爬取成功并存入 csv 文件的基础上。请求详情页的 url 在爬取手机基本信息时已经保存至 csv 文件中，所以需要使用 csv 库中的 reader 方法读取出相应的列的内容。除了读取出详情页链接那一列的内容之外，还要将商品 ID 一列读取出来，用来构造 headers 中 Referer 的值。

使用从 csv 文件中读取出来的 url 和构造的 headers 模拟浏览器发送请求，获取响应，返回的是 JSON 格式的字符串，对返回结果的首尾处理成 Python 的字典形式，再使用 json.loads 方法将其转变为字典，可以使用键来获取对应的值，并将值处理成指定的形式。每处理完一条评论的内容就写入到指定的 csv 文件。

（2）核心代码

1）读取 csv 文件。

```
def read(filename):
urldata = []
    with open(filename, encoding="utf-8") as f:
        csv_reader = csv.reader(f)
        next(csv_reader)
        for row in csv_reader:
            urldata.append({"id": row[0], "url": "https://detail.tmall.com/item.htm?id={}&ns=1&abbucket=7".format
(row[0])})
    return urldata
```

2）模拟浏览器发送请求，获取响应，并写入 csv 文件。

```
def scrap(urldata, outFilename):
    for index in range(len(urldata)):
        data = urldata[index]
        url =
        "https://club.jd.com/comment/productPageComments.action?productId={}&score=0&sortType=
5&page=0&pageSize=10&isShadowSku=0&fold=1".format(data["productId"])
        print("正在爬取第{}个网页,url={}".format(index + 1, url))
        r = requests.get(url, headers=headers)
        r.encoding = "gbk"
        r = r.text.replace("fetchJSON_comment98(", "").replace(");", "")
        time.sleep(random.randint(1, 3))
        jsonStr = json.loads(r)
        productId = jsonStr["productCommentSummary"]["productId"]
        print(productId)
        comments = jsonStr["comments"]
        with open(outFilename, 'a', encoding="utf-8", newline="")as f:
            write = csv.writer(f)
            for comment in comments:
                try:
                    id = comment["id"]
```

```
        except:
            id = "null"
        try:
            guid = comment["guid"].replace("\n", "").replace("\r", "").replace(",", ",  ")
        except:
            guid = "null"
        try:
            content = comment["content"].replace("\n", "").replace("\r", "").replace(",", ",  ")
        except:
            content = "null"
        try:
            creationTime = comment["creationTime"].replace("\n", "").replace("\r", "").replace(",", ",  ")
        except:
            creationTime = "null"
        try:
            referenceId = comment["referenceId"].replace("\n", "").replace("\r", "").replace(",", ",  ")
        except:
            referenceId = "null"
        try:
            referenceTime = comment["referenceTime"].replace("\n", "").replace("\r", "").replace(",", ",  ")
        except:
            referenceTime = "null"
        try:
            score = comment["score"]
        except:
            score = "null"
        try:
            nickname = comment["nickname"].replace("\n", "").replace("\r", "").replace(",", ",  ")
        except:
            nickname = "null"
        try:
            productColor = comment["productColor"].replace("\n", "").replace("\r", "").replace(",", ",  ")
        except:
            productColor = "null"
        try:
            productSize = comment["productSize"].replace("\n", "").replace("\r", "").replace(",", ",  ")
        except:
            productSize = "null"
        data = [id, productId, guid, content, creationTime, referenceId, referenceTime, score,
nickname, productColor, productSize]
        write.writerow(data)
    f.close()
```

4．淘宝手机列表信息爬取

（1）使用 requests

1）设计思路。

使用 Chrome 浏览器查看网页源代码，如图 8-2 所示。可以看到该页的手机相关信息都包含在其中。观察多个页面的 url，发现规律。使用发现的规律在代码中使用循环的方式构造 url，然后登录淘宝页面获取保存在本地的 cookie 值，并添加到 headers 中，在发送请求时使用。使用 requests 库的 get

方法模拟浏览器发送请求，获取响应。使用正则表达式匹配到相应的内容，再使用 json.loads 方法将 JSON 字符串转换为 Python 的字典格式，方便按照相应的键提取相应的值，并对值进行处理以后写入 csv 文件。

在处理销售量这一数值时，由于获取到的内容是“xx 人付款”，使用正则表达式将前面的数字提取出来。例如，“xx 万人付款”或“xx+人付款”等内容，也都是使用正则表达式提取出来，注意，有“万”的话，将字符串转变为 float 类型后再乘以 10000 即可。


```
<script>

g_page_config = {"pageName":"mainsrp","mods":{"shopcombotip":{"status":"hide"},"phonenav":{"status":"hide"},"debugbar":{"status":"hide"},"shopcombo":{"status":"hide"},"itemlist":
{"status":"show","data":{"postFeeText":"运费","trace":"msrp_auction","auctions":[{"p4p":1,"p4pSameHeight":true,"nid":"624566427239","category":"","pid":"","title":"【送天猫精灵】OPPO K7
oppok7\u003cspan class\u003dH\u003e手机\u003c/span\u003e新款上市oppo5g新品0pp0k7 a92s k5 k3 k1 oppo官网旗舰店 官方 未来","raw_title":"OPPO K7正品手机新款上市官方旗舰店","pic_url":"//g-
search1.alicdn.com/img/bao/uploaded/i4/imgextra/i3/108126899/O1CN01MZQvzg20pn65JJdNQ_!!0-saturn_solar.jpg","detail_url":"https://click.simba.taobao.com/cc_im?
p\u003d%CA%D6%BB%FA\u0026s\u003d1821184139\u0026k\u003d493\u0026e\u003dlqnqFuZdfiZeVxhcdatEMH0JcqLR7mdbt3rDun68eBnFJA4X2866SFJa0iKJ8JN2Mn0XfXi6JGobMb0OYd441IvFKmh%2FIfLDk5I52CiLy9Cua4jUI
4iTPNzUI3SUoNMvbnZfpBGZntZdNBqq92%2BIpR8cpQRjd8vJaCxaU%2FEhx%2BaZDi46J81DVD7FEImoSkwNS6DlTkjsxk3E3J19pNqz8nbdVQ2YJEhJts02AropcfAzXnF%2FusIU9XAtFalVTCYzikQy8aNlaZSr0F1%2BlHnA9qE9yjY8FYh0%
2FWPIRCgGuyF8M95IjTtz7QpvuZ6%2B8j3i5m7Cn9r5n8TDO3fcQuC9W0N%2FKsL01K%2BrEWBUGgYH%2FpcdvmrxQnHyhjxM09ryUKoWEGbA7XoMH61laKH6SMAp6SooAtst5k2VVnGjV0GxHHZ33QTQ09z4bGLibcTeM1EgQJGoLjMgHc9FWzXDs
3hA0te%2FLQIxvVDB1MVNERNt594%3D","view_price":"1999.00","view_fee":"0.00","item_loc":"广东 深圳","view_sales":"114人付款","comment_count":"","user_id":"2386434092","nick":"oppo普天精诚专
卖店","shopcard":{"levelClasses":[],"isTmall":true,"delivery":[0,1,2947],"description":[0,1,4717],"service":[0,1,3404],"encryptedUserId":"UvCv4MCQGMmNSvgTT"},"icon":[{"title":"掌柜热卖宝
贝","dom_class":"icon-service-remai","position":"1","show_type":"0","icon_category":"baobei","outer_text":"0","html":"","icon_key":"icon-service-
remai","trace":"srpservice","traceIdx":0,"innerText":"掌柜热卖宝贝","url":"//re.taobao.com/search?keyword\u003d%CA%D6%BB%FA\u0026refpid\u003d420432_1006\u0026frcatid\u003d\u0026"},
{"title":"尚天猫，就购了","dom_class":"icon-service-tianmao","position":"1","show_type":"0","icon_category":"baobei","outer_text":"0","html":"","icon_key":"icon-service-
tianmao","trace":"srpservice","traceIdx":1,"innerText":"天猫宝贝"},{"title":"公益宝贝","dom_class":"icon-fest-
gongyibaobei","position":"2","show_type":"0","icon_category":"baobei","outer_text":"0","html":"","icon_key":"icon-fest-gongyibaobei","trace":"srpservice","traceIdx":2,"innerText":"公益宝
贝"}],"isHideIM":true,"isHideNick":false,"comment_url":"https://click.simba.taobao.com/cc_im?
p\u003d%CA%D6%BB%FA\u0026s\u003d1821184139\u0026k\u003d493\u0026e\u003dlqnqFuZdfiZeVxhcdatEMH0JcqLR7mdbt3rDun68eBnFJA4X2866SFJa0iKJ8JN2Mn0XfXi6JGobMb0OYd441IvFKmh%2FIfLDk5I52CiLy9Cua4jUI
4iTPNzUI3SUoNMvbnZfpBGZntZdNBqq92%2BIpR8cpQRjd8vJaCxaU%2FEhx%2BaZDi46J81DVD7FEImoSkwNS6DlTkjsxk3E3J19pNqz8nbdVQ2YJEhJts02AropcfAzXnF%2FusIU9XAtFalVTCYzikQy8aNlaZSr0F1%2BlHnA9qE9yjY8FYh0%
2FWPIRCgGuyF8M95IjTtz7QpvuZ6%2B8j3i5m7Cn9r5n8TDO3fcQuC9W0N%2FKsL01K%2BrEWBUGgYH%2FpcdvmrxQnHyhjxM09ryUKoWEGbA7XoMH61laKH6SMAp6SooAtst5k2VVnGjV0GxHHZ33QTQ09z4bGLibcTeM1EgQJGoLjMgHc9FWzXDs
3hA0te%2FLQIxvVDB1MVNERNt594%3D\u0026on_comment\u003d1","shopLink":"https://click.simba.taobao.com/cc_im?
p\u003d%CA%D6%BB%FA\u0026s\u003d1821184139\u0026k\u003d449\u0026e\u003dUgd%2F5vgCrwNeVxhcdatEMH0JcqLR7mdbt3rDun68eBnFJA4X2866SFJa0iKJ8JN2Mn0XfXi6JGo5nslhyGlcDIvFKmh%2FIfLDk5I52CiLy9Cua4j
UI4iTPNzUI3SUoNMvbnZfpBGZntZdNBqq92%2BIpR8cpQRjd8vJaCxaU%2FEhx%2BaZDi46J81DVD7FEImoSkwNS6DlTkjsxk3E3J19pNqz8nbdVQ2YJEhJts02AropcfAzXnF%2FusIU9XAtFalVTCYzikQy8aNlaZSr0F1%2BlHnA9qE9yjY8FYh
0%2FWPIRCgGuyF8M95IjTtz7ZFwNO4jqM0JxaRSt51%2FRvl2oLPqXTICg9Sh9NvNit81%2Fh0%2FkyWxi%2F%2FjGq5fi%2FwiBwAj7SXcdGKc26Rfz5QubFIvJjwMjWi9L%2Bi0A1JCNqNS0RB6Me7y6svGpaGCT%2BWXbJxh1gBHuzYj"},
{"i2iTags":{"samestyle":{"url":""},"similar":{"url":"/search?type\u003dsimilar\u0026app\u003di2i\u0026rec_type\u003d0\u0026uniqpid\u003d\u0026nid\u003d619743664430"}},"p4pTags":
[],"nid":"619743664430","category":"1512","pid":"","title":"【现货速发】红米10X 5G\u003cspan class\u003dH\u003e手机\u003c/span\u003eXiaomi/小米Redmi 10X 官方正品5G版\u003cspan
class\u003dH\u003e手机\u003c/span\u003enote8全网通9青春全新正品pro","raw_title":"【现货速发】红米10X 5G手机Xiaomi/小米Redmi 10X 官方正品5G版手机note8全网通9青春全新正品
pro","pic_url":"//g-search3.alicdn.com/img/bao/uploaded/i4/i2/292642853/O1CN01VYUp861Wwic101MpG_!!0-item_pic.jpg","detail_url":"//detail.tmall.com/item.htm?
id\u003d619743664430\u0026ad_id\u003d\u0026am_id\u003d\u0026cm_id\u003d140105335569ed55e27b\u0026pm_id\u003d\u0026abbucket\u003d9","view_price":"1449.00","view_fee":"0.00","item_loc":"北
京","view_sales":"0人付款","comment_count":"49","user_id":"292642853","nick":"民讯通数码专营店","shopcard":{"levelClasses":[{"levelClass":"icon-supple-level-guan"},{"levelClass":"icon-
supple-level-guan"}],"isTmall":true,"delivery":[479,-1,183],"description":[483,-1,73],"service":
```


图 8-2　淘宝手机页面源代码

2）核心代码。

● 过滤出手机的相关信息。

```
def Filter(mobile_infos, outputFile):
    with open(outputFile, "a", encoding="utf-8", newline="", ) as f:
        writer = csv.writer(f)
        for info in mobile_infos:
            # 商品名称
            raw_title = info["raw_title"]
            # 商品价格
            view_price = info["view_price"]
            # 店铺位置
            item_loc = info["item_loc"].replace(" ", "")
            # 店铺名
            nick = info["nick"]
            # ID
            nid = info["nid"]
            # 销量
            sale = re.search(r'(\d+.?\d*).*人付款', info["view_sales"]).group(1)
            if sale[-1] == "+":
                sale = sale[:-1]
            if "万" in info["view_sales"]:
                sale = float(sale) * 10000
            writer.writerow([raw_title, view_price, item_loc, nick, nid, sale])
    print("====== len(mobile_infos) " + str(len(mobile_infos)) + " ======")
```

● 模拟浏览器发送请求，获取响应。

```
def spider(page, outputFile):
    mobiles = []
    url =
"https://s.taobao.com/search?q=%E6%89%8B%E6%9C%BA&imgfile=&js=1&stats_click=search_radi-
o_all%3A1&initiative_id=staobaoz_20201130&ie=utf8&bcoffset={}&ntoffset={}&p4ppushleft=1%2C48&s={}".fo
rmat(9 - 3 * page, 9 - 3 * page, 44 * page - 44)
    r = requests.get(url, headers=headers)
    match_obj = re.search(r'g_page_config = (.*?)};', r.text)
    mobile_infos = json.loads(match_obj.group(1) + '}')['mods']['itemlist']['data']['auctions']
    Filter(mobile_infos, outputFile)
```

（2）使用 Selenium

1）设计思路。

Selenium 是 ThoughtWorks 专门为 Web 应用程序编写的一个验收测试工具。Selenium 测试直接运行在浏览器中，可以模拟真实用户的行为。支持的浏览器包括 IE(7、8、9)、Mozilla Firefox、Mozilla Suite 等。这个工具的主要功能包括测试与浏览器的兼容性——测试应用程序是否能够很好地工作在不同浏览器和操作系统上；测试系统功能——创建回归测试来检验软件功能和用户需求。

使用 Selenium 编写代码操作浏览器。首先是向淘宝网官网发送请求，进入官网后要用自己的淘宝账号登录网站，否则在请求手机页面时会出现错误。登录完成以后，通过 xpath 定位到搜索框，输入搜索关键词"手机"，即可跳转到手机搜索结果页面。使用 find_elements_by_xpath、find_elements_by_id 或 find_elements_by_class 等方式对标签元素进行定位，再使用".text"的方法获取标签下的文本信息，使用".get_attribute"方法获取标签元素中的属性值。在获取到值以后，对值进行处理，最后将一部手机的相关信息存入 csv 文件中。

将一页中的手机信息全部获取完毕以后，需要跳转到下一页，使用 find_element_by_xpath 的方法定位到页面下方的"指定页数"输入框，使用 send_keys 方法向其中输入下一页的页码，再使用 find_element_by_xpath 方法定位到"确定"按钮，使用 click 方法模拟点击即可跳转到下一页。注意要使用 clear 方法将已经填入的数据清除，否则在下一次输入页码时该数值还会保留。例如，想要跳转到第二页即输入 2 以后，再想跳转到第 3 页则输入 3，如果已经填入的数据 2 没有清除，那么输入框中的数据就是 23，不符合爬虫的逻辑。

2）核心代码。

● 使用账号密码登录淘宝网。

```
def login():
    web_driver.get("https://www.taobao.com/")
    web_driver.find_element_by_xpath('//*[@id="J_SiteNavLogin"]/div[1]/div[1]/a[1]').click()
    time.sleep(3)
    web_driver.find_element_by_id("fm.login.id").send_keys("")
    web_driver.find_element_by_id("fm.login.password").send_keys("")
    web_driver.find_element_by_xpath('//*[@id="login.form"]/div[4]/button').click()
    time.sleep(3)
    web_driver.find_element_by_id("q").send_keys("手机")
    web_driver.find_element_by_xpath('//*[@id="J_TSearchForm"]/div[1]/button').click()
    time.sleep(3)
```

```
web_driver.find_element_by_id('tabFilterMall').click()
time.sleep(3)
```

● 爬取数据。

```python
def spider():
    prices = web_driver.find_elements_by_xpath(
    '//*[@id="mainsrp.itemlist"]/div/div/div[1]/div/div[2]/div[1]/div[1]/strong')
    sales = web_driver.find_elements_by_xpath(
            '//*[@id="mainsrp.itemlist"]/div/div/div[1]/div/div[2]/div[1]/div[2]')
    raw_titles = web_driver.find_elements_by_xpath(
            '//*[@id="mainsrp.itemlist"]/div/div/div[1]/div/div[2]/div[2]')
    shops = web_driver.find_elements_by_xpath(
            '//*[@id="mainsrp.itemlist"]/div/div/div[1]/div/div[2]/div[3]/div[1]/a/span[2]')
    locs = web_driver.find_elements_by_xpath(
            '//*[@id="mainsrp.itemlist"]/div/div/div[1]/div/div[2]/div[3]/div[2]')
    ids = web_driver.find_elements_by_xpath(
            '//*[@id="mainsrp.itemlist"]/div/div/div[1]/div/div[2]/div[2]/a')
    with open(outputFile, "a", encoding="utf-8", newline="") as f:
        writer = csv.writer(f)
        for index in range(len(ids)):
            id = ids[index].get_attribute("data.nid")
            raw_title = raw_titles[index].text
            price = prices[index].text
            loc = locs[index].text.replace(" ", "")
            shop = shops[index].text
            sale = re.search(r'(\d+.?\d*).*人付款', sales[index].text).group(1)
            if sale[.1] == "+":
                sale = sale[:-1]
            if "万" in sales[index].text:
                sale = float(sale) * 10000
            writer.writerow([id, raw_title, price, loc, shop, sale])
    f.close()
print("======len(shops)={}======".format(len(ids)))
```

● 跳转到下一页。

```python
def next_page(page):
    js = "var q=document.documentElement.scrollTop=100000"
    web_driver.execute_script(js)
    time.sleep(2)
    input =web_driver.find_element_by_xpath(
            '//*[@id="mainsrp.pager"]/div/div/div/div[2]/input')
    submit = web_driver.find_element_by_xpath(
            '//*[@id="mainsrp.pager"]/div/div/div/div[2]/span[3]')
    input.clear()
    input.send_keys(page + 1)
    submit.click()
    time.sleep(5)
```

5. 淘宝手机详情信息爬取

（1）设计思路

该部分的设计建立在已经成功获取淘宝手机的基本信息并成功存入 csv 文件中。读取 csv 文件中的第 0 列 id 信息和第 4 列 shop 商品店铺信息。id 用来构造详情页的 url，使用商品店铺名称来判断该商品是否来源于天猫超市，如果该商品来源于"天猫超市"，则商品详情页没有可以爬取的手机详情信息，则跳过该页面；如果该商品不是来自"天猫超市"，则再进一步操作获取手机详情信息。

首先模拟浏览器进入淘宝网首页，输入账号密码登录，否则在之后的网页请求时会弹出对话框提示登录。

登录以后使用已有的 id 构造 url，请求手机详情页面。这就涉及不停地请求新的页面就会打开很多个窗口，所以在将某一页的手机详情爬取完毕以后，关闭这个窗口。使用 web_driver.window_handles 获取目前所有的窗口句柄，使用 web_driver.switch_to.window(all_handles[0])切换到当前窗口，使用 web_driver.close() 关闭操作结束的窗口。

当某一手机商品详情页打开以后，设计 js 代码向下滑动指定的距离，web_driver.execute_script(js)执行该 js 代码，才可以使用 find_element_by_xpath 获取相应标签下的文本内容。除了手机的品牌信息，其他的详细信息都是在一个字符串中，使用"\n"分割，所以使用 split 方法将一个长字符串分割，并存到列表中。使用 for 循环遍历该列表，在循环中判断该项的具体内容，再使用 replace 方法将多余的内容替换成空串，存入相应的变量中，或者使用 split 方法按照"："或者":"分割，提取出下标为.1 的内容，存入对应的变量中。因为不是所有的手机详情信息都很完整，如果该手机有的属性没有值，则用"null"填充。处理好一条手机的详情信息以后，写入指定的 csv 文件中。

（2）核心代码

1）读取 csv 文件。

```
def read(filename):
urldata = []
    with open(filename, encoding="utf-8") as f:
        csv_reader = csv.reader(f)
        next(csv_reader)
        for row in csv_reader:
            urldata.append(
                {"url": "https://detail.tmall.com/item.htm?id={}&ns=1&abbucket=7"
                            .format(row[0]), "shop": row[4]})
return urldata
```

2）登录淘宝网。

```
def login():
    web_driver.get("https://www.taobao.com/")
    web_driver.find_element_by_xpath('//*[@id="J_SiteNavLogin"]/div[1]/div[1]/a[1]').click()
    time.sleep(3)
    web_driver.find_element_by_id("fm.login.id").send_keys("")
    web_driver.find_element_by_id("fm.login.password").send_keys("")
    web_driver.find_element_by_xpath('//*[@id="login.form"]/div[4]/button').click()
```

3）爬取并处理数据。

```
def spider():
```

```
urllist = read("./data/TB_phone_list_with_no_repeat.csv")
    for index in range(len(urllist)):
        if urllist[index]["shop"] == "天猫超市":
            print("第{}个手机来自天猫超市".format(index + 1))
            continue
        web_driver.execute_script("window.open('" + urllist[index]["url"] + "');")
        time.sleep(9)
        web_driver.close()
        all_handles = web_driver.window_handles
        web_driver.switch_to.window(all_handles[0])
        js = "var q=document.documentElement.scrollTop=1100"
        web_driver.execute_script(js)
        time.sleep(8)
        brand = web_driver.find_element_by_xpath('//*[@id="J_BrandAttr"]/div/b').text
        context = web_driver.find_element_by_xpath('//*[@id="J_AttrUL"]').text
        context = context.split("\n")
        certificateNumber = "null"
        certificateStatus = "null"
        productName = "null"
        specification = "null"
        model = "null"
        color = "null"
        runningMemory = "null"
        storage = "null"
        network = "null"
        CPUModel = "null"
        print("======len(content)={}======".format(len(context)))
        print(urllist[index]["url"])
        for con in context:
            if "证书编号" in con:
                certificateNumber = con.replace("证书编号：", "")
                continue
            if "证书状态" in con:
                certificateStatus = con.replace("证书状态：", "")
                continue
            if "产品名称" in con:
                if productName == "null":
                    productName = con.replace("产品名称：", "")
                else:
                    productName += "," + con.replace("产品名称：", "")
                continue
            if specification == "null" and "3C 规格型号" in con:
                specification = con.replace("3C 规格型号：", "")
                continue
            if specification == "null" and "3C 产品型号" in con:
                specification = con.replace("3C 产品型号：", "")
            if CPUModel == "null" and con != "CPU 型号: CPU 型号" and "CPU 型号" in con:
                CPUModel = con.replace("CPU 型号: ", "")
                continue
            if model == "null" and "型号" in con:
```

```
        model = con.split("型号: ")[.1]
        continue
    if "机身颜色" in con:
        color = con.replace("机身颜色: ", "")
        continue
    if "运行内存" in con:
        runningMemory = con.replace("运行内存 RAM: ", "")
        continue
    if "存储容量" in con:
        storage = con.replace("存储容量: ", "")
        continue
    if "网络模式" in con:
        network = con.replace("网络模式: ", "")
        continue
with open(outputFile, "a", encoding="utf-8", newline="") as f:
    writer = csv.writer(f)
    writer.writerow([brand, certificateNumber, certificateStatus, productName, specification, model,
color,runningMemory, storage, network, CPUModel])
    f.close()
    print([brand, certificateNumber, certificateStatus, productName, specification, model, color,
runningMemory,storage, network, CPUModel])
    print("======第{}个手机详细信息爬取成功======".format(index + 1))
```

8.2.2　数据采集模块测试

完成代码实现后，对京东手机列表数据爬取、用户评论数据爬取进行相应的调试。爬取京东手机列表信息过程如图 8-3 所示。

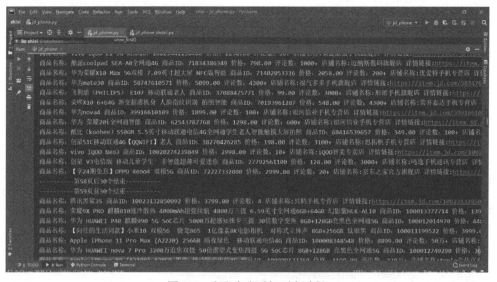

图 8-3　爬取京东手机列表过程

由图 8-3 可见，程序能够成功爬取到数据，每条数据都包含商品名称、价格和评论数等信息。使用 pandas 对爬取到的数据进行去重，剩余 2454 条数据，如图 8-4 所示。

2449	【现货速发】华为麦芒9 5G双模六频全网通	71981176251	2399.0	60+	OKSJ手机旗舰店	https://item.jd.com/71981176251.html	NaN
2450	三星 Galaxy S10+ 骁龙855 4G	10022949675467	4259.0	40+	掌视界数码旗舰店	https://item.jd.com/10022949675467.html	NaN
2451	华为 HUAWEI 畅享10 Plus 安卓智能 二手	70303267311	1149.0	100+	拍拍二手官方旗舰店	https://item.jd.com/70303267311.html	NaN
2452	【降1000+碎屏险】OPPO Find X2 Pro	65595297313	5999.0	400+	OPPO酷炫手机专卖店	https://item.jd.com/65595297313.html	NaN
2453	【二手9成新】小米8 全面屏拍照游戏 骁龙845 二手	59842320392	1558.0	700+	鑫都二手手机专营店	https://item.jd.com/59842320392.html	品质溯源

2454 rows × 7 columns

```
[4]: df1.to_csv("JD_phone_list_with_no_repeat.csv",index=0)
```

图 8-4　pandas 去重

在爬取评论的时候，若出现如下错误，原因是 brand=null，如图 8-5 所示。

```
Traceback (most recent call last):
File "D:/pycharm_workspace/jd_phone_comment.py", line 103, in <module>
    scrap(urldata, outFilename)
File "D:/pycharm_workspace/jd_phone_comment.py", line 38, in scrap
    r = requests.get(url, headers=headers)
                .content.decode().replace("fetchJSON_comment98(", "").replace(");",
UnicodeDecodeError: 'utf-8' codec can't decode byte 0xcd in position 134: invalid continuation byte
```

图 8-5　商品详情特例

8.3　数据分析处理模块实现

本节首先讲解数据库中所涉及数据表的设计，然后讲解结合 Spark 技术对手机数据进行分析处理的思路和核心实现代码，最后对数据处理模块进行测试。

8.3.1　数据库设计

手机和用户评论数据经过分析和处理之后，连接 MySQL 数据库，存储到 bigdata 数据库中。系统主要涉及七张数据表，分别是手机基础信息表、手机排名表、手机颜色销量表、手机详细信息表、手机评论信息表、手机印象表和手机评论分词表。

手机基础信息表如表 8-1 所示，该表描述了手机的基本信息；手机排名表如表 8-2 所示，该表描述了手机评论数排名前十的手机信息；手机颜色销量表如表 8-3 所示，该表描述了不同手机颜色的销售量；手机详细信息表如表 8-4 所示，该表描述了手机的详细配置信息；手机评论信息表如表 8-5 所示，该表描述了与手机评论的相关信息；手机印象表如表 8-6 所示，该表描述了用户对手机的评分情况；手机评论分词表如表 8-7 所示，将对评论数据进行分词处理以后的结果存入该表中。

表 8-1　手机基础信息表

序号	字段名称	字段类型	是否为主键	是否为外键	含义
1	productName	Text	否	否	产品名称
2	productId	Text	否	否	产品 ID
3	price	Text	否	否	产品价格
4	comment	Double	否	否	评论数
5	company	text	否	否	商铺名称
6	href	text	否	否	详情页链接

表 8-2　手机排名表

序号	字段名称	字段类型	是否为主键	是否为外键	含义
1	productName	text	否	否	产品名称
2	productId	text	否	否	产品 ID
3	comment	double	否	否	评论数

表 8-3　手机颜色销量表

序号	字段名称	字段类型	是否为主键	是否为外键	含义
1	product_Id	text	否	否	商品编号
2	product_color	text	否	否	产品颜色
3	ct	bigint	否	否	该颜色手机数量

表 8-4　手机详细信息表

序号	字段名称	字段类型	是否为主键	是否为外键	含义
1	brand	text	否	否	品牌
2	productName	text	否	否	产品名称
3	productId	text	否	否	产品 ID
4	productWeight	text	否	否	商品毛重
5	productHome	text	否	否	商品产地
6	system	text	否	否	系统
7	productThickness	text	否	否	机身厚度
8	camera	text	否	否	摄像头数量
9	battery	text	否	否	充电器
10	screen	text	否	否	分辨率
11	function	text	否	否	热点
12	runningMemory	text	否	否	运行内存
13	fontCameraElement	text	否	否	前置摄像头像素
14	backCameraElement	text	否	否	后置摄像头像素
15	systemMemory	text	否	否	机身存储

表 8-5　手机评论信息表

序号	字段名称	字段类型	是否为主键	是否为外键	含义
1	id	text	否	否	序号 ID
2	product_id	text	否	否	商品编号
3	guid	text	否	否	guid
4	content	text	否	否	评论内容
5	create_time	text	否	否	评论时间
6	reference_id	text	否	否	参考 ID
7	reference_time	text	否	否	参考时间
8	score	text	否	否	商品得分
9	nickname	text	否	否	用户昵称
10	product_color	text	否	否	手机颜色
11	product_size	text	否	否	手机大小

表 8-6　手机印象表

序号	字段名称	字段类型	是否为主键	是否为外键	含义
1	product_id	text	否	否	商品编号
2	score	text	否	否	评价分数
3	ct	bigint	否	否	数量

表 8-7　手机评论分词表

序号	字段名称	字段类型	是否为主键	是否为外键	含义
1	words	text	否	否	分词结果
2	ct	int	否	否	出现次数

8.3.2　Spark 处理商品数据

（1）设计思路

结合 Spark 对文件进行处理，统计后将结果存入 MySQL 数据库表中。本书使用分布式内存计算框架 Spark 2.x 来实现业务分析，该案例主要涉及模块为 Spark Core、Spark SQL。要使用 Spark，首先需要初始化一个与 Spark 集群交互的上下文，即 SparkSession，然后进行数据处理、指标计算两个核心过程，计算完成后，销毁 SparkSession，释放资源。

（2）核心代码

1）对评论数据进行分析。

```
com.cz.comment.CommentAnaly
public class CommentAnaly {
    public static void main(String[] args){
        //数据库配置
        MySQLConfigmysqlConfig=new MySQLConfig();
        Properties connectionProperties = mysqlConfig.getMySQLProp();
        String url=connectionProperties.get("url")+"";
        //Spark 启动模式单机
```

```
SparkConf conf = new SparkConf().setAppName("HelloWorld").setMaster("local[8]");
JavaSparkContext sc = new JavaSparkContext(conf);
SQLContextsqlContext = new SQLContext(sc);
SparkSession spark = SparkSession.builder().config(conf).getOrCreate();
String textInput="data/jd_comment.csv";      //手机评论信息本地文件
JavaRDD<String>personData = sc.textFile(textInput);      //写入的数据内容
/**
 *  第一步:
 */
//1.过滤第一行标题数据
String headers=personData.first();
personData = personData.filter(new Function<String, Boolean>() {
    @Override
    public Boolean call(String s) throws Exception {
        return !s.equals(headers);
    }
});
//2.在 RDD 的基础上创建类型为 Row 的 RDD
//将 RDD 变成以 Row 为类型的 RDD。Row 可以简单理解为 Table 的一行数据。
JavaRDD<CommentBean>commentBeanJavaRDD = personData.map(new Function<String,
CommentBean>() {
        @Override
        public CommentBean call(String line) throws Exception {
            CommentBeancommentBean=new CommentBean();
            String[] splited = line.split(",");
            if(splited.length==12){
                commentBean.setId(splited[0]);
                commentBean.setProduct_id(splited[1]);
                commentBean.setGuid(splited[2]);
                commentBean.setContent(splited[3]);
                commentBean.setCreate_time(splited[4]);
                commentBean.setReference_id(splited[5]);
                commentBean.setReference_time(splited[6]);
                commentBean.setScore(splited[7]);
                commentBean.setNickname(splited[8]);
                commentBean.setUser_level(splited[9]);
                commentBean.setIs_mobile(splited[10]);
                commentBean.setUser_client(splited[11]);
            }
            return commentBean;
        }
});
//jieba 分词统计评论中词频出现次数
JavaRDD<String> words=commentBeanJavaRDD.flatMap(commentBean ->{
        JiebaSegmenter segmenter = new JiebaSegmenter();
        List<String> result=new ArrayList<>();
        if(commentBean.getContent()!=null){
            result=segmenter.sentenceProcess(commentBean.getContent());
        }
        return result.iterator();
```

```
            });
    JavaPairRDD<String,Integer>fenciResult=words.mapToPair(new PairFunction<String, String, Integer>() {
            @Override
            public Tuple2<String, Integer> call(String s) throws Exception {
                return new Tuple2(s,1);
            }
        }).reduceByKey(new Function2<Integer, Integer, Integer>() {           //合并具有相同键的值
            @Override
            public Integer call(Integer a, Integer b) throws Exception {
                return a+b;//键相同,则对应的值相加
            }
        });
    JavaRDD<FenciBean> fenciBeanJavaPairRDD=fenciResult.map( line -> {
            FenciBeanfenciBean=new FenciBean();
            fenciBean.setWords(line._1);
            fenciBean.setCt(line._2);
            return fenciBean;
        });
    /**
     * 第二步：基于已有的元数据以及 RDD<Row>来构造 DataFrame
     */
    Dataset commentDf = sqlContext.createDataFrame(commentBeanJavaRDD, CommentBean.class);
    Dataset fenciDf=sqlContext.createDataFrame(fenciBeanJavaPairRDD,FenciBean.class);
    commentDf.createOrReplaceTempView("phoneCommentList");                    //创建临时视图名
    fenciDf.createOrReplaceTempView("fenciView");
    //统计
    //1.商品对不同等级会员的销售倾向
    Dataset<Row>phoneLevelSaleDf = spark.sql("SELECT  product_id,user_level,count(*)  ct   FROM
phoneCommentList group by product_id,user_level ");
    //2.买家对商家销售的手机商品的印象
    Dataset<Row>impressDf = spark.sql("SELECT product_id,score,count(*) ct   FROM
phoneCommentList group by product_id,score ");
    //3.分词统计
    Dataset<Row>fenciData=spark.sql("select * from fenciView");
    /**
     * 第三步：将数据写入到数据库表中
     */
    System.out.println("评论数据量："+commentDf.count());
    System.out.println("phoneLevelSaleDf 数据量："+phoneLevelSaleDf.count());
    System.out.println("impressDf 数据量："+impressDf.count());
    System.out.println("fenciData 数据量："+fenciData.count());
    commentDf.write().mode(SaveMode.Overwrite).jdbc(url, "phoneCommentList", connectionProperties);
                                                //评论详情
    phoneLevelSaleDf.write().mode(SaveMode.Overwrite).jdbc(url, "phoneLevelSale", connectionProperties);
                                                //商品对不同等级的会员销售量
    impressDf.write().mode(SaveMode.Overwrite).jdbc(url, "impression", connectionProperties);
                                                //买家对商家销售的手机商品的印象
    fenciData.write().mode(SaveMode.Overwrite).jdbc(url,"fenci",connectionProperties); //高频词汇统计
    sc.close();
    }

}
```

2）对手机列表详细分析。

对手机列表的详细分析包含手机列表详细信息和手机前十的排名，依次将其存入表 phoneList 和 phoneRank 中。

```java
com.cz.PhoneListAnaly
public class PhoneListAnaly {
    public static void main(String[] args){
        MySQLConfigmysqlConfig=new MySQLConfig();
        Properties connectionProperties = mysqlConfig.getMySQLProp();
        String url=connectionProperties.get("url")+"";
        SparkConf conf = new SparkConf().setAppName("HelloWorld").setMaster("local");
        JavaSparkContext sc = new JavaSparkContext(conf);
        SQLContextsqlContext = new SQLContext(sc);
        SparkSession spark = SparkSession.builder().config(conf).getOrCreate();
        String textInput="data/jd_phone_list.csv";
        JavaRDD<String>phoneListData = sc.textFile(textInput);
        /**
         * 第一步：
         */
        //1.过滤第一行标题数据
        String headers=phoneListData.first();
        phoneListData = phoneListData.filter(new Function<String, Boolean>() {
            @Override
            public Boolean call(String s) throws Exception {
                return !s.equals(headers);
            }
        });
        //2.在 RDD 的基础上创建类型为 Row 的 RDD
        //将 RDD 变成以 Row 为类型的 RDD。Row 可以简单理解为 Table 的一行数据
        JavaRDD<Row>personsRDD = phoneListData.map(new Function<String, Row>() {
            @Override
            public Row call(String line) throws Exception {
                String[] splited = line.split(",");
                String comment=splited[3];
                double commentNum=0;
                if(comment.contains("万")){
                        commentNum=Double.parseDouble(
                        comment.replace("万","").replace("+",""))*10000;
                }
                return RowFactory.create(
                        splited[0],
                        splited[1],
                        splited[2],
                        commentNum,
                        splited[4],
                        splited[5]
                );
            }
        });
        /**
```

```
 * 第二步：动态构造 DataFrame 的元数据。
 */
List structFields = new ArrayList();
structFields.add(DataTypes.createStructField("productName",
                                             DataTypes.StringType, true));
structFields.add(DataTypes.createStructField("productId", DataTypes.StringType, true));
structFields.add(DataTypes.createStructField("price", DataTypes.StringType, true));
structFields.add(DataTypes.createStructField("comment", DataTypes.DoubleType, true));
structFields.add(DataTypes.createStructField("company", DataTypes.StringType, true));
structFields.add(DataTypes.createStructField("href", DataTypes.StringType, true));
//构建 StructType，用于最后 DataFrame 元数据的描述
StructTypestructType = DataTypes.createStructType(structFields);
/**
 * 第三步：基于已有的元数据以及 RDD<Row>来构造 DataFrame
 */
Dataset personsDF = sqlContext.createDataFrame(personsRDD, structType);
personsDF.createOrReplaceTempView("phoneComment"); //创建临时视图名
//取评论数前 10 的数据
Dataset<Row>namesDF = spark.sql("SELECT productName,productId,comment FROM phoneComment
order by comment desc limit 10 ");
/**
 * 第四步：将数据写入数据库表中
 */
personsDF.write().mode(SaveMode.Append).jdbc(url, "phonelist", connectionProperties);//插入详细列表
namesDF.write().mode(SaveMode.Append).jdbc(url, "phoneRank", connectionProperties); //选择手
                                                           //机品牌，查看该品牌销量前 5 的型号

        sc.close();
    }
    public static void print(String message){
        System.out.println(message);
    }
}
```

3）保存手机属性数据。

```
com.cz.phoneDetail.PhoneDetail
class PhoneDetail {
    public static void main(String[] args){
        MySQLConfigmysqlConfig=new MySQLConfig();
        Properties connectionProperties = mysqlConfig.getMySQLProp();
        String url=connectionProperties.get("url")+"";
        SparkConf conf = new SparkConf().setAppName("HelloWorld").setMaster("local[8]");
        JavaSparkContext sc = new JavaSparkContext(conf);
        SQLContextsqlContext = new SQLContext(sc);
        SparkSession spark = SparkSession.builder().config(conf).getOrCreate();
        String textInput="data/jd_phone_detail.csv";
        JavaRDD<String>personData = sc.textFile(textInput);
        /**
         * 第一步：
         */
        //1.过滤第一行标题数据
```

```
                    String headers=personData.first();
                    personData = personData.filter(new Function<String, Boolean>() {
                        @Override
                        public Boolean call(String s) throws Exception {
                            return !s.equals(headers);
                        }
                    });
                    //2.在 RDD 的基础上创建类型为 Row 的 RDD
                    //将 RDD 变成以 Row 为类型的 RDD。Row 可以简单理解为 Table 的一行数据
            JavaRDD<PhoneDetailBean>commentBeanJavaRDD = personData.map(new Function<String, PhoneDetailBean>() {
                        @Override
                        public PhoneDetailBean call(String line) throws Exception {
                            PhoneDetailBeanphoneDetailBean=new PhoneDetailBean();
                            String[] splited = line.split(",");
                            if(splited.length==17)
                            {
                                phoneDetailBean.setBrandname(splited[0]);
                                phoneDetailBean.setProductName(splited[1]);
                                phoneDetailBean.setProductId(splited[2]);
                                phoneDetailBean.setWeight(splited[3]);
                                phoneDetailBean.setChandi(splited[4]);
                                phoneDetailBean.setXitong(splited[5]);
                                phoneDetailBean.setHoudu(splited[6]);
                                phoneDetailBean.setPaizhao(splited[7]);
                                phoneDetailBean.setDianchi(splited[8]);
                                phoneDetailBean.setPingmu(splited[9]);
                                phoneDetailBean.setYanse(splited[10]);
                                phoneDetailBean.setFunction(splited[11]);
                                phoneDetailBean.setYunxingmemory(splited[12]);
                                phoneDetailBean.setQianzhishexiang(splited[13]);
                                phoneDetailBean.setHouzhishexiang(splited[14]);
                                phoneDetailBean.setWangluo(splited[15]);
                                phoneDetailBean.setXitongneicun(splited[16]);
                            }
                            return phoneDetailBean;
                        }
                    });
                    /**
                    * 第二步：基于已有的元数据以及 RDD<Row>来构造 DataFrame
                    */
                    Dataset commentDf = sqlContext.createDataFrame(
                                    commentBeanJavaRDD, PhoneDetailBean.class);
                    commentDf.write().mode(SaveMode.Overwrite).jdbc(url,
                                    "phoneDetail", connectionProperties); //评论详情
                    sc.close();
                }
            }
```

4）通用工具类。

com.cz.util.Sutil

```java
public class SUtil {
    public static boolean isDirectByFile(File file){
        if (!file.exists() && !file.isDirectory()) { //如果文件夹不存在则创建
            return false;
        } else{
            return true;
        }
    }
    public static boolean isDirectByPath(String filePath){
        File file =new File(filePath);
        if (!file.exists() && !file.isDirectory()){
            return false;
        } else{
            return true;
        }
    }
    public static Double StringToDouble(String temp){
        try{
            return Double.parseDouble(temp);
        }catch (Exception e){
            return 0.0;
        }
    }
    public static int StringToInt(String temp){
        try{
            return Integer.parseInt(temp);
        }catch (Exception e){
            return 0;
        }
    }
    //除数为 0.0 时 nan 或者 INFINITY
    public static double NumerChu(double temp){
        if (Double.isNaN(temp)||Double.isInfinite(temp)){
            return 0.0;
        }else {
            return temp;
        }
    }
    public static String dateStrToString(String strDate){
        String result="";
        try {
            SimpleDateFormatsimpleDateFormat=new SimpleDateFormat("yyyy-mm-ddHH:MM:SS");
            Date date=simpleDateFormat.parse(strDate.replace("T",""));
            SimpleDateFormat f=new SimpleDateFormat("yyyyMMddHHmm");
            result=f.format(date);
        }catch (Exception e){
        }
        return result;
    }
    private static String matchDateString(String dateStr) {
```

```java
        try {
            List matches = null;
            Pattern p = Pattern.compile("(\d{1,4}[-\/\年\.\]\d{1,2}[-\/\月\.\]\d{1,2}([日|号])?(\s)*(\d{1,2}([点|时])?((:)?\d{1,2}(分)?((:)?\d{1,2}(秒)?)?)?)?(\s)*(PM|AM)?)", Pattern.CASE_INSENSITIVE|Pattern.MULTILINE);
            Matcher matcher = p.matcher(dateStr);
            if (matcher.find() && matcher.groupCount() >= 1) {
                matches = new ArrayList();
                for (int i = 1; i <= matcher.groupCount(); i++) {
                    String temp = matcher.group(i);
                    matches.add(temp);
                }
            } else {
                matches = Collections.EMPTY_LIST;
            }
            if (matches.size() > 0) {
                return ((String) matches.get(0)).trim();
            } else {
            }
        } catch (Exception e) {
            return "";
        }
        return dateStr;
    }
    public static void main(String[] args) {
        String iSaid = "亲爱的，20181131-163422，我会在世贸天阶向你求婚！";
        String dateReg="\\d{4}[0|1]\\d[0|1|2|3]\\d-[0|1|2]\\d{3}";
        Pattern p = Pattern.compile(dateReg);
        Matcher matcher = p.matcher(iSaid);
        if (matcher.find()) {
            System.out.println(matcher.group());
        }
    }
}
```

8.3.3　数据分析处理模块测试

（1）代码打包并将其上传至服务器

将数据处理模块的代码打包，包命名为 spark_analy.jar，然后上传至/usr/local/soft/路径下。

（2）删除 jar 包中多余信息

上传到服务器后，在 jar 包所在路径下运行以下命令，去掉 jar 包中多余的信息，否则运行时会找不到主方法。

```
[root@centos01 soft]#zip -d phone_analy.jar 'META.INF/.SF' 'META.INF/.RSA' 'META.INF/*SF'
```

（3）启动 Spark 服务器

执行如下命令，启动 Spark 服务器。

```
[root@centos01 spark]#spark-submit--class com.cz.PhoneListAnaly -driver-memory 2g -executor-memory 2g -executor-cores 3 /usr/local/soft/spark_analy.jar
```

Spark 任务提交成功后，会生成七张 MySQL 数据库表，如图 8-6 所示。

图 8-6　生成的数据库表

由图 8-6 可见，七张数据表生成成功，说明数据离线分析程序运行成功。

8.4　数据可视化模块实现

本节讲解 Apache Superset 连接数据库、生成可视化图表的步骤，并对图表进行测试分析。

8.4.1　使用 Apache Superset 绘制数据可视化图表

使用 Apache Superset 进行数据可视化，然后连接 MySQL 数据库，读取 bigdata 数据库中的表，选择过滤条件和合适的图表进行可视化。

关于 Apache Superset 的使用方法以及如何连接 MySQL 数据库，请参见随书配套的学习视频。

（1）新增数据库

1）在数据源菜单中选择数据库，进入页面后单击右上角绿色的"+"号新增一个数据库。

2）填写数据库配置相关信息，单击"测试连接"，出现"seems OK！"表明数据库连接成功。

（2）新增数据表

1）在数据源菜单中选择数据表，进入页面后点击右上角的"+"号新增一个数据表。

2）选择刚刚配置的数据库，并填写数据库中存在的某个表名，单击"保存"。

3）选择编辑表，在页面中为每个列勾选后续数据分析时会使用到的一些属性，经过上述操作，便可为后续的数据可视化操作提供了一个数据表充当数据源。

（3）新增看板

1）单击"看板"，进入页面后单击右上角的"+"号新增一个看板。

2）填写看板名并选择所属者，单击"保存"。

完成上述操作后，便在系统内新增了一个看板来存储后续生成的可视化图表。

8.4.2　数据可视化页面展示

在本机 cmd 中执行如下命令，启动 Superset，启动结果如图 8-7 所示。

```
superset run -p 8088 --with.threads --reload –debugger
```

对手机评论数据进行分词，根据分词结果进行可视化，词云图结果如图 8-8 所示。结果显示，除"的""了"等单字外，"手机""不错"等词频率较高，说明京东商城的手机在消费者中的满意度较高。

```
(superset) C:\Users\W>superset run -p 8088 --with-threads --reload --debugger
logging was configured successfully
INFO:superset.utils.logging_configurator:logging was configured successfully
D:\Anaconda\envs\superset\lib\site-packages\flask_caching\__init__.py:191: UserWarning: Flask-Caching: CACHE_TYPE is set
 to null, caching is effectively disabled.
  warnings.warn(
No PIL installation found
INFO:superset.utils.screenshots:No PIL installation found
 * Environment: production
   WARNING: This is a development server. Do not use it in a production deployment.
   Use a production WSGI server instead.
 * Debug mode: off
INFO:werkzeug: * Restarting with stat
logging was configured successfully
INFO:superset.utils.logging_configurator:logging was configured successfully
D:\Anaconda\envs\superset\lib\site-packages\flask_caching\__init__.py:191: UserWarning: Flask-Caching: CACHE_TYPE is set
 to null, caching is effectively disabled.
  warnings.warn(
No PIL installation found
INFO:superset.utils.screenshots:No PIL installation found
WARNING:werkzeug: * Debugger is active!
INFO:werkzeug: * Debugger PIN: 160-124-832
INFO:werkzeug: * Running on http://127.0.0.1:8088/ (Press CTRL+C to quit)
```

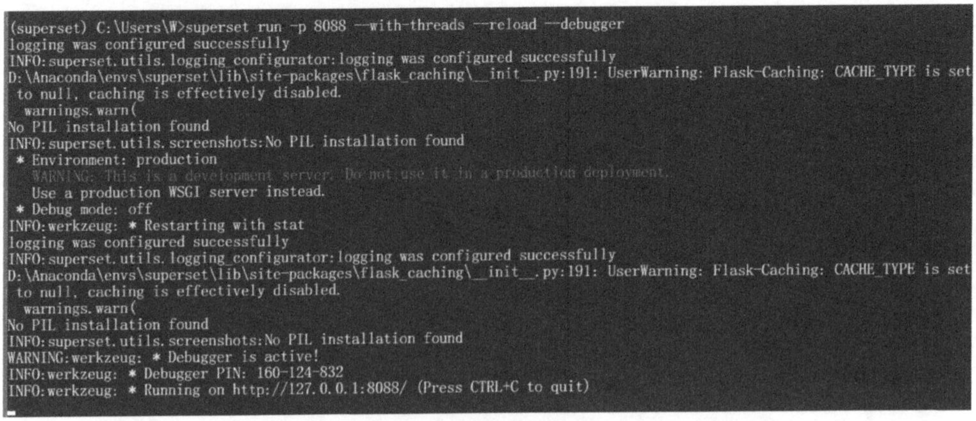

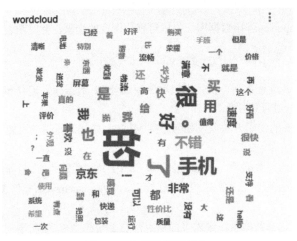

图 8-7　Superset 成功启动

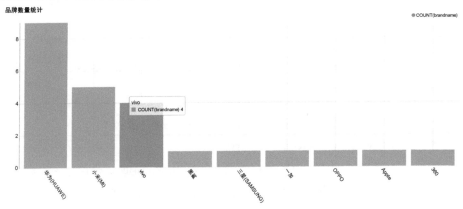

图 8-8　分词结果可视化

对不同品牌手机的数量进行统计，品牌数量统计图如图 8-9 所示。结果显示，华为手机数量最多，说明京东商城中华为手机的受众度较高。

图 8-9　品牌数量统计图

对手机评论数量进行统计及排序，手机评论数排名前十统计图如图 8-10 所示。结果显示，vivo、荣耀、华为、飞利浦等品牌旗下的部分手机评论数都很高，说明销量较高，可以作为消费者购买手机参考指标之一。

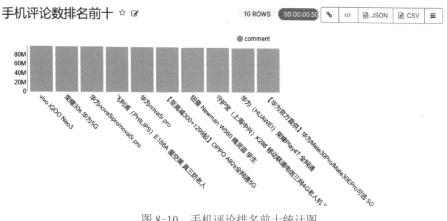

图 8-10　手机评论排名前十统计图

对不同手机的系统进行统计，手机系统统计图如图 8-11 所示。从图中可以看出，市面上的手机大部分都选用 Android 系统，说明安卓系统技术成熟，更能迎合国人习惯。

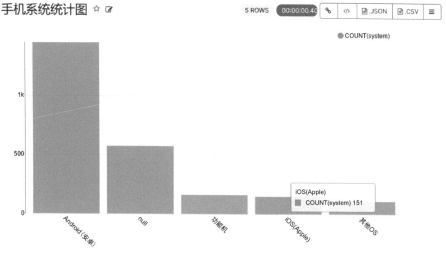

图 8-11　手机系统统计图

对不同价格手机数量进行统计，手机价格分布图如图 8-12 所示。结果显示，1000～2000 元的手机居多，该价位手机性价比较高，对于没有特殊需求的消费者来说更实惠；7000～10000 元的手机很少，属于高端机型，性能更优越，但价格过高，一般消费者接受能力相对较弱。

根据手机系统内存大小进行可视化，手机内存配置统计图如图 8-13 所示。结果显示，忽略 N/A（无数据）后，手机内存配置中 8GB+128GB 的手机数量最多，说明手机市场中该配置的手机相对更受消费者的喜爱。

手机价格分布图
2.45K ROWS
00:00:00.32
.JSON
.CSV
price
100
80
60
40
20
0
数量
0
1,000
2,000
3,000
4,000
5,000
6,000
7,000
8,000
9,000
10,000
手机价格

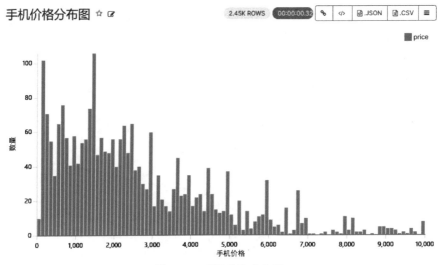

图 8-12　手机价格分布图

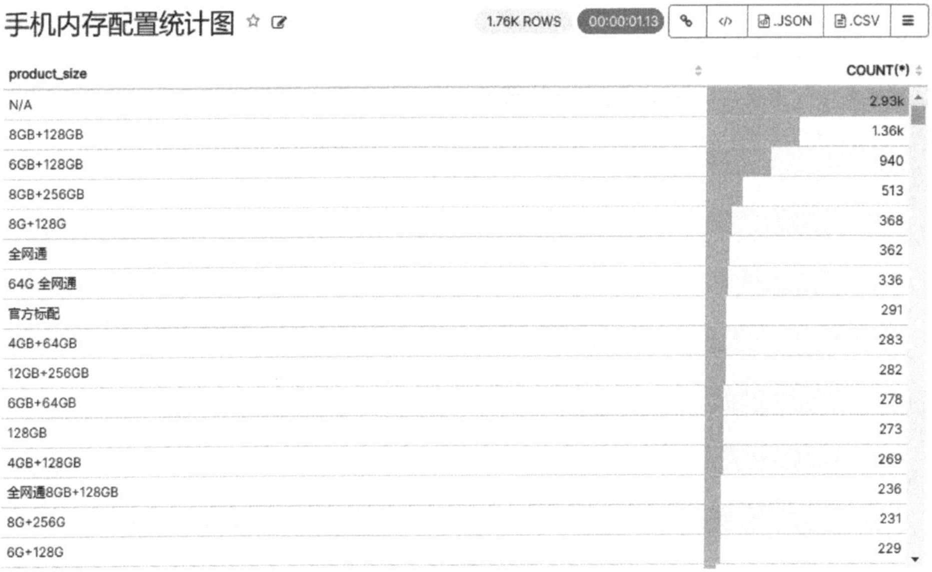

手机内存配置统计图
1.76K ROWS
00:00:01.13
.JSON
.CSV

product_size	COUNT(*)
N/A	2.93k
8GB+128GB	1.36k
6GB+128GB	940
8GB+256GB	513
8G+128G	368
全网通	362
64G 全网通	336
官方标配	291
4GB+64GB	283
12GB+256GB	282
6GB+64GB	278
128GB	273
4GB+128GB	269
全网通8GB+128GB	236
8G+256G	231
6G+128G	229

图 8-13　手机内存配置统计图

本章小结

本章主要介绍了电商大数据离线分析系统搭建的过程，从数据的采集与清洗、数据的存储、数据的分析处理到结果的可视化，以案例形式构建了一个简单大数据系统的组成。本章的重点是在熟悉系统架构和业务流程的前提下，读者自己动手开发大数据系统。

第9章
基于 **Redis+Kafka+Spark** 的大数据
实时分析系统

本章内容

本章讲解汽车大数据分析系统案例，该系统功能是从不同维度对汽车网站的数据进行分析，并以图表的形式实时展示。首先讲解 Spark 实时分析系统的需求分析和架构，然后讲解数据采集、分析处理、存储和可视化模块的具体实现。

本章要点

- 了解 Spark 的系统架构以及业务流程。
- 使用 Spring 定时任务读取 MySQL 中的数据，并通过 Kafka 生产者发送数据。
- 掌握 Spark Streaming 对数据实时处理的方法。
- 熟悉 Redis 数据库的存取操作，能将处理后的数据缓存在 Redis 数据库中。
- 学会使用开源可视化图表库 ECharts 绘制图表。

9.1　系统架构概述

本节主要从需求分析和技术架构进行分析，旨在帮助读者理解汽车大数据实时分析系统的整体架构体系。

9.1.1　需求分析

本项目以汽车用户评论分析为基础，致力为用户提供最真实的车型口碑分析。通过爬取汽车数据和分析用户评论数据，从多个维度定义一辆车的表现，因此需要实现汽车数据的获取、处理和可视化功能，方便直观地看到更丰富的汽车信息，为消费者选车购车提供有力的依据。本项目采集了"易车"网站上的用户口碑信息，对采集到的汽车数据从油耗、销量、用户评分等多个维度进行分析处理，并结合 Web 框架对这些信息进行可视化展示。

本项目以消费者关注度为核心，建立了试验评价与用户评价两个维度相结合的评价体系，涵盖驾驶性能、舒适性、造型及品质、安全性能、经济性和故障率等多项指标。用户评价部分选定代表城市进行调研，样本要求符合汽车产品调研的基本边界条件，试验评价则参考国际和国内统一标准。通过对源数据和实际需求的分析，结合项目实时的特点，采用 Spark Streaming 技术将数据处理成以下几部分。

（1）功能点：实测油耗

功能描述：该模块是根据每款车的实际驾驶数据对油耗的一个统计分析。

（2）功能点：统计不同汽车销售总量

功能描述：该模块是对每款车的销量进行统计分析。

（3）功能点：每款车评分均值

功能描述：该模块是统计每款车的用户平均评分。

（4）功能点：汽车售价、销量多维度分析

功能描述：该模块是对每款车的销售价格、销量两个维度的分析。

（5）功能点：汽车售价、评分多维度分析

功能描述：该模块是对汽车的销售价格、评分的多维度分析。

本项目的总体架构如图 9-1 所示。总体架构的每一层主要建设的内容和职责如下。

● 第一层为外部数据源，目标网站为"易车"网站，目标爬取的信息主要为汽车油耗、用户口碑等数据。

● 第二层为数据采集层，利用 Python 编写爬虫程序，实现自动地抓取互联网的相关信息。从初始网页的 URL 开始，获得初始网页上的链接，在抓取网页的过程中，不断从当前页面上抽取新的 URL 放入队列，直到达到系统的某一条件时停止。

● 第三层为数据存储层，将采集到的数据保存到 MySQL 数据库中。

● 第四层为实时流处理层，基于 Kafka+Spark 的架构实现实时处理爬取到的内容，并将处理结果存放到 Redis 内存数据库中。

● 第五层为数据可视化层，后端 SSM 框架与前端 ECharts 技术结合，实现可视化图表的展示。

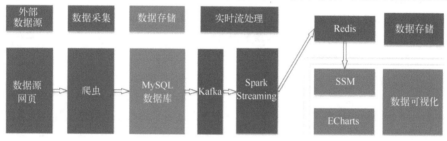

图 9-1　项目总体架构图

9.1.2　数据存储——Redis

Redis 数据库是一个开源的、内存中的数据结构存储系统，它可以用作数据库、缓存和消息中间件。Redis 收到一个键值对操作后，能以微秒级的速度找到数据，并快速完成操作。一方面，这是因为它是内存数据库，所有操作都在内存中完成，内存的访问速度本身就很快；另一方面，这要归功于它的数据结构。键值对是按一定的数据结构来组织的，操作键值对最终就是对数据结构进行增删改查操作。Redis 缓存的使用极大提升了处理大数据量时应用程序的性能和效率。

本项目中，Redis 主要用于存储经 Spark 处理之后的数据，即借助 Jedis 工具将统计完的结果以键值对的形式存入 Redis 数据库。数据进行可视化时，从 Redis 数据库中查询相应数据传给后端。

9.1.3 数据处理与可视化——Kafka+Spark Streaming+SSM+ECharts

Kafka 是一个高吞吐的分布式消息队列系统，是生产者/消费者模式，保证先进先出（FIFO）顺序，自己不丢数据，默认每隔 7 天清理数据，且消息直接持久化在磁盘上，因此 Kafka 具有高性能、吞吐量大和持久性等特点。

Spark Streaming 是流式处理框架，支持可扩展、高吞吐量和容错的实时数据流处理，实时数据的来源可以是 Kafka、Flume 等，并且可以使用高级功能的复杂算子来处理流数据。

SSM 是项目开发常用的 Web 框架，由 Spring、MyBatis 两个开源框架整合而成。ECharts 是一个使用 JavaScript 实现的开源可视化库，是图表丰富、兼容性强的前端框架。

本项目中，基于 Kafka+Spark 的架构用于实时分析采集到的数据，Kafka 从数据库中读取数据，由生产者发送，Spark Streaming 消费数据并进行流处理。基于 SSM+ECharts 的架构用于实现数据可视化，SSM 作为项目后端框架，依次编写 Dao 接口、Service 接口及实现类和控制器，最后使用 ECharts 绘制图表。

9.2 采集汽车网站数据

数据采集模块使用 Python 语言开发，通过爬虫库 requests 对"易车"网站用户口碑数据（用户 ID、汽车名称、汽车类型、裸车售价、发布日期、购买日期、购买地区、油耗、用户评分和用户评论信息）进行抓取后，再通过解析库 xpath 对源数据进行抽取处理。

9.2.1 使用爬虫获取汽车和用户数据

本项目使用的是网络数据采集方式，通过网络爬虫或网站公开 API 等方式从网站上获取数据信息。该模块使用 Python 语言开发，数据来自"易车"网站。爬虫通常从一个或若干初始网页的 URL 开始，获得初始网页上的链接；根据需求分析确定要采集的信息，借助 Google 浏览器的开发者工具获取网页数据对应的标签，如图 9-2 所示；然后基于 xpath 进行网页解析。

图 9-2 "易车"点评页面

数据采集模块的核心代码如下：

```
def get_data(allSpell, id, userId, fuelValue):
    url = 'https://dianping.yiche.com/{}/koubei/{}/'.format(allSpell, id)
    headers = {
            'Accept':
            'text/html,application/xhtml+xml,application/xml;q=0.9,image/avif,image/webp,image/apng,*/*;q=0.8,application/signed-exchange;v=b3;q=0.9',
            'Accept-Language': 'zh-CN,zh;q=0.9',
            'Cache-Control': 'max-age=0',
            'Connection': 'keep-alive',
            'Cookie': 'XCWEBLOG_testcookie=yes;
            CIGUID=ff3706ca-dbba-41e7-b975-ecd7a6ef86bb;
            auto_id=18888eda4044342c8e243d790b07822d;
            CIGDCID=09869b3e24b23c13a905dac04d5716a1;
            G_CIGDCID=09869b3e24b23c13a905dac04d5716a1;
            UserGuid=ff3706ca-dbba-41e7-b975-ecd7a6ef86bb;
            _bl_uid=8FkCgvv3pt5yFUbqUlmLuU5nebLd;
            selectcity=110100;
            selectcityid=201;
            selectcityName=%E5%8C%97%E4%BA%AC;
            locatecity=110100;
            bitauto_ipregion=59.49.34.8%3A%E5%B1%B1%E8%A5%BF%E7%9C%81%E5%A4%AA%E5%8E%9F%E5%B8%82%3B201%2C%E5%8C%97%E4%BA%AC%2Cbeijing;
            XCWEBLOG_testcookie=yes;
            Hm_lvt_610fee5a506c80c9e1a46aa9a2de2e44=1636332832,1636425880;
            Hm_lvt_eaa57ca47dacb4ad4f5a257001a3457c=1636332835,1636425880;
            report-cookie-id=998685918_1636426154592;
            Hm_lpvt_610fee5a506c80c9e1a46aa9a2de2e44=1636426155;
            Hm_lpvt_eaa57ca47dacb4ad4f5a257001a3457c=1636426155',
            'Host': 'dianping.yiche.com',
            'Referer': 'https://dianping.yiche.com/',
            'sec-ch-ua': '"Google Chrome";v="95", "Chromium";v="95", ";Not A Brand";v="99"',
            'sec-ch-ua-mobile': '?0',
            'sec-ch-ua-platform': '"Windows"',
            'Sec-Fetch-Dest': 'document',
            'Sec-Fetch-Mode': 'navigate',
            'Sec-Fetch-Site': 'same-origin',
            'Sec-Fetch-User': '?1',
            'Upgrade-Insecure-Requests': '1',
            'User-Agent': 'Mozilla/5.0 (Windows NT 10.0; Win64; x64) AppleWebKit/537.36 (KHTML, like Gecko) Chrome/95.0.4638.69 Safari/537.36',
            }
    r = requests.get(url=url, headers=headers).text
    html = etree.HTML(r)
    try:
            box = html.xpath('/html/body/div[@class="box-1200 comment-info clear"]')[0]
    except:
            box = None
    try:
```

```
        c_name = html.xpath('//*[@id="commentBrand"]/a[2]/text()')[0].replace('\n', '').strip()
    except:
        c_name = None
data=(userId, c_name, c_type, c_price, price_section, postdate, buydate, buyaddress, fuelValue, score, message)
    print(data)
```

9.2.2　数据采集模块测试

进行 "易车" 网站用户口碑数据爬取，共爬取了 2000 条数据，运行 get_data.py，爬取测试如图 9-3 所示。

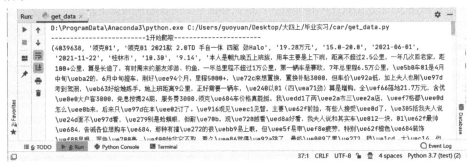

图 9-3　数据爬取测试

由图 9-3 可见，程序能够成功爬取到数据，每条数据格式为（用户 ID，汽车名称，汽车类型，裸车售价，价格区间，发布日期，购买日期，购买地区，油耗，用户评分和用户评论）。

9.3　数据存储模块实现

本节主要介绍数据库设计部分，使用 pymysql 库将采集的数据预处理之后存储至 MySQL 数据库 car 中。

9.3.1　数据库设计

本项目将采集到的数据存入 MySQL 数据库中，数据库名称为 car，用户口碑数据表 user_t 所包括的字段如表 9-1 所示。

表 9-1　用户口碑表 user_t

序号	字段名称	字段类型	字段说明
1	user_id	int	用户 ID
2	c_name	text	汽车名称
3	c_type	text	汽车类型
4	price	text	裸车售价
5	price_section	text	价格区间
6	data_post	text	发布日期
7	buy_date	text	购买日期

（续）

序号	字段名称	字段类型	字段说明
8	buy_address	text	购买地区
9	oil_consume	float	油耗
10	user_score	float	用户评分
11	message	text	用户评论

9.3.2 使用 MySQL 存储汽车数据

项目选用 MySQL 关系型数据库存储数据，数据存储模块的核心代码如下：

```
    sql = "insert into user_t(userId, c_name, c_type, price, price_section, post_date, buy_date, buy_address, oil_consume, user_score, message) VALUES (%s,%s,%s,%s,%s,%s,%s,%s,%s,%s,%s)"
    data=(userId, c_name, c_type, c_price, price_section, postdate, buydate, buyaddress, fuelValue, score, message)
cursor.execute(sql,data)
    coon.commit()
```

9.3.3 数据存储模块测试

用户口碑数据信息共爬取到 2000 条，使用 MySQL 数据库进行存储，存储测试结果如图 9-4 所示。

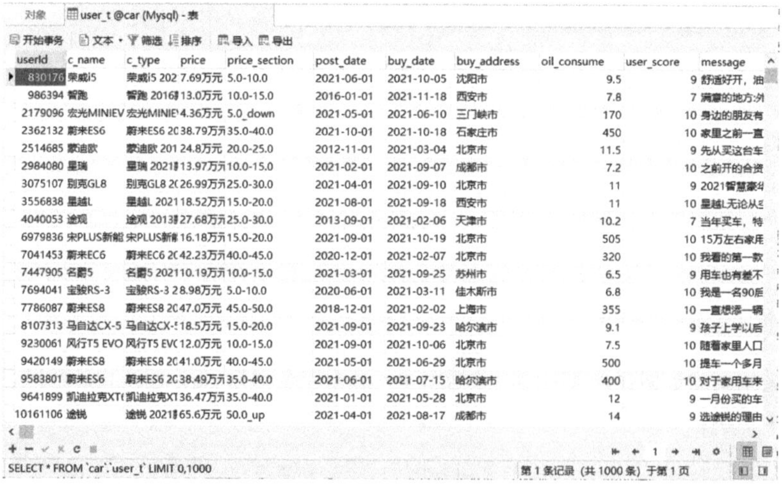
对象　user_t @car (Mysql) - 表
开始事务　文本　筛选　排序　导入　导出

userId	c_name	c_type	price	price_section	post_date	buy_date	buy_address	oil_consume	user_score	message
830176	荣威i5	荣威i5 202	7.69万元	5.0-10.0	2021-06-01	2021-10-05	沈阳市	9.5	9	舒适好开，油
986394	智跑	智跑 2016	13.0万元	10.0-15.0	2016-01-01	2021-11-18	西安市	7.8	7	满意的地方:外
2179096	宏光MINIEV	宏光MINIE	4.36万元	5.0_down	2021-05-01	2021-06-10	三门峡市	170	10	身边的朋友有
2362132	蔚来ES6	蔚来ES6 2C	38.79万元	35.0-40.0	2021-10-01	2021-10-18	石家庄市	450	10	家里之前一直
2514685	蒙迪欧	蒙迪欧 201	24.8万元	20.0-25.0	2012-11-01	2021-03-04	北京市	11.5	9	先从买这台车
2984080	星瑞	星瑞 2021	13.97万元	10.0-15.0	2021-02-01	2021-09-07	成都市	7.2	10	之前开的合资
3075107	别克GL8	别克GL8 2(	26.99万元	25.0-30.0	2021-04-01	2021-09-10	北京市	11	9	2021智慧豪华
3556838	星越L	星越L 2021	18.52万元	15.0-20.0	2021-08-01	2021-09-18	西安市	11	10	星越L无论从
4040053	途观	途观 2013	27.68万元	25.0-30.0	2013-09-01	2021-02-06	天津市	10.2	7	当年买车，特
6979836	宋PLUS新能	宋PLUS新	16.18万元	15.0-20.0	2021-09-01	2021-10-19	北京市	505	10	15万左右家用
7041453	蔚来EC6	蔚来EC6 2(	42.23万元	40.0-45.0	2020-12-01	2021-02-07	北京市	320	10	我看的第一款
7447905	名爵5	名爵5 2021	10.19万元	10.0-15.0	2021-03-01	2021-09-25	苏州市	6.5	9	用车也有些不
7694041	宝骏RS-3	宝骏RS-3 2	8.98万元	5.0-10.0	2020-06-01	2021-03-11	佳木斯市	6.8	10	我是一名90后
7786087	蔚来ES8	蔚来ES8 2C	47.0万元	45.0-50.0	2018-12-01	2021-02-02	上海市	355	10	一直想添一辆
8107313	马自达CX-5	马自达CX-!	18.5万元	15.0-20.0	2021-09-01	2021-09-23	哈尔滨市	9.1	9	孩子上学以后
9230061	风行T5 EVO	风行T5 EV(	12.0万元	10.0-15.0	2021-09-01	2021-10-06	北京市	7.5	10	随着家里人口
9420149	蔚来ES8	蔚来ES8 2C	41.0万元	40.0-45.0	2021-05-01	2021-06-29	北京市	500	10	提车一个多月
9583801	蔚来ES6	蔚来ES6 2C	38.49万元	35.0-40.0	2021-06-01	2021-07-15	哈尔滨市	400	10	对于家用车来
9641899	凯迪拉克XT(	凯迪拉克XT	36.47万元	35.0-40.0	2021-01-01	2021-05-28	北京市	12	9	一月份买的车
10161106	途锐	途锐 2021	65.6万元	50.0_up	2021-04-01	2021-08-17	成都市	14	9	选途锐的理由

SELECT * FROM `car`.`user_t` LIMIT 0,1000　第 1 条记录（共 1000 条）于第 1 页

图 9-4　用户口碑数据表

由图 9-4 可见，爬取到的数据成功存入数据库 car 的 user_t 表中。

9.4 数据分析处理模块实现

数据分析处理模块包含数据实时发送模块和数据处理模块。

数据实时发送模块使用 Java 语言开发，旨在通过 Spring 定时任务 task 实现对 MySQL 数据库中的数据进行频率为每秒一条的定时定量读取，同时连接 Kafka 集群，使用 Kafka 生产者将数据发送至指定主题中。

　　数据处理模块使用 Scala 语言开发，旨在利用 KafkaUtils.createDirectStream 实时监控 Kafka 主题中的数据，迎合可视化需要，使用 Spark Streaming 技术从不同维度统计数据（汽车平均油耗统计、汽车平均评分统计、汽车地域销售统计、不同价格区间销量和评分统计和汽车销量统计），并将处理好的数据以键值对的形式存入 Redis 数据库。

9.4.1　实时发送数据至 Kafka

　　本项目使用 Spring 定时任务 Schedule 定时读取 MySQL 中的数据（每秒 1 条），并连接 Kafka 集群，通过 Kafka 生产者实时发送数据。核心代码如下：

```
ScheduleKafka.java
@Component
public class ScheduledKafka {
    @Autowired
    private ICarServicecarService;
    private int count = 0;
    private final Properties props = new Properties();
    {
        props.put("bootstrap.servers", "master:9092,slave1:9092,slave2:9092");
        props.put("acks", "all");
        props.put("retries", 0);
        props.put("batch.size", 16384);
        props.put("linger.ms", 1);
        props.put("buffer.memory", 33554432);
        props.put("key.serializer", "org.apache.kafka.common.serialization.StringSerializer");
        props.put("value.serializer", "org.apache.kafka.common.serialization.StringSerializer");
    }
    //    @Scheduled(cron = "*/1 * * * * *")
    public void toKafka() {
        if (count < 2000) {
            KafkaProducer<String, String>kafkaProducer = new KafkaProducer<>(props);
            String message = JSON.toJSONString(carService.getOne(count++));
            kafkaProducer.send(new ProducerRecord<>("itcast_order", message));
        }else{
            System.out.println("数据已全部发送到 Kafka" );
        }
    }
}
application.xml
<task:scheduler id="myScheduler"/>
<task:scheduled-tasks scheduler="myScheduler">
<task:scheduled ref="scheduledKafka" method="toKafka" cron="0/1 * * * * ?"/>
</task:scheduled-tasks>
```

9.4.2　Spark 处理汽车数据

　　本项目通过 KafkaUtils.createDirectStream 接收 Kafka 发送的数据，采用 Spark Streaming 对数据进行实时处理：按照 c_name 进行分组统计油耗、统计每款车的评分均值以及销量、汽车价格区间和销量对比分析、汽车价格区间和评分均值对比分析。以分组统计油耗为例，核心代码如下：

```
object StreamingProcessdata {
    valoilavgKey = "car::oil::avg"
    valdbIndex = 0//Redis 数据库

    def doTask(): Unit = {
        valsparkConf: SparkConf = new SparkConf().setAppName("KafkaStreamingTest").setMaster("local[4]")
        valsc = new SparkContext(sparkConf)
        sc.setLogLevel("WARN")
        valssc = new StreamingContext(sc, Seconds(3))
        ssc.checkpoint("./spark-receiver")
        valkafkaParams = Map("bootstrap.servers" -> "master:9092,slave1:9092,slave2:9092", "group.id" ->
"spark-receiver")
        val topics = Set("itcast_order")
        valkafkaDstream: InputDStream[(String, String)] = KafkaUtils.createDirectStream[String, String,
StringDecoder, StringDecoder](ssc, kafkaParams, topics)
        val events: DStream[JSONObject] = kafkaDstream.flatMap(line => Some(JSON.parseObject(line._2)))
        //按照 c_name 进行分组统计油耗
        valoilavg: DStream[(String, Float)] = events
        .map(x => (x.getString("c_name"), x.getFloat("oil_consume")))
        .groupByKey().map(x => (x._1, x._2.reduceLeft(_ + _) / x._2.size))
        ssc.start()
        ssc.awaitTermination()
    }
}
```

9.4.3　Redis 数据库存储处理结果

借助 Jedis 工具将统计完的结果以键值对的形式存入 Redis 数据库。以分组统计油耗为例，核心代码如下：

```
oilavg.foreachRDD(x => {
    try {
        x.foreachPartition(partition =>
        partition.foreach(x => {
        val jedis: Jedis = RedisClient.pool.getResource
        jedis.select(dbIndex)
        jedis.hset(oilavgKey, x._1, x._2.toString)
        RedisClient.pool.returnResource(jedis) })
        )
    } catch {
        case ex: Exception => {}
    }
})
```

9.4.4　数据分析处理模块测试

程序连接 Kafka 集群，由 Kafka 生产者对定时任务读取到的数据进行实时发送，如图 9-5 所示。

图 9-5　数据实时发送测试

由图 9-5 可见，程序能够从数据库中读入数据，并通过 Kafka 生产者实时发送数据。

使用 SparkStreaming 处理数据后，将结果存入 Redis 数据库，Redis 数据库中的键值对如图 9-6 所示。

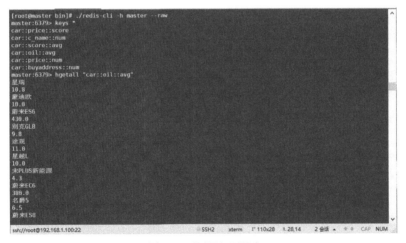

图 9-6　数据处理测试

由图 9-6 可见，程序能够成功处理数据，并将数据存入 Redis 数据库。

9.5　数据可视化模块

数据可视化模块使用 Java 语言开发，旨在利用 SSM 框架和 ECharts 对可视化图表进行展示及实时更新。总体可视化框架采用开源可视化图表库 ECharts 绘制。使用横向柱状图绘制汽车实测油耗、汽车销量和不同汽车评分均值；使用 geo 地图绘制汽车的地域销量；使用饼图来展示不同价格区间销量占比和评分均值情况。使用 MVC 架构来实现数据的读取以及页面的展示，使用 WebSocket 实现数据实时更新及可视化展示。

9.5.1 数据可视化模块后端设计——基于 SSM

1. 页面展示设计

页面展示设计采用 MVC 架构实现。用户在控制层接收到@RequestMapping 注解控制的 URL 路由，通过模型层从数据库中获取想要的信息后返回给视图层。

通过在 spring-mvc.xml 中配置 SpringMVC 的视图解析器以及资源映射后，可以将 Controller 层的返回值映射为资源映射路径下对应的.jsp 文件进行展示，核心代码如下：

```
<beans>
    <!--扫描指定包路径使路径当中的@controller 注解生效 -->
    <context:component-scan base-package="cn.itcast.controller"/>
<!--配置包扫描器，扫描所有带@Service 注解的类 -->
<context:component-scan base-package="cn.itcast.service"/>
<!--mvc 的注解驱动  -->
<mvc:annotation-driven/>
<!--视图解析器 -->
<bean class="org.springframework.web.servlet.view.InternalResourceViewResolver">
<property name="prefix" value="/WEB-INF/jsp/"/>
<property name="suffix" value=".jsp"/>
</bean>
<!--配置资源映射 -->
    <mvc:resources location="/js/" mapping="/js/**"/>
</beans>
```

2. 图表实时更新设计

图标实时更新采用持久化协议 WebSocket 请求来实现。通过@ServerEndpoint 指定 WebSocket 对应的 URL 地址并在前端页面进行请求，以对"汽车价格区间图"进行实时更新为例，核心代码如下：

```
@ServerEndpoint("/price-range-web-socket")
public class PriceRangeWebSocket {
    private static int onlineCount = 0;
    private static final CopyOnWriteArraySet<PriceRangeWebSocket> WEB_SOCKET_SET = new
CopyOnWriteArraySet<>();
    private Session session;
    @OnOpen
    public void onOpen(Session session) {
        this.session = session;
        WEB_SOCKET_SET.add(this);
        addOnlineCount();
        onMessage("",session);
    }
    @OnClose
    public void onClose() {
        WEB_SOCKET_SET.remove(this);
        subOnlineCount();
    }
```

```java
GetDataServicegetDataService = new GetDataService();
    @OnMessage
    public void onMessage(String message, Session session) {
        for (final PriceRangeWebSocketitem : WEB_SOCKET_SET) {
            try {
                while (true){
                            item.sendMessage(getDataService.getPriceRange());
                            Thread.sleep(1000);
                }
            } catch (Exception e) {
                e.printStackTrace();
                continue;
            }
        }
    }
    @OnError
    public void onError(Session session, Throwable error) {
        error.printStackTrace();
    }
    public void sendMessage(String message) throws IOException {
        this.session.getBasicRemote().sendText(message);
    }
    public static synchronized int getOnlineCount() {
        return onlineCount;
    }
    public static synchronized void addOnlineCount() {
        PriceRangeWebSocket.onlineCount++;
    }
    public static synchronized void subOnlineCount() {
        PriceRangeWebSocket.onlineCount--;
    }
    @Override
    public booleanequals(Object o) {
        if (this == o) return true;
        if (!(o instanceofPriceRangeWebSocket)) return false;
        PriceRangeWebSocket that = (PriceRangeWebSocket) o;
        if (session != null ? !session.equals(that.session) : that.session != null) return false;
        return getDataService != null ? getDataService.equals(that.getDataService) : that.getDataService == null;
    }
    @Override
    public int hashCode() {
        int result = session != null ? session.hashCode() : 0;
        result = 31 * result + (getDataService != null ? getDataService.hashCode() : 0);
        return result;
    }
}
```

WebSocket 通过间隔 1s 循环调用 Service 层 GetDataService 类中的相应方法来实现实时更新，GetDataService 类中的相应方法负责通过使用 Jedis 类库从 Redis 数据库中读取数据并使用 fastjson 进行序列化后再返回，核心代码如下：

```java
public String getPriceRange() {
```

```
ArrayList<Map<String, String>> result = new ArrayList<>();
    for (Map.Entry<String, String>entry :jedis.hgetAll(PRICE_NUM_KEY).entrySet()) {
        HashMap<String, String> map = new HashMap<>();
        map.put("name", "50.0_up".equals(entry.getKey()) ? "高于 50 万元" : "5.0_down".equals(entry.getKey()) ?
"低于 5 万元" : entry.getKey().replaceAll("\\.0", "") + "万元");
        map.put("value", entry.getValue());
        result.add(map);
    }
    return JSONObject.toJSONString(result);
}
```

前端界面在接收到 WebSocket 请求返回的数据后，将其序列化后通过 setOption()方法替换掉
ECharts 图表中的 data 数据，即实现了图表的实时更新，核心代码如下：

```
myChart.hideLoading();
let websocket = null;
if ('WebSocket' in window)
    websocket = new WebSocket("ws://localhost:8080/price-range-web-socket");
else
    alert('当前浏览器不支持 websocket')
websocket.onmessage = function (event) {
    myChart.setOption({series: [{data: JSON.parse(event.data)}]})
}
window.onbeforeunload = function () {
    websocket.close();
}
```

9.5.2 数据可视化模块前端设计——基于 ECharts

图表绘制均采用开源可视化图表库 ECharts 实现。以"汽车价格区间图"为例，核心代码如下：

```
<div id="container" style="height: 100%;"></div>
<script src="/js/jquery-1.8.3.min.js"></script>
  <script src="/js/echarts.min.js"></script>
  <script src="/js/vintage.js"></script>
const myChart = echarts.init(document.getElementById('container'), 'vintage');
myChart.setOption(option = {
    title: {
        text: '汽车价格区间统计',
        left: 'center'
    },
    tooltip: {
        trigger: 'item'
    },
    legend: {
        orient: 'vertical',
        left: 'left'
    },
    series: [
        {
```

```
                name: '价格区间',
                type: 'pie',
                radius: '50%',
                data: [],
                emphasis: {
                        itemStyle: {
                                shadowBlur: 10,
                                shadowOffsetX: 0,
                                shadowColor: 'rgba(0, 0, 0, 0.5)'}
                        }
                }
        ]
});
```

9.5.3　数据可视化页面展示

根据用户需求共绘制了五张图表，实现了实测油耗、统计不同汽车销售总量、每款车评分均值、汽车售价和销量多维度分析以及汽车售价和评分多维度分析。首页设置了五个跳转框，分别对应不同图表的展示，首页如图 9-7 所示。

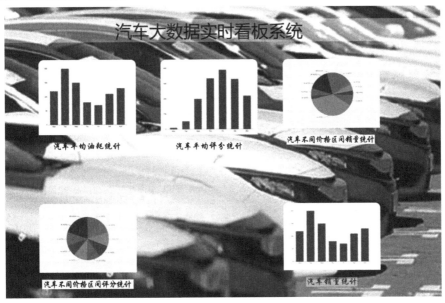

图 9-7　系统首页

　　汽车平均油耗统计如图 9-8 所示，根据获取到汽车数据量的多少，平均油耗实时变化。从图中可以看出每款车的平均油耗，帮助用户选择更经济的车型。

　　汽车平均评分统计如图 9-9 所示，根据获取到用户口碑数据量的多少，每款车的平均评分实时变化。从图中可以看出每款车的平均评分，用户可以借助其他用户的用车体验，选择更具性价比的车型。

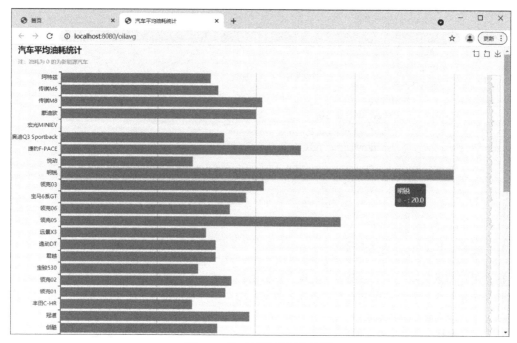

图 9-8　汽车平均油耗统计图

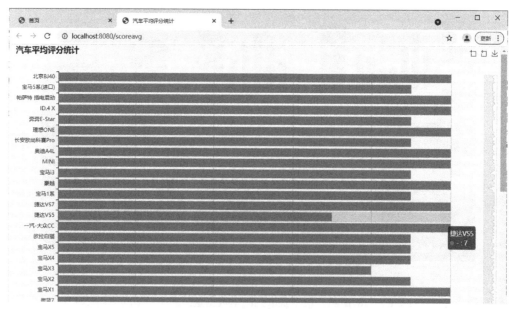

图 9-9　汽车平均评分统计图

汽车价格区间统计如图 9-10 所示。根据获取到汽车数据量的多少，不同价格区间的汽车销量在实时变化。从图中可以看出不同价格区间的销量，帮助商家统计用户普遍能接受的价格区间。

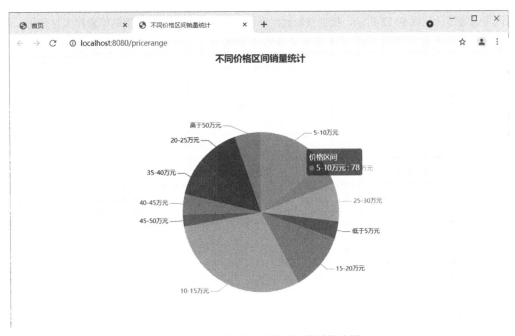

图 9-10　汽车不同价格区间销量统计图

汽车不同价格区间评分统计如图 9-11 所示。根据获取到用户口碑数据量的多少，不同价格区间的评分也在实时变化。从图中可以看出不同价格区间的评分高低，帮助用户选择哪个价格区间内的车型更具性价比。

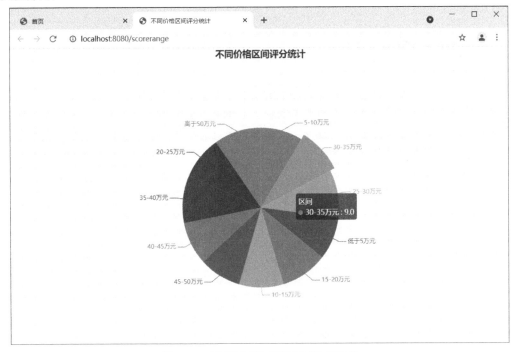

图 9-11　汽车不同价格区间评分统计图

汽车销量统计如图 9-12 所示。根据获取到汽车数据量的多少，每款车型的销量在实时变化。从图中可以看出不同车型的销量，帮助用户选择更畅销的车型。

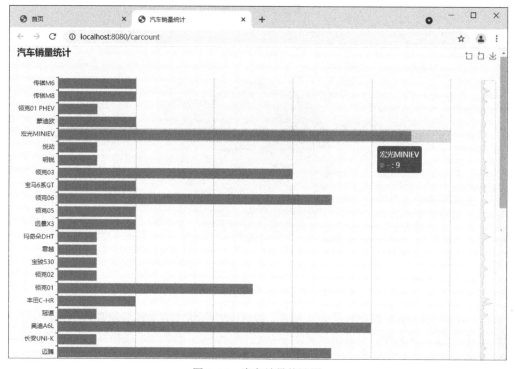

图 9-12   汽车销量统计图

本章小结

本章主要介绍了汽车大数据分析系统搭建的过程，重点介绍从数据的采集和存储、实时发送、数据的分析处理和可视化进行开发，用到了 ECharts、Kafka、Spark、Redis 等技术，从汽车油耗、售价、评分等多个维度对源数据进行了分析展示。本章的重点是在熟悉系统架构和业务流程的前提下，使读者可自己动手开发实时大数据系统。

第 10 章
基于 Flume+Kafka+Flink 的大数据
实时分析系统

本章内容

本章讲解互联网直播大数据分析系统案例，该系统功能是从不同维度对互联网直播审计日志的数据进行分析，并以图表的形式实时展示。首先讲解 Flink 实时分析系统的需求分析和架构，然后讲解数据采集、分析处理、存储和可视化模块的具体实现。

本章要点

- 了解 Flink 的系统架构以及业务流程。
- 使用 Flume 实时采集本地磁盘目录中的数据，并将数据发送到 Kafka 消息队列。
- 掌握 Flink Streaming 对数据实时处理的方法。
- 熟悉 MySQL 数据库的存取操作，能将处理后的数据写入 MySQL 数据库中。
- 学会使用开源可视化图表库 ECharts 绘制图表。

10.1　系统架构概述

本节主要从需求分析和技术架构进行分析，旨在帮助读者理解互联网直播大数据实时分析系统的整体架构体系。

10.1.1　需求分析

本项目以互联网直播审计日志分析为基础，为公司对审计人员的绩效考核以及对运营人员的营销活动提供决策支持。通过实时采集直播审计数据和对直播审计数据的分析，从多个维度分析直播上下线状况，因此需要实现直播审计数据的获取、处理和可视化功能，方便直观地看到更丰富的直播上下线信息，为公司相关部门提供决策支持。项目采集的是抖音直播审计后台日志，对采集到的直播审计数据从时间、省份和审计类型等多个维度进行分析处理，并结合 Web 框架对这些信息进行可视化。

本项目以公司人力和运营部门关注度为核心，建立了绩效考核与运营效果评价两个维度相结合的评价体系，涵盖直播上线量、直播下线量和直播黑名单等多项指标，同时对这些指标按照时间、省份

213

和审计类型等维度进行多维分析。通过对源数据和实际需求的分析，结合项目实时的特点，采用 Flink Streaming 技术将数据处理成以下几部分。

（1）功能点：统计时间维度直播审计量

功能描述：该模块是根据直播审计数据按照时间维度对开播数据的统计分析。

（2）功能点：统计省份维度直播审计量

功能描述：该模块是根据直播审计数据按照省份维度对开播数据的统计分析。

（3）功能点：统计栏目维度直播审计量

功能描述：该模块是根据直播审计数据按照栏目维度对开播数据的统计分析。

本项目的总体架构如图 10-1 所示。总体架构的每一层的主要建设内容和职责如下。

● 第一层为外部数据源，目标网站为抖音直播平台，目前采集的信息主要为直播审计日志数据。当然，为了项目实现的方便，后续还会开发数据模拟程序，模拟产生直播后台的审计日志数据。

● 第二层为数据采集层，利用 Flume 实时采集系统，实现实时自动地采集直播审计日志。

● 第三层为数据存储层，将采集到的数据保存到 Kafka 消息队列中。

● 第四层为计算层，基于 Kafka+Flink 的架构实现实时处理采集到的内容，并将处理结果存放到 MySQL 数据库中。

● 第五层为可视化层，后端 SpringBoot 框架与前端 ECharts 技术结合，实现可视化图表的展示。

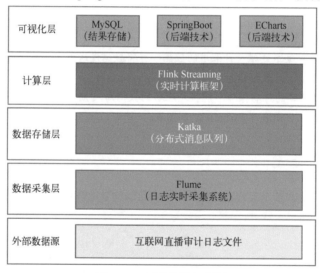

图 10-1　项目总体架构图

10.1.2　数据存储——MySQL

MySQL 是一款安全、跨平台、高效的，并与 Java 等主流编程语言紧密结合的数据库系统。目前 MySQL 被广泛地应用在 Internet 上的中小型网站中。由于其体积小、速度快、总体拥有成本低，尤其是开放源码这一特点，使得很多公司都采用 MySQL 数据库以降低成本。MySQL 数据库可以称得上是目前运行速度最快的 SQL 语言数据库之一。除了具有许多其他数据库所不具备的功能外，MySQL 数据库还是一种完全免费的产品，用户可以直接通过网络下载 MySQL 数据库，而不必支付任何费用。

本项目中，MySQL 主要用于存储 Flink 处理之后的数据，即借助 Flink Sink 组件将统计完的结果存入 MySQL 数据库。数据进行可视化时，从 MySQL 数据库中查询相应数据传给后端。

10.1.3　数据处理与可视化——Kafka+Flink +SpringBoot+ECharts

Kafka 是一个高吞吐的分布式消息队列系统，是生产者/消费者模式，保证先进先出（FIFO）顺序，自己不丢数据，默认每隔 7 天清理数据，且消息直接持久化在磁盘上，因此 Kafka 具有高性能、吞吐量大、持久性等特点。

Flink 是流式处理框架，支持可扩展、高吞吐量、容错的实时数据流处理，实时数据的来源可以是 Kafka、Flume 等，并且可以使用高级功能的复杂算子来处理流数据。

SpringBoot 是一个 Java Web 快速开发框架，通过使用 Maven 依赖的集成方式快速整合第三方常用框架，完全采用注解化编程，简化 XML 配置，内置 HTTP 服务器（如 Tomcat，Jetty），最终以 Java 应用程序的方式运行。ECharts 是一个使用 JavaScript 实现的开源可视化库，是图表丰富、兼容性强的前端框架。

本项目中，基于 Kafka+Flink 的架构用于实时分析采集到的数据，Flume 将实时采集到的数据写入 Kafka，Flink Streaming 消费数据并进行流处理。基于 SpringBoot+ECharts 的架构用于实现数据可视化，SpringBoot 作为项目后端框架，依次编写数据访问层接口、服务层接口及实现类和控制器，最后使用 ECharts 绘制图表。

10.2　采集直播审计数据

数据采集模块使用 Flume 采集系统，通过 Flume 的 TaildirSource 组件监控直播审计日志文件并实时采集数据，然后通过构建的 Flume 集群将采集的数据写入 Kafka 消息队列。

10.2.1　模拟直播审计数据

为了模拟实时采集直播审计日志的效果，可以按照直播审计的日志格式，通过编写 Java 应用程序模拟实时产生直播审计日志，其具体实现步骤如下。

1．准备 MySQL 数据源

因为直播审计日志中包含省份地区字段，为了模拟数据时能动态获取省份字段数据，需要提前导入 distinctcode 表数据。

（1）登录 MySQL

在控制台通过如下命令登录 MySQL 数据库，这里的 MySQL 账号和密码都为 hive。

```
[root@hadoop1 ~]# mysql -h hadoop1 -u hive -phive
mysql>
```

（2）创建数据库

为了方便管理直播相关数据，在 MySQL 中单独创建 live 数据库，具体操作如下。

```
#创建 live 数据库
mysql>CREATE DATABASE IF NOT EXISTS live DEFAULT CHARSET utf8 COLLATE utf8_general_ci;
#使用 live 数据库
mysql> use live;
```

（3）建表并导入数据

进入 live 数据库，通过如下命令创建 distinctcode 表并导入原始数据。

```
mysql>source /home/hadoop/shell/sql/distinctcode.sql
```

2．引入项目依赖包

由于模拟产生数据的 Java 应用程序，需要动态查询 MySQL 获取省份字段数据，所以需要通过 Maven 工具引入 MySQL 依赖包。

```
<dependency>
<groupId>mysql</groupId>
<artifactId>mysql-connector-java</artifactId>
<version>5.1.38</version>
</dependency>
```

3．编写 Java 模拟程序

在 IDEA 开发工具中，通过 Maven 构建 bigdata 项目，然后编写 Java 应用程序模拟产生直播审计日志，核心代码如下：

```
public class LiveAuditLogProducer {
public static void main(String[] args){
    //查询 sql
    String sql = "select * from distinctcode";
    //返回区域编码集合
    List<String>pcList = DBUtil.getProvinceCodeList(sql);
    //指定文件输出路径
    String filepath=args[0];
    //循环产生直播审计日志
    while (true){
            String message ="{\"audit_time\":\""+getCurrentTime()
                            +"\",\"audit_type\":\""+getRandomAuditType()
                            + "\",\"checker\":\""+getRandomChecker()
                            + "\",\"province_code\":\""+getProvinceCode(pcList)
                            +"\"}";
            System.out.println(message);
            writeFile(filepath,message);
            Thread.sleep(300);
}}
```

4．打包 Java 应用程序

在 IDEA 的 Terminal 控制台中，使用如下命令对 bigdata 项目进行编译打包，如图 10-2 所示。

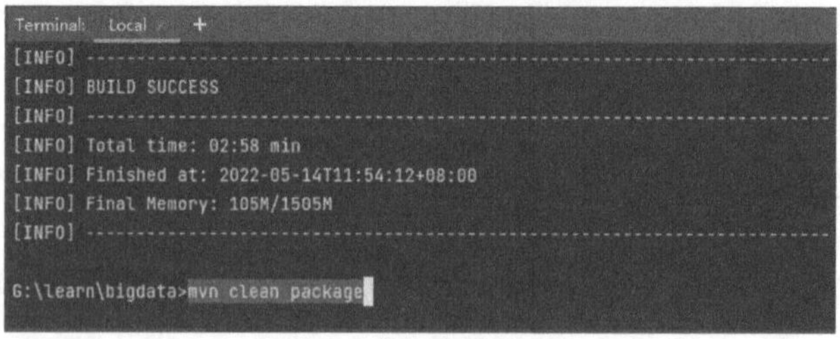

图 10-2　打包命令

5．开发 Shell 执行脚本

编写 liveAuditLog.sh 脚本执行 Java 应用程序，模拟实时产生直播审计日志，具体脚本内容如下。

```
[hadoop@hadoop1 bin]$ vi liveAuditLog.sh
#/bin/bash
if [ $# -lt 1 ]
then
    echo "Usage: ./liveAuditLog.sh outputFile"
    exit
fi
echo "start producing liveAuditLog......"
#参数是审计日志输出文件路径
java -cp /home/hadoop/shell/lib/bigdata-1.0-SNAPSHOT-jar-with-dependencies.jar com.bigdata.flink.producer.
LiveAuditLogProducer   $1
```

在使用脚本之前，还需要为 liveAuditLog.sh 添加可执行权限，具体操作如下。

```
[hadoop@hadoop1 bin]$ chmod u+x liveAuditLog.sh
```

执行 liveAuditLog.sh 脚本，模拟实时产生直播审计日志，具体操作如下。

```
[hadoop@hadoop1 shell]$ bin/liveAuditLog.sh /home/hadoop/data/flume/logs/liveaudit.log
```

6．直播审计日志格式

模拟产生的直播审计日志文件为 liveaudit.log，里面每行数据是一个 JSON 字符串，其中 audit_time 表示审计时间，audit_type 表示审计类型，checker 表示审计人员，province_code 表示直播所在的省份编号。直播审计的具体样例数据如下。

```
{"audit_time":"2022-01-19
12:31:08","audit_type":"culturaltalents_blacklist","checker":"checker5","province_code":"AH"}
    {"audit_time":"2022-01-19
12:31:09","audit_type":"outdoors_lower_shelf","checker":"checker7","province_code":"XZ"}
    {"audit_time":"2022-01-19
12:31:09","audit_type":"outdoors_lower_shelf","checker":"checker7","province_code":"SD"}
```

10.2.2　使用 Flume 采集直播审计数据

本项目使用 Flume 数据采集技术，通过 Flume 分布式集群的方式获取数据信息。在实际直播审计后台项目中，出于负载均衡的考虑一般会部署多台日志服务器，那么每台服务器上都会产生直播审计日志。所以每台 Web 服务器都需要部署 Flume 采集服务，因为采集的数据量比较大，如果每台 Flume 采集服务直接将数据写入大数据平台，会造成很大的 I/O 压力，所以需要增加 Flume 聚合层对来自采集节点的数据进行聚合，减少对大数据平台的压力。

由于集群资源有限，这里以 hadoop1、hadoop2 和 hadoop3 节点为例。为了演示 Flume 分布式集群的数据采集效果，选择 hadoop1 作为 Flume 采集节点实时采集直播审计日志，选择 hadoop2 和 hadoop3 作为 Flume 聚合节点，聚合来自 hadoop1 节点采集的数据。

1．配置 Flume 采集服务

直播审计后台项目可以部署在多台服务器上，那么每台服务器都会产生直播审计日志（实验中，使用模拟程序产生直播审计日志），所以每台服务器都需要部署 Flume 采集服务，由于每台服务器产生的审计日志名称和路径是一样的，所以每台 Flume 采集节点的配置是一样的，所以这里以 hadoop1 节点为例来配置 Flume 采集服务即可。

在 hadoop1 节点上，进入 Flume 的 conf 目录，新建一个 taildir-file-selector-avro.properties 文件配置 Flume 数据采集服务，其具体配置如下。

```
[hadoop@hadoop1conf]$ vi taildir-file-selector-avro.properties
#定义 source、channel、sink 的名称
agent1.sources = taildirSource
agent1.channels = fileChannel
agent1.sinkgroups = g1
agent1.sinks = k1 k2
# 定义和配置一个 TAILDIR Source
agent1.sources.taildirSource.type = TAILDIR
agent1.sources.taildirSource.positionFile = /home/hadoop/data/flume/taildir_position.json
agent1.sources.taildirSource.filegroups = f1
agent1.sources.taildirSource.filegroups.f1 = /home/hadoop/data/flume/logs/liveaudit.log
agent1.sources.taildirSource.channels = fileChannel
# 定义和配置一个 file channel
agent1.channels.fileChannel.type = file
agent1.channels.fileChannel.checkpointDir = /home/hadoop/data/flume/checkpointDir
agent1.channels.fileChannel.dataDirs = /home/hadoop/data/flume/dataDirs
#定义和配置一个 sink 组
agent1.sinkgroups.g1.sinks = k1 k2
#为 sink 组定义一个处理器，load_balance 表示负载均衡   failover 表示故障切换
agent1.sinkgroups.g1.processor.type = load_balance
agent1.sinkgroups.g1.processor.backoff = true
#定义处理器数据发送方式，round_robin 表示轮询发送   random 表示随机发送
agent1.sinkgroups.g1.processor.selector = round_robin
agent1.sinkgroups.g1.processor.selector.maxTimeOut=10000
#定义一个 sink 将数据发送给 hadoop2 节点
agent1.sinks.k1.type = avro
agent1.sinks.k1.channel = fileChannel
agent1.sinks.k1.batchSize = 1
agent1.sinks.k1.hostname = hadoop2
agent1.sinks.k1.port = 1234
#定义另一个 sink 将数据发送给 hadoop3 节点
agent1.sinks.k2.type = avro
agent1.sinks.k2.channel = fileChannel
agent1.sinks.k2.batchSize = 1
agent1.sinks.k2.hostname = hadoop3
agent1.sinks.k2.port = 1234
```

Flume 采集服务配置中，Source 类型选择 TAILDIR 类型实时采集文件中的新增内容，Channel 类型选择 file 类型将采集的数据持久化到本地磁盘，Sink 选择 avro 类型将采集的数据发送给 Flume 聚合服务。

2. 配置 Flume 聚合服务

Flume 采集完 hadoop1 节点的数据之后，需要配置 Flume 聚合服务来接收采集到的数据，而且聚合节点的 Flume 配置文件是一致的。所以分别在 hadoop2 和 hadoop3 节点上进入 Flume 的 conf 目录，新建 avro-file-selector-logger.properties 文件配置 Flume 聚合服务，其具体配置如下。

```
[hadoop@hadoop2conf]$ vi avro-file-selector-logger.properties
[hadoop@hadoop3conf]$ vi avro-file-selector-logger.properties
#定义 source、channel、sink 的名称
agent1.sources = r1
agent1.channels = c1
agent1.sinks = k1
# 定义和配置一个 avro Source
agent1.sources.r1.type = avro
agent1.sources.r1.channels = c1
agent1.sources.r1.bind = 0.0.0.0
agent1.sources.r1.port = 1234
# 定义和配置一个 file channel
agent1.channels.c1.type = file
agent1.channels.c1.checkpointDir = /home/hadoop/data/flume/checkpointDir
agent1.channels.c1.dataDirs = /home/hadoop/data/flume/dataDirs
# 定义和配置一个 logger sink
agent1.sinks.k1.type = logger
agent1.sinks.k1.channel = c1
```

在 Flume 聚合服务配置中，Source 选择 avro 类型接收发送过来的数据，Channel 选择 file 类型将接收的数据持久化到本地磁盘，Sink 选择 logger 类型将数据打印到控制台，用于测试、调试数据采集流程。

10.2.3　数据采集模块测试

使用 Java 应用程序模拟实时产生直播审计日志，然后通过 Flume 集群实时采集直播审计日志。

1. 启动 Flume 聚合服务

在 hadoop2 和 hadoop3 节点上，分别进入 Flume 安装目录启动 Flume 聚合服务，启动命令如下。

```
[hadoop@hadoop2 flume]$ bin/flume-ng agent -n agent1 -c conf -f conf/avro-file-selector-logger.properties -Dflume.root.logger=INFO,console
[hadoop@hadoop3 flume]$ bin/flume-ng agent -n agent1 -c conf -f conf/avro-file-selector-logger.properties -Dflume.root.logger=INFO,console
```

2. 启动 Flume 采集服务

在 hadoop1 节点上，进入 Flume 安装目录启动 Flume 采集服务，启动命令如下。

```
[hadoop@hadoop1 flume]$ bin/flume-ng agent -n agent1 -c conf -f conf/taildir-file-selector-avro.properties -Dflume.root.logger=INFO,console
```

3. 启动数据模拟程序

在 hadoop1 节点，执行 liveAuditLog.sh 脚本模拟实时产生直播审计日志，具体操作如下。

```
[hadoop@hadoop1 shell]$ bin/liveAuditLog.sh /home/hadoop/data/flume/logs/liveaudit.log
```

如果在 hadoop2 和 hadoop3 节点能看到打印到控制台的直播审计日志，那么就说明 Flume 日志采集系统能正常运行。

10.3　数据分析处理模块实现

数据分析处理模块包含数据实时发送模块和数据处理模块。

数据实时发送模块使用 Flume 集群实时采集直播审计日志，同时使用 KafkaSink 将数据发送至指定主题中。

数据处理模块使用 Java 语言开发，旨在利用 FlinkKafkaConsumer 实时监控 Kafka 主题中的数据，迎合可视化需要，使用 Flink Streaming 技术从不同维度统计直播审计相关指标数据，并将处理好的数据存入 MySQL 数据库。

10.3.1　实时发送数据至 Kafka

已经成功搭建好 Flume 日志采集系统了，本节只需要在 Flume 聚合配置中，使用 KafkaSink 将数据实时发送到 Kafka 集群即可，Flume 聚合服务修改后的配置如下。

```
[hadoop@hadoop2conf]$ vi avro-file-selector-logger.properties
[hadoop@hadoop3conf]$ vi avro-file-selector-logger.properties
#定义 source、channel、sink 的名称
agent1.sources = r1
agent1.channels = c1
agent1.sinks = k1
# 定义和配置一个 avro Source
agent1.sources.r1.type = avro
agent1.sources.r1.channels = c1
agent1.sources.r1.bind = 0.0.0.0
agent1.sources.r1.port = 1234
# 定义和配置一个 file channel
agent1.channels.c1.type = file
agent1.channels.c1.checkpointDir = /home/hadoop/data/flume/checkpointDir
agent1.channels.c1.dataDirs = /home/hadoop/data/flume/dataDirs
# 定义和配置一个 KafkaSink
agent1.sinks.k1.type = org.apache.flume.sink.kafka.KafkaSink
agent1.sinks.k1.topic = liveAuditLog
agent1.sinks.k1.brokerList = hadoop1:9092,hadoop2:9092,hadoop3:9092
agent1.sinks.k1.producer.acks = 1
agent1.sinks.k1.channel = c1
```

10.3.2　Flink 处理直播审计数据

本项目通过 FlinkKafkaConsumer 接收 Kafka 发送的数据，采用 Flink Streaming 对数据进行实时处理，以时间作为滚动窗口，同时按照省份和审计类型进行分组统计每分钟的开播量，其核心代码如下。

```
public class LiveAuditReport {
public static void main(String[] args) throws Exception {
//获取 Flink 执行环境
StreamExecutionEnvironment senv = StreamExecutionEnvironment.getExecutionEnvironment();
//设置并行度
senv.setParallelism(3);
//启用 checkpoint 容错
senv.enableCheckpointing(60000);
senv.getCheckpointConfig().setCheckpointingMode(CheckpointingMode.EXACTLY_ONCE);
```

```java
senv.getCheckpointConfig().setMinPauseBetweenCheckpoints(500);
senv.getCheckpointConfig().setCheckpointTimeout(60000);
senv.getCheckpointConfig().setMaxConcurrentCheckpoints(1);
senv.getCheckpointConfig().enableExternalizedCheckpoints(CheckpointConfig.ExternalizedCheckpointCleanu
p.RETAIN_ON_CANCELLATION);
//设置状态后端
//设置使用 ROCKsDB
//senv.setStateBackend(new EmbeddedRocksDBStateBackend());
//设置 checkpoint Storage
//senv.getCheckpointConfig().setCheckpointStorage(new
FileSystemCheckpointStorage("hdfs://mycluster/flink/checkpoints"));
//配置 Kafka
Properties prop = new Properties();
prop.setProperty("bootstrap.servers","hadoop1:9092,hadoop2:9092,hadoop3:9092");
prop.setProperty("group.id","liveAuditLog");
String inputTopic = "liveAuditLog";
//构造 Flink 消费者
FlinkKafkaConsumer<String>myConsumer=new FlinkKafkaConsumer<String>(inputTopic,new SimpleStringSchema(),
prop);
//添加 kafka source
DataStreamSource<String> data = senv.addSource(myConsumer);
data.print();
System.out.println("读取 kafka-----------------");
//解析数据
DataStream<Tuple3<Long,String,String>> parse =    data.map(new MyMapFunction());
//数据过滤
DataStream<Tuple3<Long,String,String>> filter = parse.filter(new MyFilterFunction());
//保存迟到的数据
OutputTag<Tuple3<Long,String,String>>outputTag  =   new   OutputTag<Tuple3<Long,String,String>>("late-
data"){};
//窗口计算
SingleOutputStreamOperator<Tuple4<String,String,String,Long>> result = filter.assignTimestampsAndWatermarks(
            WatermarkStrategy.

    <Tuple3<Long,String,String>>forBoundedOutOfOrderness(Duration.ofMillis(10000L))
                    .withTimestampAssigner(new SerializableTimestampAssigner<Tuple3<Long, String,
String>>() {
                            @Override
                            public long extractTimestamp(Tuple3<Long, String, String> event, long l) {
                                return event.f0;
                            }
                    })
).keyBy(new KeySelector<Tuple3<Long, String, String>, Tuple2<String,String>>() {
    @Override
    public Tuple2<String, String>getKey(Tuple3<Long, String, String> t3) throws Exception {
            return new Tuple2<String,String>(t3.f1,t3.f2);
    }
}).window(TumblingEventTimeWindows.of(Time.minutes(1)))
            .allowedLateness(Time.seconds(30))
            .sideOutputLateData(outputTag)
```

```
                .apply(new MyWindowFunction());
    //获取迟到的数据
    DataStream<Tuple3<Long,String,String>>sideOutput = result.getSideOutput(outputTag);
    //配置 Kafka
    Properties outprop = new Properties();
    outprop.setProperty("bootstrap.servers","hadoop1:9092,hadoop2:9092,hadoop3:9092");
    outprop.setProperty("transaction.timeout.ms",60000*10+"");
    String outputTopic = "lateLog";
    String brokerList = "hadoop1:9092,hadoop2:9092,hadoop3:9092";
    //构造 Flink 生产者
    FlinkKafkaProducer<String>myProducer  =  new  FlinkKafkaProducer<String>(brokerList,outputTopic,new
SimpleStringSchema());
    //将迟到数据写入 kafka
    sideOutput.map(new MapFunction<Tuple3<Long, String, String>, String>() {
        @Override
        public String map(Tuple3<Long, String, String> t3) throws Exception {
                return t3.f0+","+t3.f1+","+t3.f2;
        }
    }).addSink(myProducer);
    //审计指标数据入库 MySQL
    result.addSink(new AuditMySQLSink());
    //执行 Flink 应用
    senv.execute("LiveAuditReport");
    }
    }
```

10.3.3　MySQL 数据库存储处理结果

由于 Flink 处理之后的数据量比较小，选择使用 MySQL 数据库来存储处理结果。

1．MySQL 业务建表

在 MySQL 的 live 数据库中，创建 auditcount 表来存储处理结果，具体建表语句如下。

```
DROP TABLE IF EXISTS 'auditcount';
CREATE TABLE 'auditcount' (
  'time' varchar(20) NOT NULL,
  'audit_type' varchar(20) NOT NULL,
  'province_code' varchar(20) NOT NULL,
  'count' int(11) NOT NULL DEFAULT '0',
  PRIMARY KEY ('time', 'audit_type', 'province_code')
) ENGINE=InnoDB DEFAULT CHARSET=utf8;
```

2．数据入库 MySQL 实现方式

Flink 可以借助自定义 MySQLSink 将统计完的结果存入 MySQL 数据库，核心代码如下。

```
public class AuditMySQLSink extends RichSinkFunction<Tuple4<String,String,String,Long>> {
    private Connection conn;
    private PreparedStatement statement;
    @Override
    public void open(Configuration parameters) throws Exception {
        Class.forName(GlobalConfig.DRIVER_CLASS);
```

```
            conn = DriverManager.getConnection(GlobalConfig.DB_URL,GlobalConfig.USER_MAME,
GlobalConfig.PASSWORD);
        }
        @Override
        public void close() throws Exception {
            if(statement !=null){
                statement.close();
            }
            if(conn!=null){
                conn.close();
            }
        }
        @Override
        public void invoke(Tuple4<String,String,String,Long> value, Context context) throws Exception {
            try {
                String time = value.f0;
                String audit_type = value.f1;
                String province_code = value.f2;
                long count = value.f3;
                statement = conn.prepareStatement(GlobalConfig.AUDITINSERTSQL);
                statement.setString(1,time);
                statement.setString(2,audit_type);
                statement.setString(3,province_code);
                statement.setLong(4,count);
                statement.executeUpdate();
            }catch (Exception e){
                e.printStackTrace();
            }
        }
    }
```

10.3.4　数据分析处理模块测试

Flume 集群实时采集直播审计日志，并通过 KafkaSink 将采集到的数据实时发送到 Kafka 集群，然后创建 Kafka 消费者消费采集过来的数据，如图 10-3 所示。

```
[hadoop@hadoop1 kafka]$ bin/kafka-console-consumer.sh --bootstrap-server localhost:9092 --topic liveAuditLog
{"audit_time":"2022-05-14 18:00:06","audit_type":"outdoors_upper_shelf","checker":"checker1","province_code":"SX"}
{"audit_time":"2022-05-14 18:00:07","audit_type":"dance_upper_shelf","checker":"checker9","province_code":"JL"}
{"audit_time":"2022-05-14 18:00:08","audit_type":"dance_blacklist","checker":"checker1","province_code":"HN"}
{"audit_time":"2022-05-14 18:00:09","audit_type":"knowledgeteaching_lower_shelf","checker":"checker1","province_code":"TW"}
{"audit_time":"2022-05-14 18:00:10","audit_type":"music_upper_shelf","checker":"checker8","province_code":"SX"}
{"audit_time":"2022-05-14 18:00:10","audit_type":"music_upper_shelf","checker":"checker10","province_code":"XJ"}
{"audit_time":"2022-05-14 18:00:11","audit_type":"finefood_upper_shelf","checker":"checker7","province_code":"HB"}
{"audit_time":"2022-05-14 18:00:12","audit_type":"culturaltalents_upper_shelf","checker":"checker2","province_code":"XJ"}
{"audit_time":"2022-05-14 18:00:13","audit_type":"outdoors_upper_shelf","checker":"checker9","province_code":"JX"}
{"audit_time":"2022-05-14 18:00:14","audit_type":"culturaltalents_lower_shelf","checker":"checker9","province_code":"GS"}
{"audit_time":"2022-05-14 18:00:15","audit_type":"knowledgeteaching_lower_shelf","checker":"checker9","province_code":"BJ"}
{"audit_time":"2022-05-14 18:00:06","audit_type":"dance_blacklist","checker":"checker5","province_code":"HN"}
{"audit_time":"2022-05-14 18:00:07","audit_type":"music_blacklist","checker":"checker3","province_code":"NX"}
{"audit_time":"2022-05-14 18:00:08","audit_type":"finefood_blacklist","checker":"checker1","province_code":"NX"}
```

图 10-3　数据实时发送测试

使用 Flink Streaming 处理数据后，将结果存入 MySQL 数据库，MySQL 数据库中的直播统计数据如图 10-4 所示。

	time	audit_type	province_code	▲ count
☐	2022-05-14 18:04:51	music_lower_shelf	YN	2
☐	2022-05-14 18:04:55	culturaltalents_blacklist	SD	2
☐	2022-05-14 18:04:40	outdoors_upper_shelf	SX	2
☐	2022-05-14 18:04:48	chat_upper_shelf	FJ	2
☐	2022-05-14 18:04:57	knowledgeteaching_blacklist	HN	2
☐	2022-05-14 18:04:54	knowledgeteaching_lower_shelf	HN	2
☐	2022-05-14 18:04:46	dance_lower_shelf	HLJ	2
☐	2022-05-14 18:04:59	dance_blacklist	JS	2
☐	2022-05-14 18:04:51	outdoors_lower_shelf	TJ	2
☐	2022-05-14 18:04:49	music_blacklist	QH	1
☐	2022-05-14 18:04:50	outdoors_upper_shelf	CQ	1
☐	2022-05-14 18:04:48	knowledgeteaching_blacklist	QH	1
☐	2022-05-14 18:04:49	chat_blacklist	FJ	1
☐	2022-05-14 18:04:49	culturaltalents_upper_shelf	YN	1
☐	2022-05-14 18:04:50	knowledgeteaching_lower_shelf	BJ	1
☐	2022-05-14 18:04:50	dance_blacklist	YN	1

图 10-4　直播统计数据

10.4　数据可视化模块

数据可视化模块使用 Java 语言开发，旨在利用 SpringBoot 框架和 ECharts 对可视化图表进行展示及实时更新。总体可视化框架采用开源可视化图表库 ECharts 绘制。使用仪表盘绘制直播上线总量；使用饼图绘制每个审计类别的直播上线量；使用柱状图展示每个省份的直播上线量。使用 MVC 架构来实现数据的读取以及页面的展示，使用 JQuery 实现数据实时更新及可视化展示。

10.4.1　数据可视化模块后端设计——基于 SpringBoot

1. 编写数据访问层

SpringBoot 整合 Mybatis 框架，使用通用的 Mapper 通过注解的方式访问数据库并读取直播审计数据，其核心代码如下。

```
@Mapper
public interface LiveMapper {
    //查询直播上线总量
    @Select("select sum(count) from auditcount")
    int getLiveNum();
    //查询每个省份直播上线量
    @Select("select   c.province,sum(a.count)   as  cnt  from  auditcount  a  JOIN  (select  DISTINCT
provinceCode,province from distinctcode) c on a.province_code=c.provinceCode group by a.province_code limit   10")
    List<ProvinceCount> getLiveListByProvince();
    //查询每个类别直播上线量
    @Select("select audit_type,sum(count) as cnt from auditcount GROUP BY audit_type order by cntdesc
limit 10")
    List<TypeCount>getLiveListByType();
}
```

2. 编写服务层

服务层调用数据访问层接口，对直播审计指标按照业务需求进行封装，然后将数据返回给控制层，其核心代码如下。

```java
@Service
@Component
@Slf4j
public class LiveService {
    @Autowired
    private LiveMapperliveMapper;
    //返回直播上线总量
    public int getLiveNum(){
        return liveMapper.getLiveNum();
    }
    //对按直播类型统计的数据，按照业务需求进行封装
    public Map<String,Object>getTypeList(){
        Map<String,Object> map = new HashMap<String,Object>();
        String[] types = new String[10];
        String[] counts = new String[10];
        List<TypeCount> list=liveMapper.getLiveListByType();
        int i = 0;
        for (TypeCount tc:list){
            String type = tc.getAudit_type();
            String count = tc.getCnt()+"";
            types[i] = type;
            counts[i] = count;
            ++i;
        }
        map.put("type", types);
        map.put("count", counts);
        return map;
    }
    //对按省份统计的数据，按照业务需求进行封装
    public Map<String,Object>getProvinceList(){
        Map<String,Object> map = new HashMap<String,Object>();
        String[] provinces = new String[10];
        String[] counts = new String[10];
        List<ProvinceCount> list = liveMapper.getLiveListByProvince();
        int i = 0;
        for (ProvinceCount pc:list){
            String province = pc.getProvince();
            String count = pc.getCnt()+"";
            provinces[i] = province;
            counts[i] = count;
            ++i;
        }
        map.put("province", provinces);
        map.put("count", counts);
        return map;
    }
}
```

3．编写控制层

控制层调用服务层接口，将服务层返回的数据以 JSON 格式返回到页面进行展示，核心代码如下。

```
@Controller
@CrossOrigin
public class LiveController {
    @Autowired
    private LiveServiceliveService;
    /**
     * 跳转到直播大屏页面
     * @return
     */
    @RequestMapping("/liveScreen")
    public String liveIndex(){
        return "live";
    }
    /**
     * 异步加载直播相关指标数据
     * @return
     */
    @GetMapping("/getLiveReport")
    @ResponseBody
    public String getLiveReport(){
        Map<String,Object> map = new HashMap<String,Object>();
        //直播上线总量
        int liveNum = liveService.getLiveNum();
        map.put("liveNum",liveNum);
        Map<String, Object>typeRank =liveService.getTypeList();
        //所有直播类型直播上线量排行
        map.put("type", typeRank.get("type"));
        map.put("tcount", typeRank.get("count"));
        Map<String, Object>provinceRank =liveService.getProvinceList();
        //所有省份直播上线量排行
        map.put("province", provinceRank.get("province"));
        map.put("pcount", provinceRank.get("count"));
        return JSONObject.fromObject(map).toString();
    }
}
```

10.4.2　数据可视化模块前端设计——基于 ECharts

项目中所有图表的绘制均采用开源可视化图表库 ECharts 实现，直播大屏的前端核心代码如下。

```
<!DOCTYPE html>
<html>
<head lang="en">
<meta charset="UTF-8" />
```

```html
<title>直播大屏</title>
<script src="echarts.min.js"></script>
<script src="jquery-3.2.1.js"></script>
</head>
<body>
<div>
<div id="main" style="width:700px;height: 420px;float:left;">one</div>
<div id="sum" style="width:730px;height: 420px;float:left;">two</div>
<div id="province" style="width:1430px;height: 250px;float:left;">three</div>
</div>
<script type="text/javascript">
    var myChart = echarts.init(document.getElementById('main'));
    var myChart_sum = echarts.init(document.getElementById('sum'));
    var myChart_province=echarts.init(document.getElementById('province'));
    $(document).ready(function(){
        initNewsNum();
        setInterval(function() {
            echarts.init(document.getElementById('sum'));
            echarts.init(document.getElementById('main'));
            echarts.init(document.getElementById('province'));
            initNewsNum();
        }, 5000);
    });
    function initNewsNum(){
        var action = "http://localhost:8080/getLiveReport";
        var $data = $.ajax({url:action, async:false}).responseText;
        var sd = eval('('+$data+')')
        typeRank(sd);
        liveSum(sd.liveNum);
        provinceRank(sd);
    }
    function typeRank(json){
        var option = {
            backgroundColor: '#ffffff',//背景色
            title: {
                text: '直播量【实时】排行',
                subtext: '数据来自某直播平台',
                textStyle: {
                    fontWeight: 'normal',                    //标题颜色
                    color: '#408829'
                },
            },
            tooltip: {
                trigger: 'axis',
            axisPointer: {
                    type: 'shadow'
                }
            },
            legend: {
                data: ['直播量']
```

```
                },
            grid: {
                left: '3%',
                right: '4%',
                bottom: '3%',
                containLabel: true
            },
            xAxis: {
                type: 'value',
                boundaryGap: [0, 0.01]
            },
            yAxis: {
                type: 'category',
                data:json.type
            },
            series: [
                {
                    name: '直播量',
                    type: 'bar',
                    label: {
                        normal: {
                            show: true,
                            position: 'insideRight'
                        }
                    },
                    itemStyle:{ normal:{color:'#f47209',size:'50px'} },
                    data: json.tcount
                }
            ]
        };
myChart.setOption(option);
        }
    function liveSum(data){
        var option = {
            backgroundColor: '#fbfbfb',//背景色
            title: {
                text: '直播上线量【实时】统计',
                subtext: '数据来自某直播平台',
            textStyle: {
                fontWeight: 'normal',                        //标题颜色
                color: '#408829'
            },
        },
        tooltip : {
            formatter: "{a} <br/>{b} : {c}%"
        },
        toolbox: {
            feature: {
                restore: {},
                saveAsImage: {}
```

```
                }
            },
            series: [
                {
                    name: '业务指标',
                    type: 'gauge',
                    max:50000,
                    detail: {formatter:'{value}个直播'},
                    data: [{value: 50, name: '直播上线量'}]
                }
            ]
        };
        option.series[0].data[0].value = data;
        myChart_sum.setOption(option, true);
}
function provinceRank(json){
        option = {
            backgroundColor: '#ffffff',//背景色
            color: ['#00FFFF'],
            tooltip : {
                trigger: 'axis',
                axisPointer : {            // 坐标轴指示器，坐标轴触发有效
                    type : 'shadow'        // 默认为直线，可选为：'line' | 'shadow'
                }
            },
            grid: {
                left: '3%',
                right: '4%',
                bottom: '3%',
                containLabel: true
            },
            xAxis : [
                {
                    type : 'category',
                    data : json.province,
                    axisTick: {
                        alignWithLabel: true
                    }
                }
            ],
            yAxis : [
                {
                    type : 'value'
                }
            ],
            series : [
                {
                    name:'直播上线量',
                    type:'bar',
                    barWidth: '60%',
```

```
                        data:json.pcount
                }
            ]
        };
        myChart_province.setOption(option, true);
    }
</script>
</body>
</html>
```

10.4.3　数据可视化页面展示

根据业务需要一共绘制了三张图表，完整的直播大屏效果如图 10-5 所示。

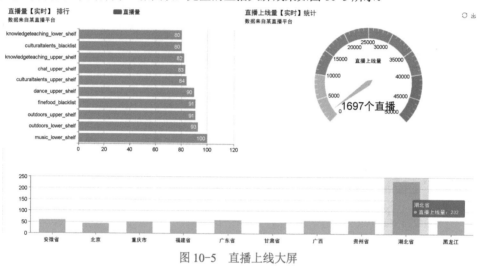

图 10-5　直播上线大屏

从图 10-5 中可以看出，左上侧图表表示按照审计类别的维度统计当天实时直播上线量，右上侧图表表示统计当天直播实时上线总量，整个下侧图表表示按照省份的维度统计当天直播实时上线量。

本章小结

本章主要介绍了互联网直播大数据分析系统搭建的过程，主要从数据的采集和存储、实时发送、数据的分析处理和可视化进行开发，用到了 ECharts、Flume、Kafka、Flink、MySQL 等技术，从直播上线总量、不同审计类型的直播上线量以及不同省份的直播上线量等多个维度对源数据进行了分析展示。本章的重点是在熟悉系统架构和业务流程的前提下，读者自己动手开发实时大数据系统。